电工实训

（第3版）

金国砥 主　编
吴国良 副主编
万亮斌 翁诚浩
陈子猛 巫　静 参　编

電子工業出版社
Publishing House of Electronics Industry
北京·BEIJING

内容简介

本书内容主要包括安全用电常识、电工工具和常用仪表、电工常用材料和低压电器、电工用图的识读、电工基本操作和室内配线、室内照明安装和故障检修、三相异步电动机的拆卸与检修、基本电气控制线路的装接和常见动力设备电气故障的分析与排除。

本书为教育部职业教育与成人教育司推荐教材，是根据职业学校培养目标，结合专业特点编写的。本书理论联系实际，注重创新精神和实践能力的培养。本书可作为职业学校的专业教材，也可有针对性地选学部分内容，实施分段教学，还可以作为初、中级技术工人岗位培训教材及自学用书。

为了方便教师教学，本书还配有电子教学参考资料包（包括教学指南、电子教案、习题答案），详见前言。

图书在版编目（CIP）数据

电工实训 / 金国砥主编. —3 版. —北京：电子工业出版社，2017.8

ISBN 978-7-121-32368-3

Ⅰ. ①电… Ⅱ. ①金… Ⅲ. ①电工技术—职业教育—教材 Ⅳ. ①TM

中国版本图书馆 CIP 数据核字（2017）第 176862 号

策划编辑：蒲　玥
责任编辑：蒲　玥
印　　刷：三河市良远印务有限公司
装　　订：三河市良远印务有限公司
出版发行：电子工业出版社
　　　　　北京市海淀区万寿路 173 信箱　邮编　100036
开　　本：787×1 092　1/16　印张：17.75　字数：454.4 千字
版　　次：2005 年 10 月第 1 版
　　　　　2017 年 8 月第 3 版
印　　次：2024 年 6 月第 15 次印刷
定　　价：38.00 元

凡所购买电子工业出版社图书有缺损问题，请向购买书店调换。若书店售缺，请与本社发行部联系，联系及邮购电话：（010）88254888，88258888。

质量投诉请发邮件至 zlts@phei.com.cn，盗版侵权举报请发邮件至 dbqq@phei.com.cn。

本书咨询联系方式：（010）88254485，puyue@phei.com.cn。

前　言

PREFACE

在中国共产党第二十次全国代表大会的报告中指出，统筹职业教育、高等教育、继续教育协同创新，推进职普融通、产教融合、科教融汇，优化职业教育类型定位。在全面建设社会主义现代化国家新征程中，职业教育前途广阔、大有可为。本书是参照电工国家职业技能标准编写的，突出学生能力本位，加强学生操作技能的训练。

本书根据职业教育的培养目标，全面落实立德树人根本任务，突显职业教育类型特征，遵循理论教学“由外到内”，专业教学“先会后懂”，工艺操作强调“习得”，技能训练“低起点运行，高标准落实”的原则；全面提高学生素质，重点培养学生能力，突出能力本位的职业教育思想，满足实际应用需求；紧扣教学大纲，理论联系实际，体现学以致用的原则，应用性强；文句力求简练，通俗易懂，图文并茂，更具直观性；方法上注意将学生的知识、技能融于兴趣之中。同时，本书深挖思政元素，融合与课程相关的科技发展、节能环保、安全教育、工匠精神等内容。促进学生树立成为高素质技术技能人才、能工巧匠、大国工匠，为全面建设中国式现代化和全面推进中华民族伟大复兴提供强有力技术技能支撑的理想信念。本次修订对原教材作了适当的改动与补充，并体现了以下几点。

（1）课程思政。把国家重大工程和大国工匠们的劳模精神、劳动精神、工匠精神有机融入教学项目中，在传承技能的同时，内在激发学生知行合一、德技双修。

（2）基础知识。以“必需、够用”为原则，围绕学习任务，将相关知识和技能传授给学生，激活学生的技能（知识）储备。

（3）情景模拟。以生活或生产场景的呈现，引出学习任务，激发学生兴趣，引发学习动机，诱发探究欲望。

（4）操作分析。简析操作技能要点，让学生明确学习目标，引导学生循路探真、有的放矢地学与做。

（5）阅读探研。教材设置了温馨提示、阅读材料、课后练习等几个小栏目，以学生为主教师为辅。

本书由金国砥担任主编并统稿，由吴国良担任副主编，参与编写的还有万亮斌、翁诚浩、陈子猛和巫静。本书在编写过程中得到了宋进朝的支持和帮助，在此表示衷心感谢。

编者水平有限，书中难免存在不足或缺陷之处，恳请读者批评指正。

为了方便教师教学，本书还配有电子教学参考资料包（包括教学指南、电子教案、习题答案），请有此需要的教师登录华信教育资源网下载。

编　者

目　录

CONTENTS

第1章

我爱“电工实训”课程

学习目标

- 了解电力的输送及其应用
- 熟悉伴我学习的实训环境
- 掠览中职生专业技能赛事

“电”是现代应用最广泛的一种能量形式。它的产生、变换比较经济，传输、分配比较容易，使用、控制比较方便。因此，“电”已经成为人们日常生活和工作中不可缺少的能源，它给人类带来光明、带来欢乐、带来财富……我们的世界几乎是一个电的世界，而电工已成为“电”服务中不可缺少的一种职业（图 1-1）。

图 1-1　工作中的电工

1.1　电力应用与课程

1.1.1　电力的输送与应用

电是一种由其他形式的能转变而来的优质能源。根据电能产生所利用能源的不同，可分为火力发电、水力发电、核能（原子能）发电。这些是目前最常见的发电形式。此外，还有风力发电、潮汐发电、沼气发电、地热发电、太阳能发电等。各类发电形式的简介，分别见表 1-1 和表 1-2 所列。

表 1-1　常见的发电形式

发电形式	简　介	示　图	特　点
火力发电	火力发电就是利用煤、重油和天然气为燃料，使锅炉产生蒸汽，以高压高温蒸汽驱动汽轮机，由汽轮机带动发电机来发电		需要消耗大量的煤炭或重油、天然气，排放大量温室气体等废气，导致环境的污染
水力发电	水力发电就是利用自然水力资源作为动力，通过水库或筑坝截流的方式提高水位，利用水流的位能驱动水轮机，由水轮机带动发电机来发电		发电成本低，对环境无污染，但只有在某些水力资源丰富的地域可建造
核能发电	核能发电就是利用核燃料在反应堆中的裂变反应所产生的热能来产生高压高温蒸汽，驱动汽轮机再带动发电机来发电，原子能发电又称核发电		燃料体积小，使用时间长，产生的电能巨大，但对发电技术要求高

温馨提示

① 我国由发电厂提供的电能是正弦交流电，其频率为50Hz（又称“工频”）。

② 由于火力发电需要消耗大量宝贵的地球资源，在生产电能的同时还释放了大量的温室气体。水力发电又有着很强的地理条件要求，而原子能发电只需要在技术能力达到标准就可以在任何地域，长期提供巨大的电能，是目前解决能源危机的一个发展方向。

表 1-2　其他的发电形式

发电形式	示意图	简　介
风力发电		风力发电是利用自然风力作为动力，驱动可逆风轮机，再由风轮机带动发电机来发电
潮汐发电		潮汐发电是利用潮汐的水位差作为动力，驱动可逆水轮机，再由可逆水轮机带动发电机来发电
沼气发电		沼气发电是以工业、农业或城镇生活中的大量有机废弃物（如酒糟液、禽畜粪、城市垃圾、污水等），经厌氧发酵处理产生的沼气，驱动沼气发电机组来发电

续表

发电形式	示意图	简介
地热发电		地热发电是把地下的热能转变为机械能，然后再将机械能转变为电能
太阳能发电		太阳能发电是利用汇聚的太阳光，把水烧至沸腾变为水蒸气，然后用来发电

电力系统是指由电力线路将一些发电厂、变配电所和电力用户联系起来，形成发电（电的生产）、送电、变电、配电和用电的一个整体。首先由发电厂的发电机产生，经过升压变压器升压，由输电线路输至区域变电所，再经区域变电所降压后，供给各用户使用，如图 1-2 所示。

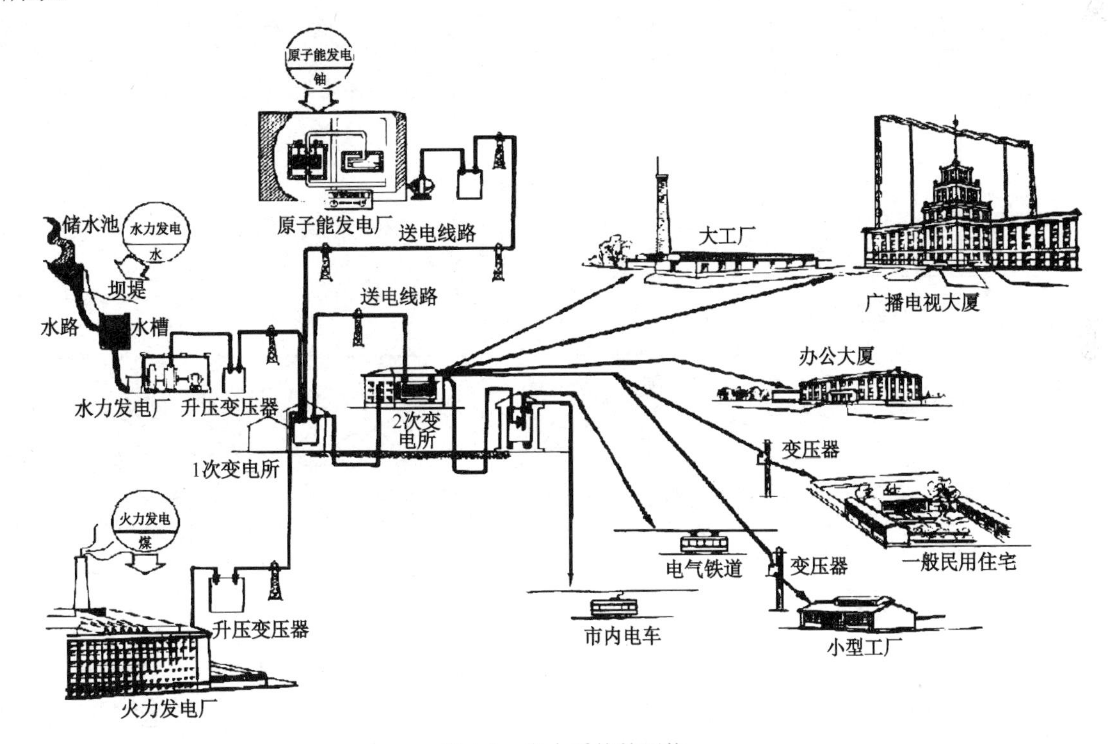

图 1-2 电力系统的网络

通常将除发电厂（发电设备）之外的电力输送系统称为电力网。电力网又分为输电电网和配电电网两部分。输电电网（又叫主网架）是以高电压或超高电压将发电厂、变电所或变电所之间连接起来的那部分输电网络。配电电网是指直接送到用户的那部分输电网络。

电能的输送又称送电。送电的距离越长，送电的容量越大，则送电的电压就要升得越高。一般情况下，送电距离在 50km 以下，采用 35kV 电压；送电距离在 100km 左右，采用 110kV 电压；送电距离在 2000km 以上，采用 220kV 或更高的电压。电能（力）的输送要经过变电、输电、配电三个环节，见表 1-3 所列。

表 1-3 电能（力）输送的三个环节

环　节	说　明
变　电	指变换电压等级，它可分为升压和降压两种。升压是将较低等级的电压升到较高等级的电压；反之，即降压。变电通常由变电站（所）来完成，相应地可分为升压变电站（所）和降压变电站（所）
输　电	指电力的输送，一般由输电电网来实现。输电电网通常由 35kV 及以上的输电线路及与其相连的变电站组成
配　电	指电力的分配，通常由配电电网来实现。配电电网一般由 10kV 以下的配电线路所组成。现有的配电电压等级为 10kV、6kV、3kV、380V、220V 等多种，农村常采用的是 10kV、0.4kV 变配电站，380V、220V 配电线路

电力系统各级电力网上用电设备所需功率的总和称为用电负荷，各级电力网上发电机组产生的功率总和称为总供电功率，电力系统要求总用电负荷与总供电功率保持平衡，以确保供电质量，避免或减少供电事故的发生。依据用电户性质的不同，用电负荷一般可分为 3 级，见表 1-4 所列。

表 1-4 负荷的三级分类

负荷分类	断电产生的后果	采取措施
一级负荷	断电会引起人员伤亡，或将造成重大的政治影响，或给国民经济造成重大损失、产生不良社会影响，如钢铁厂、石化企业、矿井、医院等	至少两个独立电源供电，重要的应配备备用电源，确保持续供电
二级负荷	断电会造成产品的大量减产、大量原材料的报废，公共场所的正常秩序造成混乱，如化纤厂、生物制药厂和体育馆、剧院等	一般由两个独立回路供电，提高供电持续性
三级负荷	断电后造成的损失与影响不大	对电源无特殊需要，并允许在非常情况下暂时停电

温馨提示

在配电系统中，对动力用电和照明用电采取分别配电的方式，即把各个动力配电线路与照明配电线路一一分开，这样可以避免因局部故障而影响整个车间的生产用电和照明用电。

1.1.2 课程的任务与内容

“电工实训”课程是职业学校电气运行与控制专业的一门重要的技能课程。其主要任务是帮助提高职业学校学生的独立实践操作能力，依据理论结合实训的原则，学习电气安装、维修的实际操作技能，并取得电工技术等级证书；为提高学生的综合素质、增强适应职业变化的能力和继续学习的能力打下扎实基础。

本教材包括以下 10 个方面：

（1）我爱“电工实训”课程。主要讲述了电力的输送及其应用、介绍了教学环境及其管理规则、职业学校学生参加技能大赛有关信息。通过讲解，了解本课程教学的性质与内容，以及电工实训室的规则，树立安全与规范操作的职业意识；通过现场观看，认识电工实训室的设备、仪器仪表及工具，明确学习目标、培养学习兴趣。

（2）电气事故处理与管理。主要讲述了电对人的伤害与预防措施、安全用电与消防安全知识；演示了电火灾自救和触电现场急救等方面的技能教学。通过学习，了解电是一种看不见的物质，它随着我国国民经济的快速增长，以及人民生活水平的不断改善和提高，"电"的应用越来越广泛。我们正处于电的时代，但是当你不注意安全用电，不注意安全防范，那些给人类带来光明、带来欢乐、带来财富的"福星"就可能变成面目狰狞的恶魔。通过操练，了解触电的形式与原因、熟悉电气火灾的特点，掌握触电现场的急救与电火灾扑救的方法，树立正确宣传安全用电的意识。

（3）电工工具、仪表和安全保护物品。主要讲述了电工常用工具与仪表的结构及安全保护物品等方面的知识；演示了正确选用它们的技能教学。通过学习，熟悉电工工具、仪表的基本结构，掌握工具与仪表的正确选用，了解电工安全保护物品的使用要求。

（4）电工常用材料和低压电器。主要讲述了电工常用材料的用途、电工常用低压电器的基本结构、技术参数等方面的知识；演示了低压开关电器选用、基本安装等技能教学。通过学习，明确电工材料在安装、检修中有举足轻重的作用，在电气运行中担负着输送电流的重要任务，为电器安全、优质工作提供可靠的保障；明确低压电器是根据外界特定的信号或要求，实现对电量或非电量的切换、控制、保护、检测和调节等作用，因此不能忽视对它们的正确选用。

（5）电工用图的识读。主要讲述了电工用图的分类、电气符号、区域划分等知识，演示了电工用图识读能力的技能教学。通过学习，明确电工用图是按照规定绘制出来的图纸，是电气工程技术的语言，凡从事电气操作的人员，必须掌握电工用图的基本知识。

（6）电工基本操作和配线。主要讲述了导线敷设的一般要求和工序、导线敷设的方法等方面的基本知识，演示了导线绝缘层的剖削、连接、绝缘层恢复，塑料护套线配线、灰层配线、管配线及瓷瓶配线的技能教学。通过学习，熟悉和掌握导线的剖削、连接与绝缘恢复，以及配线敷设等操作，它们是电工的基本技能。

（7）电气照明安装和故障检修。主要讲述了电气照明线路安装方面的知识，演示了电气照明线路的施工及其故障分析、排除的技能教学。通过学习，明确电气照明安装和故障检修，是电工工作中又一项基本操作技能，它们的质量直接影响电气照明安装的安全、美观和故障检修的便捷等，因此必须高度重视。

（8）三相异步电动机的拆卸与检修。主要讲述了三相异步电动机的结构原理及其正确使用、维护等方面的知识，演示了三相异步电动机拆卸与检修及电动机绕组的重绕的技能教学。通过学习，了解三相异步电动机是一种将电能转变为机械能的设备。它结构简单、制造、使用和维修方便，运行可靠、成本较低，能适应各种不同使用条件的需要等优点，因此在生产机械中得到广泛的应用。

（9）动力设备基本控制线路的装接。主要讲述了典型电气控制线路等方面的知识，演示了典型控制线路的装接、检测等方面的技能操练与测评。通过学习，熟悉工矿企业中动力设备的各种基本控制线路，其主要任务是对动力设备实现各种要求的控制和保护。因此，掌握动力设备基本控制线路的装接技能，是保证生产安全、正常的重要保证。

（10）动力设备电气故障分析与排除。主要讲述了典型动力设备的电气控制线路安装，以及故障检查和判断的方法，演示了常见动力设备的电气故障排除等方面的技能操练与考核。

通过学习，熟悉工矿企业中各种典型动力设备的工作性质与加工工艺要求，并掌握对它们故障的分析与故障的排除技能。

1.2 走进电工实训室

1.2.1 亲临学校电工实训现场

当前，我国正处于经济转型和产业升级换代时期，迫切需要数以亿计的工程师、高级技工和高素质职业人才，这就需要一个更具质量和效率的现代职业教育体系予以支撑。2014年2月26日，国务院总理李克强主持召开国务院常务会议上，提出了“崇尚一技之长，不唯学历凭能力”的响亮口号，这是振兴职业教育的信号，为学生成才提供了新启示和新方向。学生亲临自己的实训现场，如图1-3所示。

图1-3 学生亲临自己的实训现场

会议强调：“大力推动专业设置与产业需求、课程内容与职业标准、教学过程与生产过程‘三对接’”。教学过程，要始终贯彻“理论实践”的模式，通过实训将课本知识巩固强化，让学生在亲自动手的过程中更加牢固地掌握技能。因此，电工实训室，是本专业学生掌握电工基本技能不可缺的场所！图1-4所示，是某职业学校学生实训掠影。

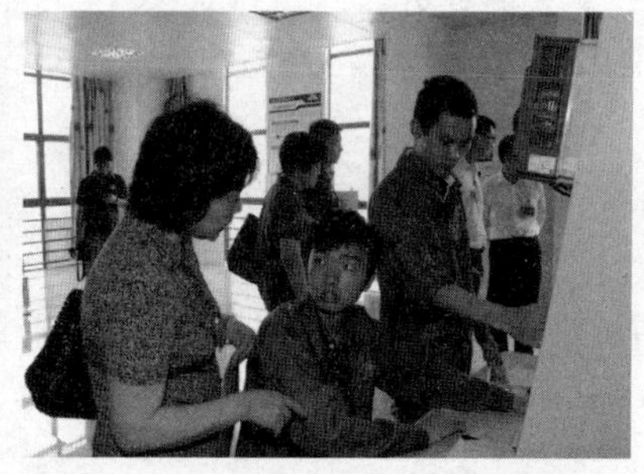

（a）有序走进实训现场、认真观看各种设备

（b）拜师学艺虚心求教、规范操作做学并进

图1-4 某职业学校学生实训掠影

（c）有的放矢反复训练、夯实功底提升潜能

（d）学以致用基层再现、家长满意社会欢迎

（e）拒绝平凡追求优秀、精益求精务实求真

图 1-4　某职业学校学生实训掠影（续）

温馨提示

职业学校的任务是为社会和企业输送专业相关的实用型人才，在提倡“工匠精神”的当代，如何培养一个可以和行业无缝对接，企业拿来就能用的人才成为一个专业存在和存活的关键。

1.2.2　聆听电工实训规章制度

电工实训（实习）室是学校进行“电”教学的特定场所之一，它不仅要学生认真学习、勤于思考、乐于动手、一丝不苟的工作作风，强化纪律观念，养成爱护公共财物和爱惜劳动成果的习惯，而且还要提倡团队协作、规范实操、注意安全的意识。为此，要求学生在实训时严格遵守以下规则。

（1）实训纪律

① 不迟到、不早退、不旷课，做到有事请假。

② 实训室内保持安静，不大声喧哗、嬉笑和吵闹，不做与实习无关的事。

③ 尊重和服从指导教师（师傅）统一安排和领导，做到“动脑又动手，遵守纪律，认真学习，夯实技能”。

（2）岗位责任

实训（实习）期间，实行“三定二负责”（定人、定位、定设备，工具负责保管、设备负责保养），做到不擅自调换工位和设备，不随便走动。

（3）安全操作

① 实训（实习）场所保持整齐清洁，一切材料、工具和设备放置稳当、安全、有序。

② 未经指导教师（师傅）允许，不准擅自使用工具、仪表和设备。

③ 工具、仪表和设备在使用前，做到认真检查，严格按照操作规程。如果发现工具、仪表或设备问题应立即报告。

（4）工具保管

① 工具、仪表借用必须办妥借用手续，做到用后及时归还，不私自存放，影响别人使用。

② 对于易耗工具的更换，必须执行以坏换新的制度。

③ 每次实训（实习）结束后，清点仪器工具，擦干净，办好上缴手续。若有损坏或遗失，根据具体情况赔偿并扣分。

（5）场所卫生

① 实训（实习）场所要做到“三光”，即地面光、工作台光、机器设备光，以保证实训场所的整洁、有序。

② 设备、仪表、工具一定要健全保养，做到经常检查、擦洗，以保证实训（实习）的正常进行。

③ 实训（实习）结束后，要及时清除各种污物，不准随便乱倒。对乱扔乱倒，值日卫生打扫不干净者，学生干部要协助指导教师（师傅）一起帮助和教育，以保证实操者养成良好的卫生习惯。

温馨提示

有压力才能产生动力，有动力才能培养能力。作为学生要从身边的小事做起，从学校的实训操练做起。

1.2.3 电工的条件与安全职责

电工的职责是运用自己的专业知识和技能，在完成本岗位的电气技术工作外，应对自己工作范围内的设备和人身安全负责，杜绝或减少电气事故的发生。

1. 电工的条件

电工的基本条件，见表1-5所列。

表 1-5 电工的基本条件

序 号	条 件	说 明
第 1 条	有健康的身体	由医生鉴定无妨碍电气工作的病症。凡有高血压、心脏疾病、气管喘息、神经系统病，以及色盲病、高度近视、听力障碍和肢体残疾者，都不能直接从事电气工作
第 2 条	有良好精神素质	精神素质包括为人民服务的思想、忠于职守的职业道德、精益求精的工作作风。体现在工作上就是坚持岗位责任制，工作中头脑清醒、作风严谨、文明、细致，不敷衍草率，对工作安全时刻保持警惕
第 3 条	必须持证上岗	电气从业人员必须年满 18 周岁，具有初中以上文化程度，有电工基础理论和电工专业技能，并经过培训，熟悉电气安全工作规章，了解电气火灾扑救方法，掌握触电救护技能，经考核合格，发放特种作业人员操作证，才能上岗。已持证操作的电气人员，必须定期进行安全技术复训和考核，不断提高安全技术水平
第 4 条	自觉遵守工作规程	电气从业人员必须严格遵照《电业安全工作规程》。潮湿、高温、多尘、有腐蚀性场所是安全用电和管理的重点，不能麻痹大意，不能冒险作业，必须做到“装得安全、拆得彻底、修得及时、用得正确”
第 5 条	熟悉设备和线路	电气从业人员必须熟悉本部门的电气设备和线路情况。对于新调入人员在熟悉本部门的电气设备和线路情况之前，不得单独从事电气工作，应在本部门有经验人员的指导下进行工作

2. 电工的安全职责

电工的安全职责，见表 1-6 所列。

表 1-6 电工的安全职责

序 号	安 全 职 责 条 目
第 1 条	认真学习、积极宣传，贯彻执行党和国家的劳动保护用电安全法规
第 2 条	严格执行上级有关部门和企业内的有关安全用电等规章制度
第 3 条	认真做好电气线路和电气设备的监护、检查、保养、维修、安装等工作
第 4 条	爱护和正确使用机电设备、工具和个人防护用品
第 5 条	在工作中发现有用电不安全情况，除积极采取紧急安全保护措施外，应及时向领导和上级部门汇报
第 6 条	努力学习电气安全知识，不断提高电气技术操作水平
第 7 条	主动积极做好非电气人员的安全使用电气设备的指导和宣传教育工作
第 8 条	在工作中有权拒绝违章和瞎指挥，有权制止任何人员的违章行为

践行与阅读

——学校实训室的“7S”管理模式、小个子大梦想、学生技能大赛掠影

◎ 资料一：学校实训室的“7S”管理模式

企业管理模式的“7S”由“5S”演变而来。“5S”起源于日本，是指在生产现场对人员、机器、材料、方法、信息等生产要素进行有效管理，是日本企业独特的管理方式。因为整理

（SEIRI）、整顿（SEITON）、清扫（SEISO）、清洁（SEIKETSU）、素养（SHITSUKE）是外来词，在罗马文拼写中，第一个字母都为 S，所以人称之为 5S。近年来，随着人们对这一活动认识的不断深入，又添加了“安全（SECURITY）、节约（SAVE）”等内容。

学校实训场所的 7S（整理、整顿、清扫、清洁、素养、安全、节约）管理内容，可以保证实训基地优雅实训环境、严明实训纪律和良好操作秩序，同时也是提高实训效率，形成高质量的实训作品，减少浪费、节约物料成本和时间成本的基本要求。学校实训场所布置一角，如图 1-5 所示。

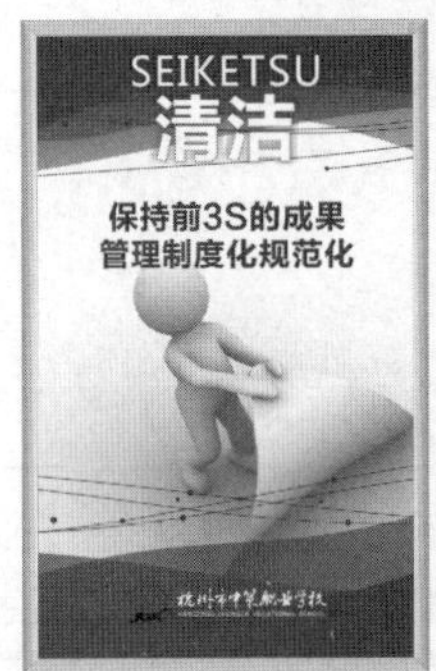

图 1-5　学校实训场所的“7S”管理

温馨提示

“7S”能培养学生有序的工作、提升人的品质，养成良好的工作习惯：

仅有整理没有整顿，物品很难快找到；只有整顿没有整理，无法取舍乱糟糟；

整理整顿没有清扫，物品使用不可靠；“3S”效果怎么保？清洁不做化影泡；

标准作业练素养，安全节约效能好；日积月累勤改善，管理水平步步高。

◎ 资料二：小个子，大梦想

“小个子”同学从小就热衷于电气产品，一直梦想着考上大学，毕业以后成为一名电气工程师。可现实总是残酷的，等着他的却是中考的失利，但他没有气馁，而是坚定地选了杭州某职校电气运行与控制专业。

“学好一手技能”的决定得到了“小个子”同学父母的支持，班主任兼启蒙万老师发现了他的爱好，并推荐技能训练和竞赛……

从 2010 年以后，“小个子”同学将自己的时间（除上课之外）几乎全“泡进”实验（训）室与高三的学长们一起拼搏，如图 1-6 所示。在吴老师的引导下，他爱上了电气运行与控制专业，在技能大赛的舞台上慢慢地恢复了自信。

图 1-6　成绩是在实验（训）室“泡”出来的

高二暑假，“小个子”同学凭借技能竞赛的金牌被杭州一家科技公司聘请为“培训师”，成了小有名气的“小老师”。这段经历，重新点燃了“小个子”同学新的梦想。

在 2012 年高职考，“小个子”同学以优异的成绩进入某大学工学院，开始了新一轮的拼搏。

在大学，“小个子”同学同样打破了一项一项纪录，他参加了三年级大学生电子设计竞赛，两次国赛和一次省赛，全部获得一等奖。每次比赛，都要花费四天三夜的时间来完成一个作品，哪怕连续两个晚上不睡觉，红肿着眼睛也要追求一个完美的作品。“小个子”同学始终认为，在竞赛中，真正的对手只有自己，只有战胜自己才能走得更远。

“小个子”同学说得好：“我的这些成绩是在实验（训）室堆积出来的。有时可能会经历一些失败，如中考失利等。而当为自己的梦想努力，并且为之付出了之后，这些失败便可忽略不计了。”

他的 7 年，是在实验室“住”过的 7 年，也是在学科竞赛的道路上走过的 7 年，在“编程”的梦想天梯上攀爬的 7 年。渐渐地，他发现实训室就像一把能让自己摘到星星的梯子，能让自己看到有些比生活更远的东西。如图 1-7 所示，是小个子同学在实训室追逐自己的梦想。

图 1-7　在实训室追逐自己的梦想

2015 年 9 月 30 日，又是“小个子”同学开启新梦想的一天，他顺利通过了某重点大学电气工程学院免试攻读硕士研究生的面试，收到了录取邀请，又去追逐新梦……

温馨提示

随着社会对工匠精神的日益渴求，随着职业教育的不断回归。追求富有个性而自由的发展，融入并促进经济社会转型升级，是无论哪种教育、哪个个体的必然选择。

杭州，一个中考失利的孩子，与浙江大学硕士研究生之间相距有多远？答案是一步：从职校职高生到大学本科生。“小个子”同学就已经证明给你看到：职业教育立足发展，就业无忧、升学有路，只怕有路君不识。

“小个子”同学中考不如意，在职教领域获得大发展！在职高三年中，他先后获得了 2 次机电一体化技能竞赛全国一等奖，成为杭州最年轻的专业“培训师”，可谓“宝剑初展露光芒”；进入大学就读后，研究不歇、摘星不止，真的是志凌云霄地“飞”起来了，名为剑飞，人如其名！“小个子”同学的传奇是同学们的一面旗帜，对本科生、职高生、初中生，乃至重高生，都有可资对照和引发思考的积极意义。

简言之，“小个子”同学在职高和大学的 7 年中，共获得了 8 个国家级奖项，8 个省级奖项，主持和参与国家级课题 2 项，省新苗课题 3 项，获得国家实用新型专利授权 2 项。他在职业教育中的励志故事在《钱江晚报》、《今日早报》、《中国教育报》等多家媒体都作了报道；2017 年 2 月 22 日，他的优秀事迹在《人民日报》14/15 版上刊登。

◎ 资料三：电工技能大赛掠影

★ 大赛概况

根据《国务院关于大力发展职业教育》和教职成〔2009〕2 号文件精神：要不断深化职业教育教学改革，全面提高职业教育质量，高度重视实践和实训环节，强化学生的实践能力和职业技能培养，提高学生的实际动手能力，更好地指导职业学校教学工作，保证高素质劳动者和技能型人才培养的规格和质量的要求，由教育部职业教育与成人教育司、工业和信息化部人事教育司、天津市教委承办，中国亚龙科技集团、浙江天煌科技实业有限公司、天津市南洋工业学校协办下，首届（2009 年）全国职业院校技能大赛（中职组）赛项在天津市南洋工业学校举办，如图 1-8 所示。

图 1-8　全国学生技能大赛

★ 大赛规则

一、选手应完成的工作任务

根据大赛组委会提供的有关资料，参赛的工作组在规定时间内完成下列工作任务：

（1）按照任务书要求采用专用工具完成任务。

（2）根据图纸，完成设计、装接。图 1-9 所示，是参赛学生在认真地阅读任务书。

图 1-9　学生在阅读任务书

（3）按相关标准完成故障分析与排除。

（4）按电路接线图完成制冷系统电气布线和接线。

（5）通电调试运行。

二、大赛方式与时间

1．大赛方式

项目大赛由 1～2 名参赛学生组成一个工作组，由工作组完成大赛规定的工作任务。

2．比赛时间

比赛时间为 4 小时。

三、评分标准

1．评分标准及分值

根据在规定的时间选手完成工作任务的情况，结合国家职业技术（技能）标准要求进行评分。大赛项目的满分为 100 分。

（1）正确性　60 分。

（2）工艺性　30 分。

（3）职业与安全意识 10 分。

2．比赛内容

（1）按图完成电气控制系统的接线，并编写相应的程序，实现要求的控制功能。

（2）按要求完成机床电气故障排除等。

3．违规扣分

选手有下列情形，须从参赛成绩中扣分：

（1）在完成工作任务的过程中，因操作不当导致事故，视情节扣 10～20 分，情况严重者取消比赛资格。

（2）因违规操作损坏赛场提供的设备，污染赛场环境等不符合职业规范的行为，视情节扣 5～10 分。

（3）扰乱赛场秩序，干扰裁判员工作，视情节扣 5～10 分，情况严重者取消比赛资格。

——交流《电工实训》课程的认识

交流“电工实训”课程的认识，并完成表 1-7 所列的评议和学分给定工作。

表 1-7　交流“电工实训”课程认识记录表

班　级		姓　名		学　号		日　期	
收获与体会	谈一谈：对《电工实训》课程的认识；一名合格的电工应具备哪些条件？电工为什么一定要持上岗证书？						
评价意见	评定人	评价、评议、评定意见				等　级	签　名
	自己评价						
	同学评议						
	老师评定						

注：该践行学分为 5 分，记入本课程总学分（150 分）中，若结算分为总学分的 95%以上者，则评定为考核“合格”。

练习与交流

完成下列填空题、判断题和问答题，并与同学进行交流。

1．填空题

（1）电力系统是指________________________________。

（2）我国工厂动力供电的电源电压为__________，频率为__________。

（3）在实习中的“三定”是指：____、____、____，“二负责”是指：____、____。对实训（实习）工场做到____、____、____和设备要做到存放____、____、____。

（4）学校实训场所的7S管理内容是：____、____、____、____、____、____和____。

（5）职业技术教育的根本属性是它的实践性，其质量主要体现在学生掌握专业技能技巧的熟练程度上。____年____月____日____在主持召开的国务院常务会议上提出了“崇尚一技之长，不唯学历凭能力”响亮口号。

2．判断题（对打“√”，错打“×”）

（1）民用照明电源电压220V是高压电。（　　）

（2）低压电压一定是安全电压。（　　）

（3）工厂动力用的380V电源电压是高压电。（　　）

（4）在实操时，要保持安静、不喧哗和嬉闹，做与实操无关事。（　　）

（5）爱护工具与设备，做到经常检查、保养、用后即还的习惯。（　　）

3．问答题

（1）远程电力输电为什么要采用超高电压传输？

（2）学校实训场所的“7S”是指哪7个方面？

（3）谈一谈自己对《电工实训》课程的认识。

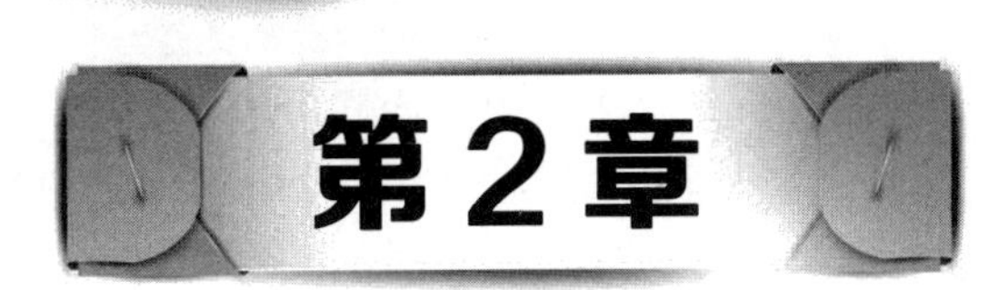

第2章

电气事故处理与管理

学习目标

- 了解触电与电气火灾的危害性
- 熟悉常见触电与电气火灾成因
- 掌握触电急救与电气火灾扑救
- 掌握用电安全知识与管理要求

电是一种看不见的物质，只能用仪表才能测得。随着我国国民经济的快速增长，以及人民生活水平的不断改善和提高，电气化程度也越来越高。我们正处于电的时代，但是当你不注意安全用电，不注意安全防范，那些给人类带来光明、带来欢乐、带来财富的“福星”就可能变成面目狰狞的恶魔（图 2-1）夺取人的生命。因此，熟悉“电”，让它安全可靠地为人类服务，显得十分重要。

图 2-1　忽视安全用电——危险

2.1　触电与触电急救

2.1.1　触电与电流对人体的危害

1.“触电”定义

当人体某一部分接触到带电的导体（如裸导线、开关、插座的金属带电部分）或绝缘损坏的用电设备时，人体便成为一个带电的导体。如果人体对电流构成回路，那电流就会通过人体，对人体产生生理和病理伤害现象，称为触电。

2. 触电对人的危害

人体是导电体，人体的电阻（包括人体内阻和皮肤电阻）一般约为 800～1000Ω。当人体接触带电体时，电流就通过人体与大地或其他导体形成闭合回路。电流通过人体，大多会产生心慌、惊恐、面色苍白、乏力、头晕等症状。重的还会造成人抽筋、精神失常、耳聋瘫痪、休克、死亡。触电还有可能造成并发失明。而且，触电时间越长危害性就越大。总之，触电对人体的危害是多方面的，其主要有电击和电伤两种，见表 2-1 所列。

表 2-1　电流对人体的危害

类别	定义	分类	示图	说明
电击	电击是电流通过人体，破坏人体的心脏、神经系统、肺部等内部器官的正常工作而造成的伤害	直接接触电击		直接接触电击是指人体直接接触及正常运行的带电体所发生的电击，绝大部分触电死亡事故都是由电击造成的
		间接接触电击		间接接触电击是指电气设备发生故障后，人体触及意外带电体所发生的电击
电伤	电伤是由电流的热效应、化学效应、机械效应等对人体造成的局部伤害	电灼伤		电灼伤有接触灼伤和电弧灼伤两种。接触灼伤发生在高压触电事故时，在电流通过人体皮肤在进出口处引起灼伤。一般电流进口比出口处灼伤严重，接触灼伤面积虽较小，但深度可达三度。灼伤处皮肤呈黄褐色，可波及皮下组织、肌肉、神经和血管，甚至使骨骼炭化
		电烙印		电烙印发生在人体与带电体有良好的接触的情况下，在皮肤表面将留下和被接触带电体形状相似的肿块痕迹。 电烙印一般不发炎或化脓，但往往造成局部麻木和失去知觉
		皮肤金属化		由于电弧的温度极高（中心温度可达 6 000～10 000℃），可使其周围的金属熔化、蒸发并飞溅到皮肤表层而使皮肤金属化。金属化后的皮肤表面变得粗糙坚硬，肤色与金属种类有关，或灰黄（铅），或绿（紫铜），或蓝绿（黄铜）

温馨提示

我国划分交流电高压和低压，是以 500V 或设备对地电压 250V 为界；且规定 36V 及其以下者为安全电压，同时把安全电压值分为 36V、24V、12V 和 6V 等几个等级。

3. 影响伤害程度的因素

“触电”对人体的伤害程度主要取决于电流大小、电流持续时间、电流途径、电压高低、电流频率，以及人体状况等，见表 2-2 和表 2-3 所列。

表 2-2　触电对人体的伤害程度

触电因素	说　明
电流大小	人体触电时，流过人体的电流大小是决定人体伤害程度的主要因素之一。较小电流流过人体时，会有麻刺的感觉；若较大电流（超过 50mA）流过人体时，就会造成较严重的伤害，甚至死亡
电流持续时间	触电电流流过人体的持续时间越长，对人体的伤害程度越大。触电时间越长，电流在心脏间歇期内通过心脏的可能性越大，因而造成心室颤动的可能性也越大。另外，触电时间越长，对人体组织的破坏也越严重
电流途径	电流通过人体的任一部位，都可能造成死亡。电流通过心脏、中枢神经（脑部和脊髓）、呼吸系统是最危险的。因此，从左手到前胸是最危险的电流路径，这时心脏、肺部、脊髓等重要器官都处于电路内，很容易引起心室颤动和中枢神经失调而死亡
电压高低	触电电压越高，对人体的危害越大。触电致死的主要因素是通过人体的电流。根据欧姆定律，电阻不变时电压越高，流过人体的电流就越大，受到的危害就越严重。这就是高压触电比低压触电更危险的原因。此外，高压触电往往产生极大的弧光放电，强烈的电弧可以造成严重的烧伤或致残，实践证明，电压超过 36V 对人体有触电的危险，36V 以下的电压才是安全的
电流频率	电流频率的不同，触电伤害的程度也不一样，直流电对人体的伤害较轻，30～300Hz 的交流电危害最大，频率在 20kHz 以上的交流电对人体已无危害。所以，在医疗临床上利用高频电流作理疗，但电压过高的高频电流仍会使人触电死亡
人体状况	人的身体状况不同，触电时受到的伤害程度也不同。例如，患有心脏病、神经系统、呼吸系统疾病的人，在触电时受到的伤害程度要比正常人严重。一般来说，女性较男性对电流的刺激更为敏感，感知电流和摆脱电流要低于男性。儿童触电比成人要严重。此外，人体的干燥或潮湿程度、人体健康状态等，都是影响触电时受到伤害程度的因素

表 2-3　不同大小的电流对人体的影响

交流电流（mA）	对人体的影响程度
0.6～1.5	手指有微麻刺感觉
2～3	手指有强烈麻刺感觉
5～7	手部肌肉痉挛
8～10	手部有剧痛感，难以摆脱电源，但仍能脱离电源
20～25	手部麻痹、不能摆脱电源，全身剧痛、呼吸困难
50～80	呼吸麻痹、心脑震颤
90～100	呼吸麻痹，延续 3s 以上心脏就会停止跳动
500 以上	延续 1s 以上就有死亡危险

2.1.2 触电方式与紧急处理

1. 常见触电的方式

常见触电的方式，见表 2-4 所列。

表 2-4 常见的触电方式

触电方式	示意图	说明
单线触电	A B C 电线 发电机或电力变压器	当人体的某一部位碰到相线或绝缘性能不好的电气设备外壳时，电流由相线（又称“火线”）经人体流入大地导致的触电，叫单线触电（或单相触电）
双线触电	电线 A B C 发电机或电力变压器	当人体的不同部位分别接触到同一电源的两根不同电位的相线，电流由一根相线经人体流到另一根相线所导致的触电，叫双线触电（或称双相触电）
跨步电压触电		当电气设备相线外壳短路接地，或带电导线直接接地时，人体虽没有直接接触带电设备外壳或带电导线，但是跨步行走在电位分布曲线的范围内而造成的触电，叫跨步电压触电

温馨提示

触电事故的发生往往很突然，而且在极短的时间内造成严重的后果。但触电事故也有一些规律，根据这些规律，可以减少和防止触电事故的发生。

2. 触电现场紧急处理

触电事故的特点是多发性、突发性、季节性、高死亡率并具有行业特征，令人猝不及防。如果延误急救时机，死亡率是很高的，防范得当可最大限度地减少事故的发生。即使在触电事故发生后，若能及时采取正确的救护措施，死亡率亦可大大降低。触电现场紧急处理的办法如下：

（1）脱离电源。触电急救的第一步是使触电者迅速脱离电源，因为电流对人体的作用时间越长，对生命的威胁越大。

① 救护人员离电源开关较近时，应立即拉开电源开关或拔出插头，切断电源。

② 当电源开关离现场较远时，可用带有绝缘柄的利器切断电源线，切断时应一相一相地进行，以防短路伤人。

③ 如果导线搭落在触电者身上或压在身下，这时可用干燥的木棒、竹竿等挑开导线，或借助绝缘手套、干燥的衣服、绳索等拉开触电者，帮助其脱离电源（必须单手进行）。要注意绝对不能直接用手或潮湿的工具去接触触电者，严防触电。

④ 当发生高压触电时，不能采用②、③的办法帮助触电者脱离电源。应迅速通知有关部门拉闸停电，或使用相应等级的绝缘杆使触电者脱离电源。

⑤ 若触电者触及的是断落在地上的高压电线，在未确认电线已断电前，必须采取防止跨步电压触电的措施（穿绝缘鞋，戴绝缘手套等）；否则不能接近断线点 8～10m 范围内。触电者脱离电源后，要移至 10m 以外再进行触电急救。

⑥ 若触电者在高处，应采取必要的措施，以防止触电者从高处坠落，造成二次事故。

（2）现场诊断。当触电者脱离电源后，除及时拨打“120”外，应进行必要的现场诊断和救护，直至医务人员来到为止。触电者呼吸、心跳停止，血液循环中断，氧气无法吸入，二氧化碳不能排出，各个器官细胞缺乏氧气，人体的正常生理功能骤停，造成触电者“假死”。对触电者进行现场诊断的方法，见表 2-5 所列。

表 2-5　对触电者进行现场诊断的方法

诊断方法	示意图	说明
一看		侧看触电者的胸部、腹部，有无起伏动作，看触电者有无呼吸
二听		聆听触电者心脏跳动的情况和口鼻处的呼吸声响
三摸		触摸触电者喉结旁凹陷处的颈动脉有无搏动

（3）现场处理。若触电者呼吸停止，但心脏还有跳动，应立即采用口对口（鼻）人工呼吸法救护。若触电者虽有呼吸但心脏停止，应立即采用人工胸外挤压法救护。若触电者伤害严重，呼吸和心跳都停止，或瞳孔开始放大，应同时采用口对口（鼻）人工呼吸法和人工胸外挤压法救护。实践证明，这两种方法易学有效，操作简单。实施现场抢救的操作方法，见表 2-6 所列。

表 2-6　现场救护的操作方法

急救方法	实施方法	图示
对“有心跳而呼吸停止”的触电者应采用“口对口（鼻）人工呼吸法”	使触电者仰面躺在平硬的地方，迅速松开紧身衣服及裤带。如发现触电者口内有食物、假牙、血块等异物，可将其身体及头部同时侧转，迅速用一个手指或两个手指交叉从口角处插入，从中取出异物	

续表

急救方法	实施方法	图示
对“有心跳而呼吸停止”的触电者应采用“口对口（鼻）人工呼吸法”	采用“仰头抬颌法”，一只手放在触电者的前额，另一只手的手指将其颌骨向上抬起，使触电者气道通畅	
	救护者蹲跪在触电者一侧，用放在其额上的手指捏住其鼻翼，另一只手的食指和中指轻轻托住其下巴，救护者深吸气后，与触电者口对口紧合不漏气，大口吹气，然后放松捏鼻子的手，主气体从触电者的肺部排出，如此反复进行，每 5s 吹气一次，坚持连续进行，不可间断，直至触电者苏醒为止。对儿童则每分钟 20 次，吹气量宜小些，以免肺泡破裂	深呼吸后紧贴嘴呼气　放松嘴鼻换气
对“有呼吸而心脏停跳”的触电者，应采用“人工胸外挤压法”	将触电者仰卧在硬板上或地上，颈部枕垫软物使头部稍后仰，松开裤带，救护者跪跨在触电者腰部	(a) 找准位置　(b) 挤压姿势
	救护者将右手掌根部按于触电者胸骨下二分之一处，中指指尖对准其颈部凹陷的下缘，当胸一手掌，左手掌复压在右手上	
	掌根用力向下压 3～4cm，突然放松，挤压与放松的动作要有节奏，每 1s 进行一次，必须坚持连续进行，不可中断，直至触电者苏醒为止	(c) 向下挤压　(d) 突然松手
对“呼吸和心跳都已停止”的触电者，应同时采用“口对口（鼻）人工呼吸法”和“人工胸外挤压法”	两人同时进行急救：即每 5s 吹气一次，每秒挤压一次，且速度都应快些	
注意事项	抢救过程中应适时对触电者进行再判定。 (1) 抢救过程中移送触电伤员时，抢救中断时间不应超过 30s (2) 伤员好转后，救护者应严密监视，不可麻痹 (3) 慎用药物，禁止采取冷水浇淋、猛烈摇晃等土办法	

温馨提示

安全用电提倡的是“用电安全、预防为主”。在日常的生活、学习和工作中，应自觉遵守安全用电规定，避免由于人为或电气等方面的触电事故。

2.1.3 触电案例回放与分析

1. 案例1：外壳带电，酿成悲剧（图2-2）

【事故经过】某建筑工地，工人们正在进行水泥圈梁的浇灌。突然，搅拌机附近有人大喊：“有人触电了！”只见在搅拌机进料斗旁边的一辆铁制手推车上，趴着一个人，地上还躺

着一个人。当人们把搅拌机附近的电源开关断开后，看到趴在手推车上的那个人的手心和脚心穿孔出血，并已经死亡，年仅 18 岁。与此同时，人们对躺在地上的那个人进行人工呼吸，他的神志才慢慢恢复。

图 2-2　外壳带电，酿成悲剧

【事故分析】事故发生后，有关人员马上对事故进行了检查，从事故现象看，显然是搅拌机带电引起的。当合上机器的电源开关时，用验电笔测试搅拌机外壳不带电；当按下搅拌机的启动按钮时，再用验电笔测试设备外壳，氖泡很亮，表明设备外壳带电，用万用表交流挡测得设备外壳对地电压为 195V（实测相电压为 225V）。经仔细检查，发现电磁启动器出线孔的橡胶圈变形移位，一根绝缘导线的橡胶磨损，露出铜线，铜线与铁板相碰。检查中又发现机器没有接地保护线，其 4 个橡胶轮离地约 300mm，4 个调整支承脚下的铁盘在橡皮垫和方木上边，进料斗落地处有一些竹制脚手板，整个搅拌机对地几乎是绝缘的。死者穿布底鞋，双手未戴手套，两手各握铁制手推车的铁把。因夏季天热，又是重体力劳动，死者双手有汗，人体电阻大大降低，估计人体电阻约为 500～700Ω，流经人体的电流大于 250mA。如此大的电流通过人体，死者无法摆脱带电体而导致死亡。另一触电者因单手推车，脚穿的是半新胶鞋，所以尚能摆脱电源，经及时进行人工呼吸，得以苏醒。

【事故教训】这起事故充分说明，临时用电绝不能马虎，一定要遵守电气设备安装、检修、运行规程和安全操作规程，杜绝违章作业。

温馨提示

为安全起见，电气设备金属外壳应有接地保护线。

2．案例 2：高空作业，坠地身亡（图 2-3）

【事故经过】某厂停产检修，一名电工和一名焊工配合在高处焊一钢管。电工站在金属梯架上，双手把着铁管一端，电焊工拖过焊把线在铁管另一端施焊。焊完后，该电工从梯架上下来。他一手扶着刚焊接的铁管，另一手去扶金属梯架，突然触电摔倒，从 2m 多高的梯子上坠落下来，经多方抢救无效，不幸死亡。

图 2-3　高空作业，坠地身亡

【事故分析】为什么该电工会触电呢？原来电焊机的焊把线从金属梯架上拉到高处作业点，焊把线外皮破损漏电，使金属梯带电，铁管一端焊完后和地连通。当该电工下梯架时，电焊机的空载电压（70V）正加在他的两手之间。

【事故教训】

① 电焊机的二次空载电压虽然只有 60～70V，但不是安全电压，不能麻痹大意。

② 电焊机的焊把线绝缘必须完好，如有破损，应及时包扎好。

③ 登高进行电作业，不能使用金属材料制成的梯凳，而应该使用竹、木、玻璃钢等绝缘材料制成的登高用具，并且要按规定进行预防性试验，以保证检修人员的安全。

④ 焊接时焊件不应直接用手扶，而应该用适当的绝缘工件夹住或固定好。

⑤ 在高处作业时，要有一定的安全措施，如佩带安全带、挂接地线且有人监护等，以防止触电者从高处坠落，造成二次事故。

温馨提示

人身触电事故往往伴随着高空堕落或摔跌等机械性创伤。这类创伤虽起因于触电，但不属于电流对人体的直接伤害，可谓触电引起的二次事故，亦应列入电气事故的范畴。

3．案例3：机床带电，无法操作（图2-4）

【事故经过】某厂球阀车间一个操作工发现他的机床带电，产生手麻，无法操作。

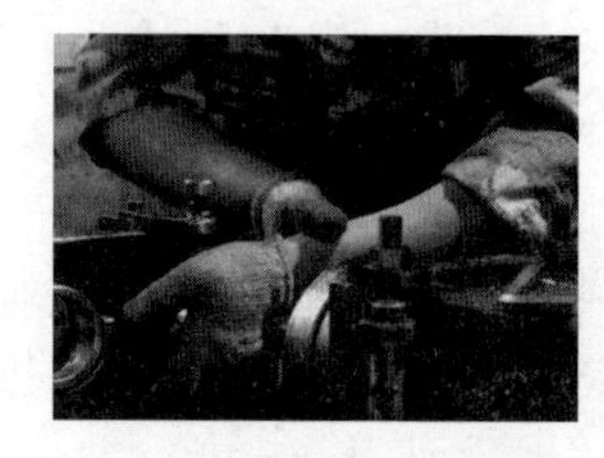

图2-4　机床带电，无法操作

【事故分析】用万用表测量机床，对地有 29V 电压。断开该机床电源，仍有 29V 对地电压，仔细检查未发现任何漏电的地方。当拆除保护接零线时，车床对地电压消失。再测量其他机床均有 29V 对地电压。初步断定带电是由保护接零线引入的。当时，车间点亮四盏 220V/200W 白炽灯。当逐一关闭 4 盏电灯时，机床对地电压逐渐下降直至消失。说明带电与零线电流有关。检查零线，发现 25mm^2 的铜芯橡皮线与 35mm^2 的铝芯橡皮线接处表面生成一层白色粉末，使接头产生 9.2Ω的电阻。4 盏照明灯的电流在接头处产生电压降，使车间内零线带上 29V 对地电压。经调查，操作师傅脚穿布鞋，又站立有积水的地方工作。因此，机床虽只带 29V 的对地电压，同样也会让他感觉到手麻而无法操作。

【事故教训】零线阻抗增大也会导致触电，所以应重视对电气线路、电气设备的检查和维护。

温馨提示

加强用电设备的检查和维护，确保人身和设备的安全。

4．案例4：电线断落，老汉身亡（图2-5）

【事故经过】某村有一位老汉在街上行走时，看到路边有一根断落的电线，一头落在地上，一头挂在电线杆上，便好奇地上前捡电线，老汉当即触电，经抢救无效死亡。

图2-5　电线断落，老汉触电

【事故分析】掉在地上的断落电线，是由该村配电室通向磨坊 380V 的低压动力线，老汉毫无安全用电常识是造成触电事故的主要原因。该村电工不及时维修更换线路，不安装漏电保护器，给这次事故埋下了隐患。

【事故教训】加强安全用电常识的教育。对断落在地上的电线，未确认电线已断电前，绝对不能用手直接操作，这时应尽快切断电源，或可用干燥的木棒、竹竿等绝缘工具挑开断落的电线。

温馨提示

电线落地不可麻痹，应及时请专业人员（电工）进行修复。发生电线落地要注意：绝对不能直接用手或潮湿的工具去接触触电者，严防上述事件发生。

5．案例5：盲目救人，后果严重（图2-6）

图2-6　盲目救人，后果严重

【事故经过】某市郊电杆上的电线被风刮断，掉在水田中，一小学生把一群鸭子赶进水田，当鸭子游到落地的断线附近时，一只只鸭子相继死去。小学生发现后，便下水田拾鸭子，结果被电击倒。爷爷赶到急忙跳入水田中拉孙子，也被击倒了，小学生的父亲闻讯赶到，见鸭死人亡，又下水田抢救也被电击倒。一家三代均死在水田中。

【事故分析】低压线（380/220V系统）一相断落，落地点1m附近的跨步电压很高；这些人缺乏电气安全知识，未立即切断电源，造成多人死亡的恶性事故。

【事故教训】缺乏电气安全用电知识，后果严重。要重视安全用电知识教育，避免类似触电恶性事故的重演。

温馨提示

要加强全民安全用电知识的普及教育。在未切断电源前，不能盲目进行救人，否则后果严重。

2.2　电气火灾与扑救

2.2.1　电气火灾的成因

华灯初上，夜色阑珊。当你津津有味地观看电视、听着广播，哼着卡拉OK、玩着电子游戏机时，你对黑夜和沉寂就会觉得陌生。但是当你不注意安全用电，不注意安全防范，那些给人类带来光明、带来欢乐、带来财富的“福星”就可能变成面目狰狞的恶魔。如图2-7所示，是电气灾害给人类带来危害的示意图。

图2-7　电气灾害给人类带来的危害

1. 电气火灾的成因

所谓电气火灾就是指由电气设备或线路所引起的电气着火。近年发生的众多电气火灾事故，尽管发生的时间、地点各不相同，但初始原因都是“用电”不当引起的。例如，安全意识淡薄，没有严格执行安全操作规程，没有及时更换破损或老化的电线电缆，安装或使用不规范的家用电器等原因，引起设备或线路的漏电、短路、过载而发生电气火灾。

① 漏电：由于电气设备或线路的某一个地方因某种原因（风吹、雨打、日晒、受潮、碰压、划破、摩擦、腐蚀等）使其绝缘下降，导致线与线、线与外壳部分电流的泄漏。漏泄的电流在流入大地途中，如遇电阻较大，会产生局部高温，致使附近的可燃物着火，引起火灾。

要防范漏电，首先要在设计和安装上做文章。导线和电缆的绝缘强度不应低于网路的额定电压，绝缘子也要根据电源的不同电压选配。其次，在潮湿、高温、腐蚀场所内，严禁绝缘导线明敷，应使用套管布线；多尘场所，要经常打扫，防止电气设备或线路积尘。第三是要尽量避免施工中对电气设备或线路的损伤，注意导线连接质量。第四是安装漏电保护器和经常检查电气设备或线路的绝缘情况。

② 短路：由于电路中导线选择的不当、绝缘老化和安装不当等原因，都会造成电路短路。发生短路时，其短路电流比正常电流大若干倍，由于电流的热效应，从而产生大量的热量，轻则降低绝缘层的使用寿命，重则引起电气火灾。

造成短路的原因除上述提到的原因外，还有电源过电压、小动物（如鸟、兔、蛇、猫等）跨接在裸线上、人为的乱拉乱接、架空线的松弛碰撞等。

防止短路火灾，首先要严格按照电力规程进行安装、维修，加强管理；其次要选用合适的安全保护装置。当采用熔断器保护时，熔体的额定电流不应大于线路长期允许负载电流的2.5 倍；用自动开关保护时，瞬时动作过电流脱扣器的整定电流不应大于线路长期允许负载电流的 4.5 倍。熔断器应装在相线上，变压器的中性线上不允许安装熔断器。

③ 过载：不同规格的导线，允许流过的电流都有一定的范围。在实际使用中，流过导线的电流大大超过允许值，就会过载，产生高热。这些热量如不及时地散发掉，就有可能使导线的绝缘层损坏，引起火灾。

发生过载的原因有导线截面选择不当，产生“小马拉大车”现象，即在线路中接入了过多的大功率设备，超过了配电线路的负载能力。

对重要的物资仓库、居住场所和公共建筑物中的照明线路，都应采取过载保护。否则，有可能引起线路长时间过载。线路的过载保护宜采用自动开关。采用熔断器作过载保护时，熔断器熔体额定电流应不大于线路长期负载电流。采用自动开关作过载保护时，其延时动作整定电流不应大于线路长期允许负载电流。

此外，还有电力设备在工作时出现的火花或电弧，都会引起可燃物燃烧而引起电气火灾。特别在油库、乙炔站、电镀车间以及其有易燃气体、液体场所，一个不大的电火花往往就引起燃烧和爆炸，造成严重的伤亡和损失。

请看以下全国引发火灾的灾情统计，针对这些触目惊心的数据，将给人们警示与启迪。

以 2009 年引发火灾灾情（图 2-8）的直接原因看，因违反电气安装使用规定引起的火灾最多，共 19 852 起，占火灾总数的 26.8%；其次，生活用火不慎引起火灾 16 119 起，占总数的 21.8%。除这两种主要原因外，玩火引起火灾 8 138 起，占总数的 11%；吸烟引起火灾

5 727 起，占总数的 7.7%；生产作业不慎引起火灾 3 171 起，占总数的 4.3%；自燃引起火灾 1 418 起，占总数的 1.9%；雷击、静电及其他原因引起火灾 12 385 起，占总数的 16.8%；原因不明及正在调查的火灾 7 134 起，占总数的 9.9%。

图 2-8　2009 年火灾原因起数分布

2．电气火灾的特点

在用电过程中，由于管理不当或其他一些意外因素而引发火灾，特别是电气火灾，会给用电人带来巨大损失甚至危及人身安全，所以做好防范工作至关重要。

电气火灾特点表现在以下几点。

① 火势蔓延速度快。特别是对高层住宅的电气火灾，由于功能上的需要，高层住宅内部往往设有竖井（电梯）。这些井道一般贯穿若干或整个楼层，如果在设计时没有考虑防火分隔措施或对防火分隔措施处理不好，发生火灾时，由于热压的作用，这些竖井就会成为火势迅速蔓延的途径。

② 安全疏散困难。由于住宅内人员种类繁多，其中有不少老弱病残者、特别是住在高层住宅中的老弱病残者，需要较长时间才能疏散到安全场所，同时人员比较集中，疏散时容易出现拥挤情况，而且发生火灾时烟气和火势蔓延快，给疏散带来困难。

③ 扑救难度大。一是电气着火后电气设备可能是带电的，如不注意，可能引起触电事故；二是有的电气设备本身有大量油，在着火后可能发生喷油或爆炸，会造成更大的事故。

温馨提示

火灾事故重预防，无灾避难得健康。易燃杂物日清理，耗电设施标准装。正确使用熔断丝，电路安全有保障。

2.2.2　电气火灾的扑救

1．消防器具及使用

当电气设备或线路发生电气火灾时，要立即设法切断电源，而后再进行电气火灾的扑救。以家用电器着火为例：应该立即关机，拔下电源插头或拉下总闸。

在扑救电气火灾时，应使用二氧化碳灭火器、四氯化碳灭火器、干粉灭火器、1211 灭火器。表 2-7 所列，是几种灭火器的简介。

表 2-7　几种灭火器的简介

种　类	灭火器示图	用　　途	使用方法	检查方法
二氧化碳灭火器		不导电。主要适用于扑灭贵重设备、档案资料、仪器仪表、600V 以下的电器及油脂等火灾	先拔去保险插销，一手拿灭火器手把，另一手紧压压把，气体即可自动喷出。不用时，将压把松开，即可关闭	每 3 月测量一次重量。当减少原重 1/10 时，应充气

续表

种　类	灭火器示图	用　途	使用方法	检查方法
四氯化碳灭火器		不导电。适用于扑灭电气设备火灾，但不能扑救钾、钠、镁、铝、乙炔等物质火灾	打开开关，液体就可喷出	每3个月试喷少许。压力不够时，充气
干粉灭火器		不导电。适用于扑灭石油产品、油漆、有机溶剂、天然气和电气设备的初起火灾	先打开保险销，把喷管口对准火源，握紧压把，干粉即可喷出灭火	每年检查一次干粉，看其是否受潮或结冰，小钢瓶内气体压力，每半年检查一次。减少1/10时，充气
1211灭火器		不导电、具有绝缘良好，灭火时不污损物件，且不留痕迹，灭火速度快的特点。 适用于扑灭油类、精密机械设备、仪表、电子仪器设备及文物、图书、档案等贵重物品的火灾	先拔去安全销，然后握紧压把开关，使1211灭火剂喷出。当松开压把时，阀门关闭，便停止喷射。使用中，应垂直操作，不平放或倒置，喷嘴应对准火源，并向火源边缘左右扫射，快速向前推进	每3年检查一次，查看灭火器上的计量表或称重量，如果计量表指示在警戒线或重量减轻60%时须充液

温馨提示

① 灭火器是灭火的有效器具，但并不是决定的因素，决定的因素是人。我们应该牢记“预防为主、防消结合”的消防工作方针。②千万不允许用水和泡沫灭火器。泡沫灭火器不能用于带电设备的灭火，只适用于扑灭油脂类、石油产品及一般固体物质的初起火灾。

2．火灾现场的处理

（1）现场扑救的对策。电气火灾扑救对策及注意事项，见表2-8所列。

表2-8　电气火灾扑救对策及注意事项

人员情况	扑救对策	注意事项
人员较少	（1）电器用具起火的扑救对策。当电器用具起火，首先切断电源，然后用干粉灭火器将线路上的火灭掉。确定电路无电时，才可用水扑救	（1）出现起火后，除自救外，夜间要喊醒邻居，绝不可只顾抢救自己的财物，而不灭火，使火灾扩大蔓延 （2）室内起火时，切忌打开门窗，以免气体对流，使火势扩大蔓延。灭火后，将未燃尽的气体或烟气排除，防止复燃
	（2）儿童玩火引起火灾的对策。儿童玩火引起火灾起火的部位多在厨房、床下或学生宿舍等部位，在灭火时应迅速切断电源，然后进行扑救	
	（3）液化气器具起火的扑救对策。液化气器具火灾时，应迅速移开液化气罐、用浸湿的麻袋、棉被等覆盖起火的器具，使火窒息，然后关闭气门断绝气源；再用水扑救燃烧物或起火部位的火	
	（4）厨房油锅起火的扑救对策。油锅起火时，不要慌，将锅盖盖上即可灭火	

续表

人员情况	扑救对策	注意事项
人员集中	（1）人员集中场所起火的对策。人员集中场所起火后，首先应切断电源，关闭通风设施；打开所有出入通道，尽快疏散人员；启用灭火设备及时灭火	（1）利用广播宣传、引导和稳定人们的情绪，做到循序地按疏散计划撤离出被困人员，防止人群拥挤造成踏、压、挤伤亡事故 （2）当有化学、塑料类物质燃烧时，要注意防毒气和烟雾中毒
	（2）电气设备、电路起火的对策。电气设备、电路起火，要切断电源，用干粉灭火器将电气设备、电路上的火灭掉	
	（3）火势威胁病人、小孩和老人的对策。当火势威胁到病人、小孩和老人时，要尽快疏散或抢救，并将他们安顿到安全地带	
	（4）防止扩大燃烧的对策。在灭火的同时，要把起火点的未燃物资搬走或隔离，防止扩大燃烧	

温馨提示

一旦发生电气火灾时，应根据具体情况，采取以下必要的防护措施：

① 当发生电气火灾时，应做到先断电后灭火。

② 切断电源后，电气火灾可按一般性的火灾组织人员扑救，同时向公安消防部门报警。

③ 带电灭火时，应选用干黄砂、二氧化碳、1211（二氟一氯一溴甲烷）、二氟二溴甲烷或干粉灭火器。严禁使用泡沫灭火器或用水对带电设备进行灭火。

④ 在救火过程中，灭火人员应占据合理的位置，与带电部位保持安全距离，以防止触电或其他事故的发生。

（2）逃生自救的对策。逃生自救的对策，见表 2-9 所列。

表 2-9　逃生自救的对策

示 意 图	说　明	示 意 图	说　明
	火灾来临要迅速逃生，不要贪恋财物		所有成员要了解掌握火灾逃生的基本方法，熟悉逃生的路线
	受到火势威胁时，要当机立断地披上浸湿的衣服、被褥等，并用湿毛巾捂住口鼻向着安全方向撤离		身上着火，千万不要奔跑，可就地打滚或用厚重的衣服压灭火苗
	遇火灾千万不要乘坐电梯，要向安全出口方向逃生		室外着火，自己发烫时，千万不要开门，以防大火窜入室内，要用湿的衣服、被褥等堵住门缝，并泼水降温

续表

示 意 图	说 明	示 意 图	说 明
	若所用逃生路线被大火封锁，要立即退回室内，用打手机、手电筒、挥舞衣服、呼叫等方式向窗外发送求救信号，等待救援		火灾来临，千万不要盲目跳楼，可利用疏散楼梯、阳台、下水管等逃生自救。也可以用绳子或把被单或被套撕成条状连成绳索，紧拴在窗框、暖气管、铁栏杆等固定物上，用毛巾、布条保护手心，顺绳滑下，脱离险境

温馨提示

遇到情况不要紧张，及时报警；严禁随意拨打“110”和“119”，干扰急救工作。

2.2.3 火灾案例回放与分析

案例 1：疏忽规范，隐患无穷（图 2-9）

图 2-9 疏忽规范，隐患无穷

【事故经过】某年 4 月 8 日上午 11 时，某镇一家民房发生火灾。在家中无人的半个小时内，大火将四间房屋几乎烧成了灰烬。经过现场勘查和分析，发现火灾是由西屋向堂屋蔓延的，西屋南墙上的配电盘已部分燃烧变形，屋顶大梁已烧断，且屋内无其他火源和电器。现场询问，得知在离现场不足 100m 的村道边又有第二现场。第二现场为一通信线杆，当几乎是听到第一现场“着火”喊声的同时，第二现场发现从通信线杆上掉下了一团鸡蛋大小的火球，燃着了地上的草堆。与此同时，全村有 12 家正在看的电视忽然一闪，再也打不开了。

【事故分析】经过勘查：发现第二现场所架设的通信线杆上方是农村电网改造后的电线，而且距离很近。电线与钢筋（通信线杆顶部裸露的长约 7cm、直径 1cm 的钢筋）随风摆动、摩擦下，接触处的电线绝缘层已裂开脱落，露出铜线。通信线杆下方的草地堆有被火烧后的痕迹。

【事故教训】这是一起由于农村电线与通信线杆裸露的钢筋摩擦导致电线短路所引起火灾的事故。此案例指出：农村电路和通信线路的设计和安装虽然有先有后，但是没有统筹规划，出现火灾隐患。农网改造在造福农民的同时，一定要使用合格电器，认真安装到位。村里要成立一定的组织，制定安全检查制度，实施消防安全检查。重点是对电气不安全的村民实行定期上门，对电线、电表、电器进行检查。这样，主管人员能够发现问题及时检修，发现隐患及时整改，从根本上保证农民的利益。

温馨提示

电气线路施工要重视线路设计的安全性；在操作中，要保证线路安装的可靠性；在使用时，要定期检查，发现隐患及时整改，才能从根本上保证电气线路的安全运行。

案例 2：违章使用，损失惨重（图 2-10）

图 2-10 违章使用，损失惨重

【事故经过】某年 9 月 10 日，某校 5 号楼 403 室一名学生在宿舍内使用电热杯，插上电源插头后，电源线拖在被子上，这时有同学找他有事，人就离开了宿舍。过了一段时间，发现宿舍往窗外冒烟，绝缘层熔化，造成线路短路起火，燃点靠近线路的被子，助长了燃烧，火越烧越大。

【事故分析】经现场勘查：是电热杯带来的灾害，使供电线路过载发热，加速线路老化而引发火灾。

【事故教训】这是一起线路超负荷发热所引发的典型火灾事故。此案例指出：学校的建筑物、供电线路、供电设备，都是按照实际使用情况设计的，在宿舍内违章使用大功率电器，如电炉、电饭锅、电吹风、电热杯、热得快等，使供电线路过载发热，加速线路老化而引发火灾。

温馨提示

学生要遵守学校寝室的规定，不在宿舍里违章使用大功率电器、不合格电器，以及让电器长期处于运行与待机状态。在电器使用完毕或停电时，都必须及时切断电源。

案例 3：铜丝替代，难起保险（图 2-11）

图 2-11 铜丝替代，难起保险

【事故经过】李某租住了王先生的房子，租住期间使用大功率电器导致熔断丝熔断，此后李某使用铜丝代替熔断丝继续使用大功率电器，最后导致火灾的发生，大伙蔓延至邻居家中，致使家具和家电全部烧毁。

【事故分析】经调查：房屋使用人李某用铜丝替换了熔断丝，使熔断丝无法起保护作用，导致电线短路引起火灾。

【事故教训】这是一起线路超负荷发热所引发的典型火灾事故。此案例指出：作为房东，在租房子给承租人前，必须对出租房屋内的消防设施、器材进行日常管理，如果出租房屋要改变使用功能和结构的，应当符合消防安全要求，发现火灾隐患及时消除或者通知承租人消除。承租人也要安全使用房屋，发现隐患及时消除。为避免纠纷，租赁双方可以在租房合同中写明双方的责任，入住前仔细检查相关设施的安全，做好交接。

温馨提示

“隐患险于明火，防范胜于救灾，责任重于泰山。”如果用电部门或使用者了解必要的消防常识，提高消防意识，电气火灾是完全可以避免的。

案例4：乱拉电线，吞噬公寓（图2-12）

【事故经过】某年3月19日下午4点左右，南京某校3号男生公寓突然起火，猛烈的大火很快将学生宿舍烧个精光，所幸没有人员受伤。

图2-12　乱拉电线，吞噬公寓

【事故分析】经现场勘查：这个公寓楼存在着私拉电线的现象。当天下午宿舍内的电器又一直没关，电器发热所引发的电气火灾。

【事故教训】这是一起私自乱拉电源线所引发的典型火灾事故。此案例指出：学校火灾成因，尤以电气火灾突出。如学生不注意安全用电、乱拉乱接电源线，在宿舍里违章使用大功率电器或不合格电器，以及电器长期处于运行与待机状态等都会导致火灾的发生。

温馨提示

每个人都要自觉遵守国家的法律法规和学校的各项规章制度，积极地预防，采取有效措施整改各种安全隐患，共同创建一个安全、稳定、和谐的学习和生活的环境。

案例5：导线老化，民宅招灾（图2-13）

【事故经过】某年11月14日10时43分，一座老式居民住宅楼发生火灾，过火面积约400平方米，火灾造成15户居民住宅不同程度烧损。起火建筑为砖木结构三层，底楼9个房间，二楼7个房间，三楼5个房间。发生燃烧后，整栋建筑除底楼东南侧和西南侧两个房间未发生燃烧外，其余房间均过火燃烧，二楼、三楼楼板部分被烧穿，三楼屋顶局部坍塌。

图2-13　导线老化，民宅招灾

【事故分析】经现场勘查：为底楼西侧后门过道内南墙配电板上的电气线路短路，引燃导线绝缘层和周边的可燃物。火灾造成1人死亡，直接财产损失110万元。

【事故教训】这是一起电气线路短路，引燃导线绝缘层和周边的可燃物的典型火灾事故。此案例指出：多年居住的民宅要定期对电气线路的检修，导线绝缘的老化会造成电路短路。如果发生线路短路，所产生热量会引起严重的电气火灾。

温馨提示

电气线路发生短路，其短路电流会比正常电流大许多倍。因此防止电气短路火灾，首先要严格做到按照电力规程进行安装、维修，加强管理；其次要选装合适的安全保护装置。

2.3 用电与用电管理

2.3.1 用电知识

1. 节电的意义与做法

（1）节约用电的意义。电能是由其他形式的能源转换而来的二次能源，是一种与工农业生产和人民生活密切相关的优质能源。要实现高速发展，就必须采用先进的科学技术，利用机械化、电气化和自动化来提高劳动生产率。同时，为了提高全民族的文化和物质生活，也要消耗大量的电能。我国虽然还有丰富的资源，但人均占有率很小，因开采、运输、利用效率等各种原因的制约，还远远不能满足工农业生产飞速发展和人民生活水平的要求。

目前我国电能供应仍不足，却存在很大的浪费现象。节约是我国的基本原则，节约用电就是节约能源。

1 度电能干些什么事？看一看图 2-14 所列出的具体事例，就能足以说明节约用电在节能工作中的重要性。

图 2-14　1 度电能干的事

（2）节约用电的方法。据有关资料统计，照明用电占整个电能消耗的 15%。因此，节约照明用电是人人值得重视的一项工作。节约用电首先要在思想上树立“节约用电光荣，浪费电能可耻”的正确观念，养成随手开、关灯的良好习惯；其次是充分利用自然光、灯光合理布置、采用高效电光源、有效的照明配线和自动控制开关等。表 2-10 所列，是民宅照明装置的一些节电方法。

表 2-10　民宅照明装置的一些节电方法

方　法	具 体 措 施	说　　明
减少开灯时间	① 装光控照明开关，防止照明昼夜不分 ② 安装定时开关或延时开关，使人不常去或不长时间停留地方的灯及时关闭	① 高节电的自觉性 ② 自动开关故障率较高，注意其形式和负荷能力的选择
减少配电线路损耗	① 采用三相四线制供电线路 ② 使用功率因数高的（电子）镇流器 ③ 用并联电容器提高荧光灯线路的功率因数	① 镇流器必须与荧光灯的额定功率相配合 ② 并联电容器必须与荧光灯的额定功率及电感式镇流器的参数配合
降低需要照度	① 重新估计照明水平 ② 改善自然采光 ③ 采用调光镇流器或调光开关，进行调光 ④ 控制灯的数目	要确保生活、学习和工作的需要
减少灯的数目	对已有的照明器具检查是否有无用的灯；改善不良的照明器具的安装以减少灯的数目	一定要分清照度过分或照度不足
提高利用系数	采用高效率的照明器具	必须注意抑制眩光
提高维护系数	① 选用反射面的反射率逐年下降比较小的照明器具 ② 定期清扫照明器具和更换白炽灯（灯管）	清扫和更换照明器具要注意安全

2．安全用电从我做起

对用电人员讲，要牢记“安全用电无小事、以防为主最重要”。在日常生活和工作小事中，坚持“低压勿摸，高压勿近”的原则，从日常小事做起，具体见表2-11所列。

表2-11　安全用电，从小事做起

序　号	示 意 图	说　明
1		不用湿手扳开关，插入或拔出插头
2		不随便摆弄或玩电器，不能带电移动和安装家用电器
3		不购买假冒伪劣的电器、电线、电槽（管）、开关和插座等 凡产品说明书要求接地（接零）的电器具，应做到可靠的“保护接地”或“保护接零”，并定期检查是否接地（接零）良好
4		不在电加热器上烘烤衣服
5		不把晾衣杆搭在电线或变压器架子上，户外所晾晒衣服应与电线保持安全距离
6		不乱拉电线、超负荷用电。空调、电加热器等大容量设备应敷设专用线路
7		不用铜丝代替熔断丝，不用橡皮胶代替电工绝缘胶布。进行电气安装或检修前，必须先断开电源再进行操作，并有专人监护等相应的保护措施
8		不懂电气装修的人员不安装或修理电气线路或电气器具 发现电气线路或电气器具发生故障时，应请专业电工维修；安装、检修电气线路或电气器具，一定穿绝缘鞋、站在绝缘体上，切断电源；电气线路中安装触电保护器，应定期检查其灵敏度

2.3.2　用电管理

1. 电气管理的范围

电气设备从物业管理角度讲，其电气设备管理范围：从变配电开始至各户用电。其管理项目如下。

（1）定期检查电气设备和线路。对出现故障的设备和线路不能继续使用，必须及时进行检修。

（2）保证电气设备不受潮。照明设备要有防雨、防潮的措施，且通风条件良好。

（3）电气设备的金属外壳，必须有可靠的保护接地装置。凡有可能遭雷击的用电设备，都要安装防雷装置。对设备接地装置的电气管理应做到：①接地装置的性能必须满足设备的安全防护和工作要求。②接地装置应无危险地承受接地故障电流和泄漏电流的作用。③接地装置应足够牢固。④接地装置应长期保持有效性。⑤对接地装置的金属部分，特别是接地极等易受腐蚀部分应采取防腐措施。

（4）必须严格遵守电气操作规程。合上电源时，应先合上电源侧开关，再合上负荷侧开关；断开电源时，应先断开负荷侧开关，再断开电源侧开关。

温馨提示

① 建立安全检查管理制度。各种电器，尤其是移动式电器应建立定期检查的制度，若发现不安全，应及时加以处理。

② 严格执行安全规程。停电检修电气设备时要悬挂“有人工作，不准合闸”的警示牌。电工操作应严格遵守操作规程。

③ 熔断器的熔丝选择必须符合规范的要求，不能随意加大熔丝的等级。

2. 接地概念及作用

对电气设备进行“接地”是保证人身和设备安全的一项重要举措，因此，要重视电气设备的接地。所谓电气设备上的“地”是指电位等于零的地方，即图 2-15 所示的距接地体（点）20m 以外地方的电位（该处的电位已近降至为零）。常见的接地种类，见表 2-12 所列。

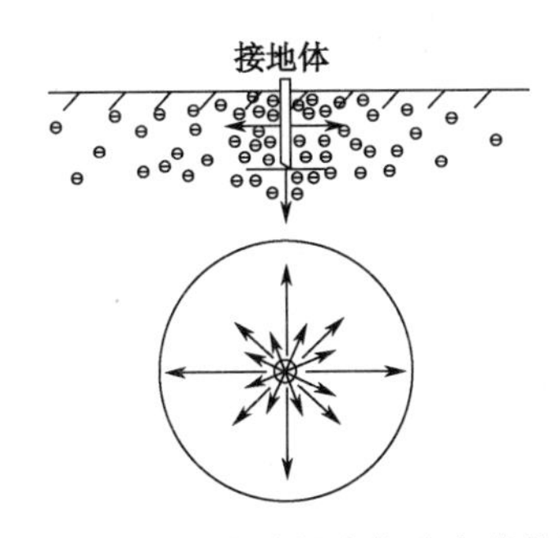

图 2-15　接地电流的电位分布曲线图

表 2-12　常见的接地种类

接地种类	示意图	说明
工作接地	中性点 高压侧　低压侧 O N 电力变压器 工作接地 接地体	电力系统中，由于运行和安全的需要，为保证电力网在正常情况或事故情况下能安全可靠地工作而将电气回路的中性点与大地相连，称为工作接地。如电力变压器和互感器的中性点接地，都属于工作接地
保护接地	中性线 K R_d　R_d	将电气设备正常情况下不带电的金属外壳及金属支架等与接地装置连接，称为保护接地。保护接地主要应用在中性点不接地的电力系统中
保护接零	熔丝熔断，切断电源 R_d	将电气设备在正常情况下不带电的金属外壳及金属支架等与零线相连，称为保护接零。在三相四线制中性点直接接地的电网中，广泛采用保护接零。保护接零必须有灵敏可靠的保护装置配合
重复接地	M 3～ 工作接地　重复接地	在三相四线制保护接零电网中，除了变压器中性点的工作接地之外，在零线上的一点或多点与接地装置的连接称为重复接地。重复接地可以降低漏电设备外壳的对地电压，减轻触电时的危险

温馨提示

电气接地除表 2–12 所列外，还有过电压保护接地、静电接地、隔离接地（屏蔽接地）和共同接地等。

过电压保护接地是为防止雷电对电气设备的破坏，在变电所、架空线路等电力设备上，采用避雷器等过电压保护装置，通过避雷器将高电压引入接地装置。

静电接地是为防止聚集静电荷，对某些管道、容器等采取的措施。

隔离接地（屏蔽接地）是把电气设备用金属壳或屏蔽网封闭后再接地。它可以防止外来信号干扰，也可以屏蔽干扰源，例如，工厂的高频淬火设备必须屏蔽接地。

共同接地是指在接地保护系统中，将接地干线或分支线多点与接地装置的连接，如图 2–16 所示。

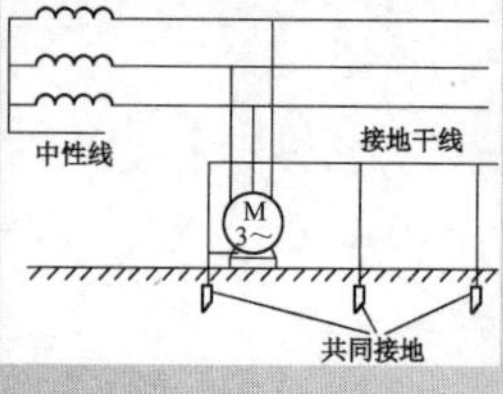

图 2-16　共同接地

践行与阅读

——远程电力为什么要超高压输送，中国阶梯式电价的介绍

◎ 资料一：远程电力为什么要采用超高压输送

图 2-17 远程电力输电

一般发电厂的汽轮发电机本身发出的电压只有 15 750V。把它接入输电电网时，先要将电压升高到 22×104V 或 33×104V，因为在远距离输电中，对输电电力用裸绞线有着较高的要求。首先要具有一定的拉力强度。一般输电铁塔间的距离很远，为了能承受足够的拉力，输电用裸绞线都采用钢芯铜绞线来增添它的强度。除此之外，为了降低电能传输的损耗，要求输电线的直流电阻越小越好。要降低输电线损耗可用两种方法：一种是增大导线的截面积，导线截面积越大，单位长度的电阻就越小，它所能通过的电流也越大。但是，输电线也不能无限度地加粗，线径加粗后，输电线的自重也随之增加，而且线路用材费用也要增加。另一种方法是，提高线路传输电压。随着输电电压的升高，输电电流可大幅度减小，从而使输电线上的损耗大大降低，因为传输功率等于电压和电流的乘积。在功率相等的情况下，传输电压越高，传输电流就越小，而线路损耗是与传输电流成正比，与传输电压成反比。目前已将传输电压提高到更高的级别（超高压输送），这样在同等线径的输电线上就能成倍地增加传输电能力。远程电力输电，如图 2-17 所示。

图 2-18 推行阶梯式电价

◎ 资料二：中国阶梯式电价的介绍

（1）阶梯式电价及推行意义。中国是一个人口众多、人均能源资源非常匮乏的国家。随着经济社会的持续快速发展，资源约束、环境污染、气候变化等一系列挑战接踵而至。

阶梯式电价（阶梯式递增电价或阶梯式累进电价的简称），是指把户均用电量设置为若干个阶梯分段或分档次定价计算费用。图 2-18 所示，是推行阶梯式电价宣传图。

阶梯式电价的实施有助于形成节能减排的社会共识，促进资源节约型、环境友好型社会的建设；有利于细分市场差别定价的实现，有利于用电效率的提高，并且能够补贴低收入居民。这样，即合理反映了供电成本，又兼顾不同收入水平居民的承受能力。

（2）阶梯式电价的实施内容。阶梯式电价将居民电价分三个阶梯：第一阶段为基数电量，此阶梯内电量较少，电价也较低；第二阶梯电量较高，电价也较高一些；第三阶梯电量更多，电价更高。这样做真正体现了居民用电情况，即用电量少的居民支付钱少，用电量多的居民支付钱就高。

以 2012 年 6 月，浙江省物价局表示的电价为例：自 7 月 1 日起，该省用电第一档电量（年用电量 2760 度以内）的电价，仍为每度 0.538 元；第二档电量（年用电量 2761～4800 度）的电价，每度是 0.588 元；第三档的电量（年用电量 4800 度以上）的电价，每度是 0.838 元。

（3）阶梯式电价的电费计算。阶梯电价的电费计算是按年累计的。在这个周期里，累计用电量在 2760 度以内的，每度只要 0.538 元，超过部分再按不同档次加价。通俗地说，就是用电越少越便宜，越多就越贵。

浙江省居民电价分三个阶梯：月用电量 230 度以内的，电价为 0.538 元/度，其中峰电价 0.568 元/度，谷电价 0.288 元/度；230～400 度的用电量，电价上调 0.03 元/度为 0.568 元/度，其中峰电价 0.598 元/度，谷电价 0.318 元/度；超过 400 度的用电量，电价比基本电价上调 0.30 元，即 0.838 元/度，其中峰电价 0.868 元/度，谷电价 0.588 元/度。当峰谷用电量总和超过 50 度时，超出的电量部分就开始按“第二阶梯”的价格计费，依次递增。

◎ 资料三：消防新材料新技术介绍

（1）消防战士的新型面具。当一队消防战士接到命令迅速来到火灾现场时，那里已是浓烟滚滚，火光冲天，建筑物里根本辨别不清东西南北，他们只听到一些未及时撤离的人在呼叫救援。然而英勇的战士们冲了进去，很快找到了火源，全力予以扑灭，并同时找到了被围困的人们，把他们一一救出。如图 2-19 所示，消防战士戴着新型的面具。

图 2-19　消防战士的新型面具

是什么使这些英勇的战士个个如虎添翼呢？这得归功于他们头上新型的面具。原来，在这种面具里装有一个红外线摄像机。它能够“感觉”到温度最高的地方，即红外线辐射最强的地方，并把它拍摄下来变成可视的图像，然后装在面具下部的小屏幕上显示出来。于是战士们能很方便地透过浓烟和火光看清火源的位置，并准确地加以扑灭。同样，利用人体散发出来的体温能看清被围困人们的所在。

在这种面具里，还装有无线电通话器和供给战士使用的呼吸装置。当然还有供红外摄像机等使用的电池。它的电能可持续使用 1.5h 之久。因此，这种新型面具自然就成为消防战士最得力的装备之一了。

（2）烟雾传感器为什么能自动报告火警。目前，在现代化的星级宾馆客房内，几乎都装有自动报警装置（图 2-20），以避免重大火灾的发生。那么，自动报警装置为什么能自动报告火警呢？

图 2-20　客房内的烟雾传感器

原来，在自动报警装置中，安装有一个类似人的嗅觉器官的烟雾传感器。烟雾传感器由一种对烟雾反应极为灵敏的敏感材料制成。这种材料有一个特点：只要与一氧化碳和烟雾一类的气体一接触，传感器内的电阻就立即发生显著变化，与此同时，自动接通报警器。

所谓敏感材料，是指那些物理和化学性能对电、光、声、热、磁、气体和湿度变化的反应极为灵敏的材料。所以，敏感材料又有电敏、光敏、声敏、磁敏、气敏和湿敏之分。这些敏感材料是实现自动化控制的重要物质基础，它们就像人体的各种器官一样，能非常灵敏地感知各种环境条件发生的变化，然后根据变化的信息，向人们及时发出警报或自动采取相应的措施。

（3）防火涂料是怎样防火和阻止火势蔓延的。在我国，火灾时有发生，造成了重大的经济损失。火神降临时，就连大楼的钢结构也经不住烈火烧炼，在很短的时间内即变软塌落。

以前，我国没有生产防火涂料，不得不到国外购买。1985 年，我国科技人员经过无数次实验、论证，终于开发出了一种钢结构防火隔热涂料，填补了我国防火涂料生产的空白。钢构件表面涂上这种涂料后，经大火猛烧 2～3h，钢构件也不会变形。

1989 年 3 月 1 日，这种防火涂料经受了一次严峻的考验：中国国际贸易中心发生了一场意外火灾，B 区宴会厅中堆积的 1 000 多立方米保温材料被烧成灰烬，混凝土楼板被烧蚀 50 多毫米，而屋顶 18 米跨度的钢梁却丝毫没有变形，经过 3h 的大火，连外层防锈漆的颜色都未改变。其奥秘在哪儿呢？原来，工人给钢结构涂上了防火材料（如图 2-21 所示），穿上了一件“防火衣”。

图 2-21　涂上了防火材料

——触电现场急救与火灾逃生、扑救演练

学生进行触电现场急救与火灾逃生、扑救演练，并完成表 2-13 所列的评议和学分给定工作。

表 2-13　触电现场急救与火灾扑救演练记录表

班　级		姓　名		学 号		日　期	
收获与体会							
评价意见	评定人	评价、评议、评定意见				等　级	签　名
	自己评价	讲述老师可所定的选项，表述演练的方法、注意事项，以及收获体会					
	同学评议						
	老师评定						

注：① 根据学校实际情况，老师可选择触电现场急救（口对口人工呼吸与心脏胸外挤压急救法）、急救法火灾逃生与扑救演练中的几项进行或者全部。

② 该践行学分为 5 分，记入本课程总学分（150 分）中，若结算分为总学分的 95%以上者，则评定为考核“合格”。

练习与交流

完成下列填空题、判断题和问答题，并与同学进行交流。

1．填空题

（1）凡对地电压在_____以上者为高压电，对地电压在_____以下者为低压电。安全电压应小于_____，在金属架或潮湿的场所工作，安全电压等级还要降低，通常为_____或_____。

（2）当人体的某一部位碰到相线或绝缘性能不好的电气设备外壳时，电流由相线经人体流入大地导致的触电，叫_____。

（3）触电现场抢救中，以_____和_____两种抢救方法为主。

（4）当发生电气火灾时，应先_____再_____。

（5）对电火灾的扑救，应使用_____、_____、_____和_____等灭火器具。

2．判断题（对打“√”，错打“×”）

（1）各种触电事故中，最危险的一种是电击。（　　）

（2）拉拽触电者脱离电源时，救护者应双手操作，使其快速脱离电源。（　　）

（3）未经医生允许绝对不允许给心脏停止跳动的触电者注射强心针。（　　）

（4）不得用电工钳同时剪断两根导线。（　　）

（5）在扑救电气火灾时，在未断电之前绝对不允许使用泡沫灭火器。（　　）

3．问答题

（1）防止触电的基本方针是什么？

（2）如果有人触电怎么办？

（3）电气设备或线路着火时，应如何灭火？

电工工具、仪表和安全保护物品

学习目标

- 熟悉验电笔、钢丝钳、尖嘴钳、旋具、电工刀等常用电工工具的基本结构和使用方法
- 了解万用表、兆欧表、钳形电流表等常用电工仪表的基本结构，掌握其使用方法

电工工具（图 3-1）是电工作业中的帮手，是提高工作效率的重要保证。仪表（图 3-2）是电工在检修与维护电气设备时的眼睛，是保证工程质量与安全的重要保障。因此，必须重视对电工工具、仪表正确地选用。而安全保护物品是电工工作中，不可缺少的辅助用品，因此，也不能忽视对它们的正确选用。

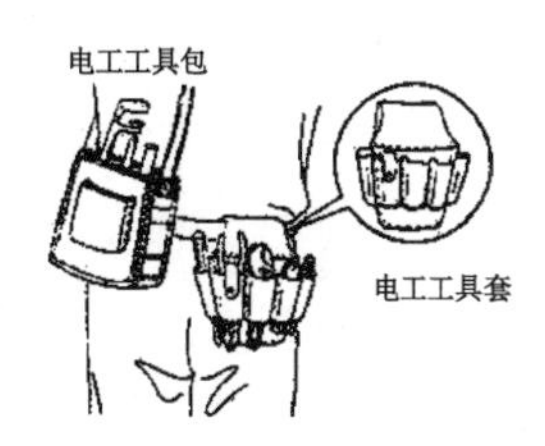

图 3-1　电工的好帮手

（a）万用表

（b）兆欧表

（c）钳形电流表

图 3-2　电工常用的仪表

3.1 电工工具及其使用

3.1.1 电工常用工具

电工常用工具有钢丝钳、尖嘴钳、剥线钳、旋具（螺丝刀）、活络扳手、电工刀等，见表 3-1 所列。

表 3-1 电工常用工具及其使用方法

名　称	示 意 图	使 用 说 明
钢丝钳	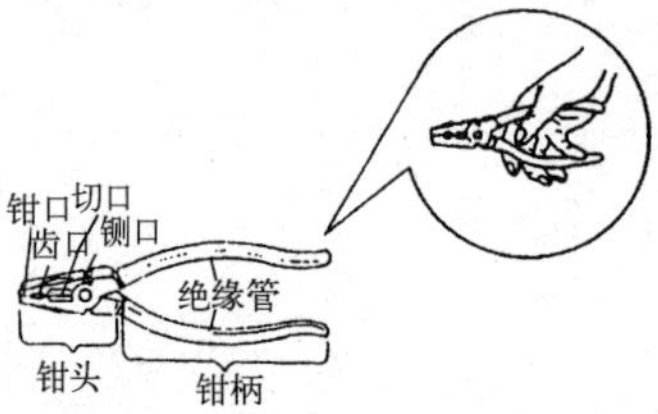	钢丝钳是一种夹持器件（如螺钉、铁钉等物件）或剪切金属导线的工具。钳口用来钳夹或折绞导线；齿口用来旋紧或起松螺母，也可以用来绞紧导线接头和放松接头；切口用来剪切导线或拔起铁钉；铡口用来剪切钢丝、铁丝等较硬的金属丝。钢丝钳的结构及握持，如左图所示 通常选用 150mm、175mm 或 200mm 带绝缘柄的钢丝钳 使用时注意： ① 要注意保护好钳柄绝缘管，以免碰伤而造成触电事故 ② 钢丝钳不能当做敲打工具
尖嘴钳	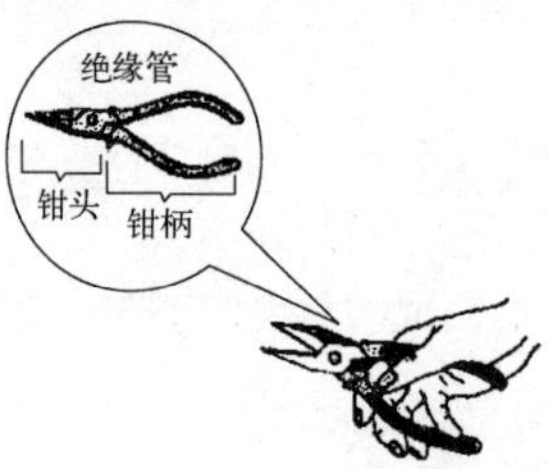	尖嘴钳的使用方法与钢丝钳相仿，由于尖嘴钳的钳头较细长，因此能在狭小的工作空间操作，如用于灯座、开关内的线头固定等。尖嘴钳的结构及握持，如左图所示 通常选用带绝缘柄的 130mm、160mm、180mm 或 200mm 尖嘴钳 使用时注意： ① 要注意保护好钳柄绝缘管，以免碰伤而造成触电事故 ② 尖嘴钳不能当做敲打工具
剥线钳	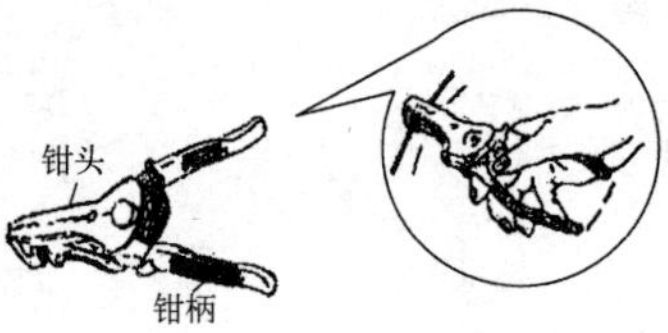	剥线钳是用来剥除截面积为 $6mm^2$ 以下塑料或橡胶电线端部（又称“线头”）绝缘层的专用工具。它由钳头和钳柄组成。钳头有多个刃口，直径为 0.5～3mm；钳柄上装有塑料绝缘套管，绝缘套管的耐压为 500V，如左图所示 通常选用带绝缘柄 140mm 和 180mm 剥线钳 使用时注意： 要根据不同的线径来选择剥线钳的不同刃口
旋具（螺丝刀）	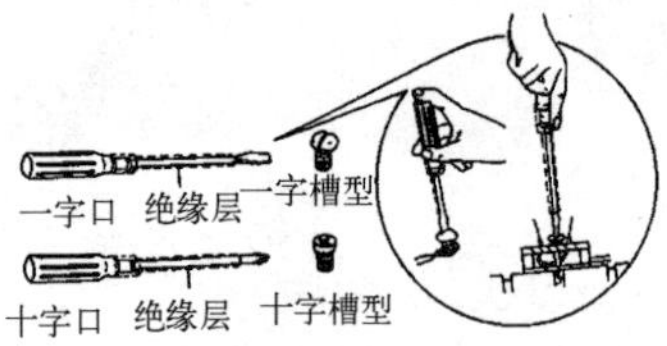	旋具（螺丝刀）是一种用来旋紧或起松螺钉、螺栓的工具 在使用小螺丝刀时，一般用拇指和中指夹持旋具柄，食指顶住柄端；使用大螺丝刀时，除拇指、食指和中指用力夹住螺丝刀柄外，手掌还应顶住柄端，用力旋转螺钉，即可旋紧或旋松螺钉。螺丝刀顺时针方向旋转，旋紧螺钉；螺丝刀逆时针方向旋转，起松螺钉。螺丝刀的结构及握持，如左图所示 使用时注意： ① 根据螺钉大小、规格选用相应尺寸的螺丝刀 ② 电工不能用穿心螺丝刀 ③ 螺丝刀不能当凿子用

续表

名　称	示 意 图	使 用 说 明
活络扳手	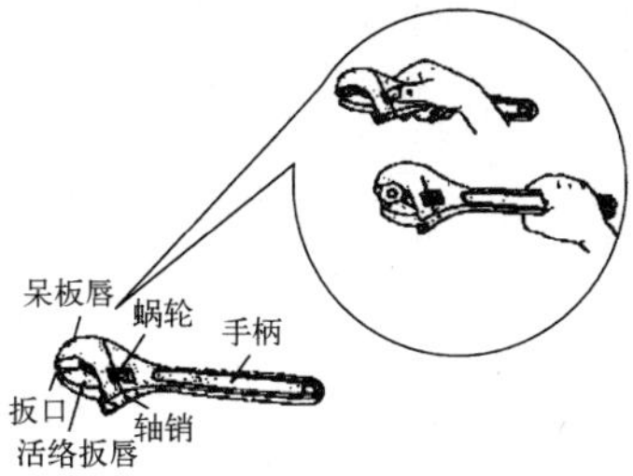	活络扳手是一种在一定范围内旋紧或旋松六角、四角螺栓、螺母的专用工具。活络扳手的结构及握持，如左图所示 使用时注意： ① 要根据螺母、螺栓的大小选用相应规格的活络扳手 ② 活络扳手的开口调节应以既能夹持螺母又能方便地提取扳手、转换角度为宜 ③ 活络扳手不能当铁锤用
电工刀	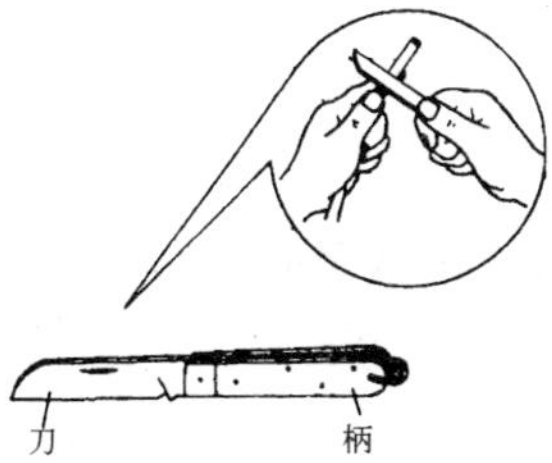	电工刀是一种切削电工器材（如剥削导线绝缘层、切削木枕等）的工具。电工刀的结构及握持，如左图所示 使用时注意： ① 刀口应朝外进行操作。在剥削电线绝缘层时，刀口要放平一点，以免割伤电线的线芯 ② 电工刀的刀柄是不绝缘的，因此禁止带电使用 ③ 使用后，要及时将刀身折回电工刀的刀柄内，以免刀刃受损或危及人身、割破皮肤

3.1.2　电工辅助工具

电工常用的辅助工具有钢锯、铁锤、钢凿、冲击电钻、电烙铁，以及电工包和电工工具套等，见表 3-2 所列。

表 3-2　电工常用辅助工具及其使用方法

名　称	示 意 图	使 用 说 明
钢锯	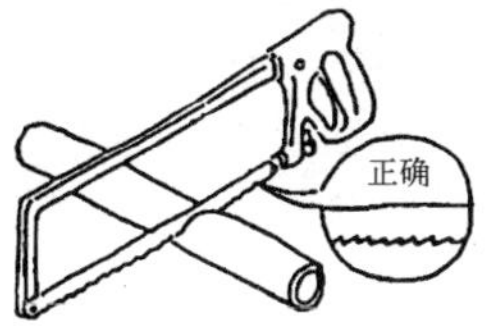	钢锯是一种用来锯割金属材料及塑料管等其他非金属材料的工具 钢锯的结构，如左图所示 使用时注意： 右手满握钢锯柄，控制锯割推力和压力，左手轻扶钢锯架前端，配合右手扶正钢锯，用力不要过大，均匀推拉
铁锤		铁锤是一种用来锤击的工具，如拆装电动机轴承、锤打铁钉等 铁锤的结构及握持，如左图所示 使用时注意： 右手应握在木柄的尾部，才能使出较大的力量。在锤击时，用力要均匀、落锤点要准确
钢凿	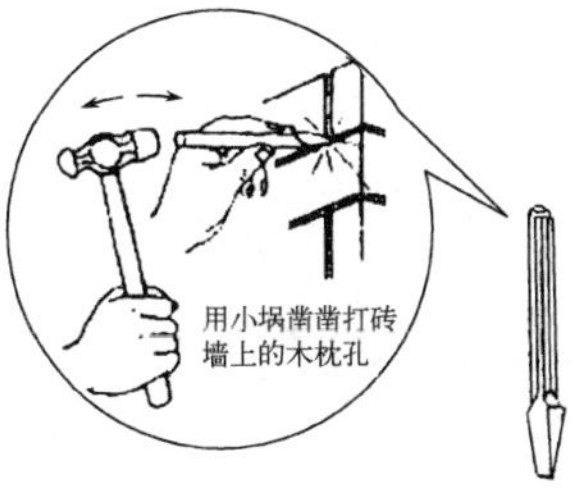	钢凿是一种用来专门凿打砖墙上安装孔（如暗开关、插座盒孔、木砧孔）的工具 钢凿的结构及握持，如左图所示 使用时注意： 在凿打过程中，应准确保持钢凿的位置，挥动铁锤力的方向与钢凿中心线一致

续表

名 称	示 意 图	使 用 说 明
冲击电钻	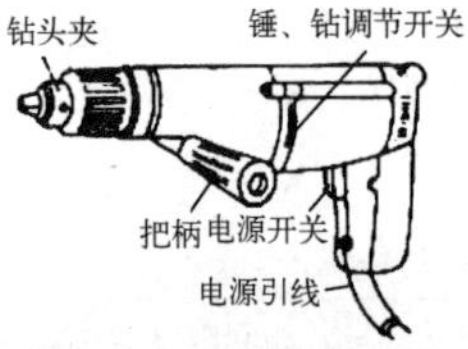 钻头夹 锤、钻调节开关 把柄电源开关 电源引线 (a) 冲击钻  (a) 冲击钻头	冲击电钻是一种既可使用普通麻花钻头在金属材料上钻孔，也可使用冲击钻头在砖墙、混凝土等处钻孔，供膨胀螺栓使用的工具 冲击电钻的结构，如左图所示 使用时注意： ① 电钻外壳要采取接地保护措施，电钻到电源的导线采用橡胶软护套线，应使用三芯线，其黑线作为接地保护线 ② 使用前要检查电钻外观有无损伤，无损伤才可插入电源插座，同时用验电笔测试电钻外壳，只有在外壳不带电时才可以使用电钻 ③ 不同直径的孔应选用相应的钻头 ④ 冲击孔时，右手应握紧手柄，左手持握把柄，用力要均匀 ⑤ 对转速可以调整的电钻，在使用前选择好适当的挡位，禁止在使用时中途换挡
电烙铁	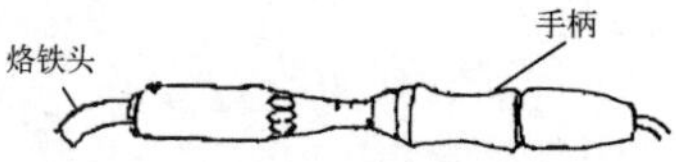 烙铁头 手柄 (a) 大功率电烙铁 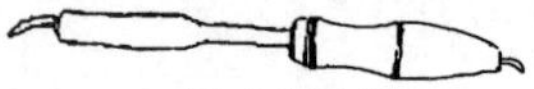 (a) 小功率电烙铁	电烙铁是一种用来焊接铜导线、铜接头和对铜连接件进行镀锡的工具 电烙铁的结构，如左图所示 使用时注意： ① 要根据焊接物体的大小选用电烙铁 ② 焊接不同导线或元件时，应掌握好不同的焊接时间（温度） ③ 及时清除电烙铁头上的氧化物
电工包和电工工具套	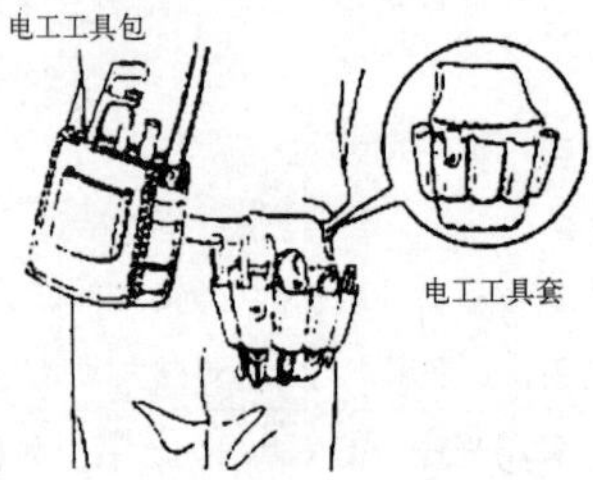 电工工具包 电工工具套	电工包和电工工具套是用来放置随身携带的常用工具（如钢丝钳、尖嘴钳、活络扳手、电工刀）或零星电工器材（如灯头、开关、螺钉、熔丝、胶布）等用的包套。 电工包和电工工具套的佩戴，如左图所示 使用时注意： ① 电工工具套可用皮带系结在腰间，置于右臀部，工具插入工具套中，便于随手取用 ② 电工包横跨在左侧，内有零星电工器材和辅助工具，以便外出使用
梯子	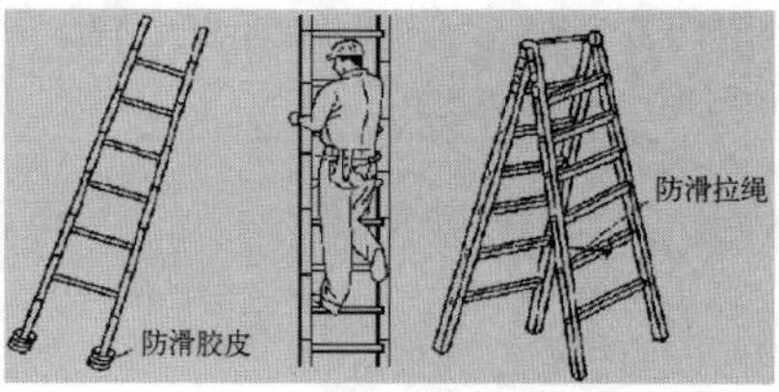 防滑胶皮 防滑拉绳	电工常用的梯子有竹梯和人字梯两种，如左图所示。竹梯通常用于室外登高作业，人字梯通常用于室内登高作业 梯子登高安全知识如下： ① 竹梯在使用前应检查不应有虫蛀及断裂现象；两脚应各绑扎胶皮之类防滑材料 ② 竹梯放置的角为60°～75° ③ 梯子的安放应与带电部分保持安全位置，扶持人应戴安全帽，竹梯不许放在箱子或桶类等物体上使用 ④ 人字梯应在中间绑扎两道防自动滑开的安全绳

此外，在登高施工时除梯子外，还用到踏板、脚扣，以及腰带、保险绳和腰绳等其他登高工具，如图 3-3 所示。

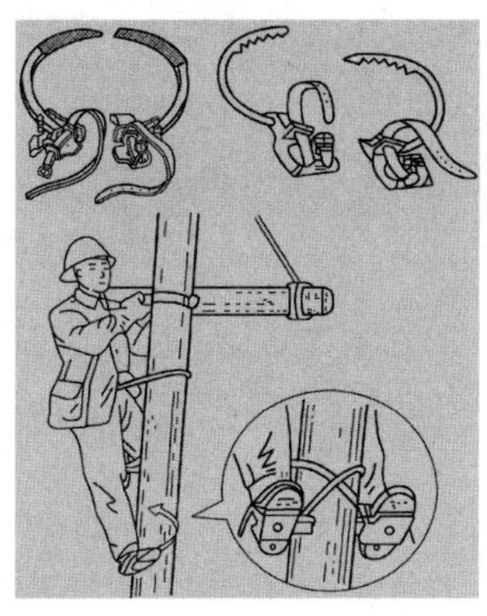

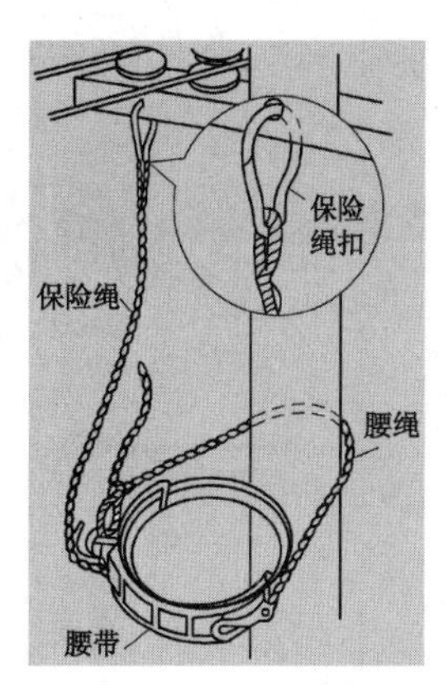

图 3-3 其他登高工具

温馨提示

登高作业前，要检查登高工具的牢固可靠性，只有这样才能保障登高作业人员的安全。在登高作业时，要特别注意人身安全，患有精神病、高血压、心脏病和癫痫等疾病者，不能参与登高作业。

3.2 常用仪表及其使用

3.2.1 万用表

万用表是一种多用途的测量仪表，常用来测量直流电流、直流电压、交流电压和电阻等，其外形结构及操作步骤，见表 3-3 所列。

表 3-3 万用表的使用

项 目	示 意 图	使 用 说 明
使用前	机械零位调整 零欧姆调整 进行机械零位调整	① 万用表应水平放置 ② 万用表指针不在“零”位时，可以利用旋具（螺丝刀）对机械零位调整器进行调整，使指针指在“零”刻度线上

续表

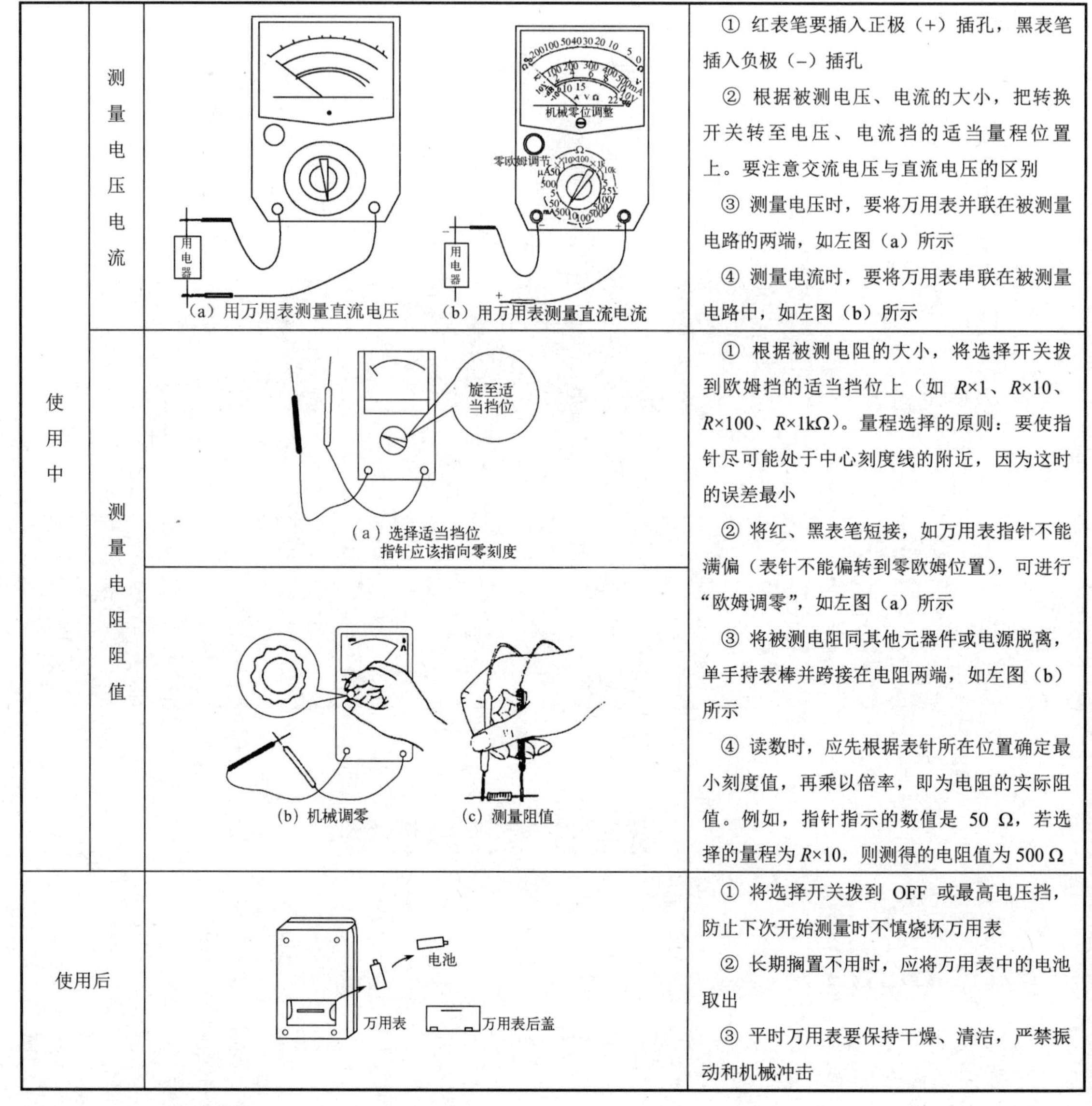

使用中	测量电压电流	（a）用万用表测量直流电压　（b）用万用表测量直流电流	① 红表笔要插入正极（+）插孔，黑表笔插入负极（–）插孔 ② 根据被测电压、电流的大小，把转换开关转至电压、电流挡的适当量程位置上。要注意交流电压与直流电压的区别 ③ 测量电压时，要将万用表并联在被测量电路的两端，如左图（a）所示 ④ 测量电流时，要将万用表串联在被测量电路中，如左图（b）所示
	测量电阻阻值	（a）选择适当挡位 指针应该指向零刻度 （b）机械调零　（c）测量阻值	① 根据被测电阻的大小，将选择开关拨到欧姆挡的适当挡位上（如 $R\times1$、$R\times10$、$R\times100$、$R\times1\text{k}\Omega$）。量程选择的原则：要使指针尽可能处于中心刻度线的附近，因为这时的误差最小 ② 将红、黑表笔短接，如万用表指针不能满偏（表针不能偏转到零欧姆位置），可进行“欧姆调零”，如左图（a）所示 ③ 将被测电阻同其他元器件或电源脱离，单手持表棒并跨接在电阻两端，如左图（b）所示 ④ 读数时，应先根据表针所在位置确定最小刻度值，再乘以倍率，即为电阻的实际阻值。例如，指针指示的数值是 50 Ω，若选择的量程为 $R\times10$，则测得的电阻值为 500 Ω
使用后		电池　万用表　万用表后盖	① 将选择开关拨到 OFF 或最高电压挡，防止下次开始测量时不慎烧坏万用表 ② 长期搁置不用时，应将万用表中的电池取出 ③ 平时万用表要保持干燥、清洁，严禁振动和机械冲击

3.2.2 兆欧表

兆欧表又称“摇表”。它的用途很广泛，不但可以测量高电阻，而且还可以用来检测电气设备和电气线路的绝缘程度。兆欧表外形及测量电动机（绝缘程度）的方法，见表 3-4 所列。

3.2.3 钳形电流表

钳形电流表是一种在不断开电路的情况下测量交流电流的专用仪表，其外形结构及操作步骤，见表 3-5 所列。

表 3-4 兆欧表测量电动机（绝缘程度）的方法

步骤		示意图	使用说明
使用前	放置要求		兆欧表有 3 个接线端子（线路“L”端子、接地“E”端子、屏蔽“G”端子）。三个接线端应按照测量对象不同来选用。 应放置在平稳的地方，以免在摇动手柄时，因表身抖动和倾斜产生测量误差
	开路试验		先将兆欧表的两接线端分开，再摇动手柄。正常时，兆欧表指针应指“∞”
	短路试验		先将兆欧表的两接线端接触，再摇动手柄。正常时，兆欧表指针应指“0”
使用中	对地绝缘性能		用单股导线将“L”端和设备（如电动机）的待测部位连接，“E”端接设备（如电动机）外壳
	绕组间绝缘性能		用单股导线将“L”端和“E”端与设备（如电动机两绕组）的接线端相连接
使用后			使用后，将“L”、“E”两导线短接，对兆欧表放电，以免触电事故

表 3-5 钳形电流表的外形结构及操作步骤

钳形电流表外形结构	
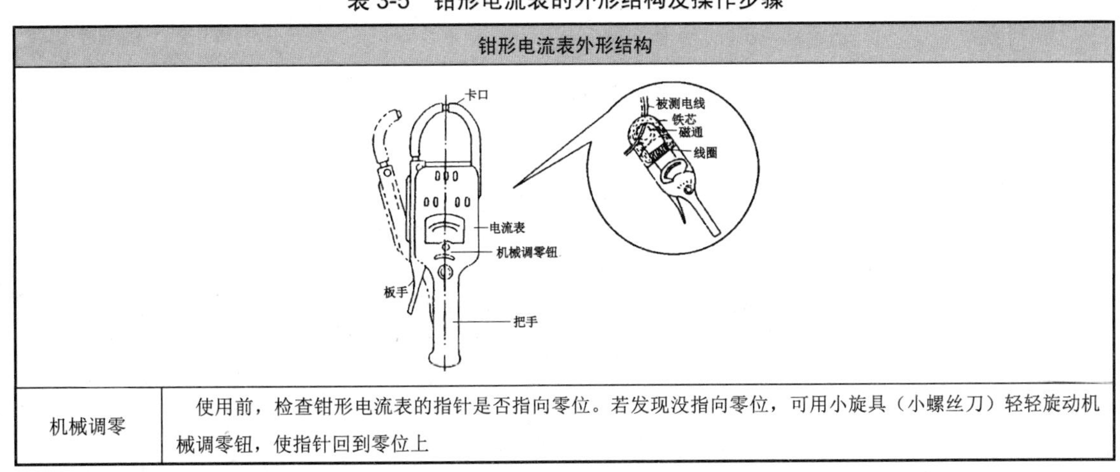	
机械调零	使用前，检查钳形电流表的指针是否指向零位。若发现没指向零位，可用小旋具（小螺丝刀）轻轻旋动机械调零钮，使指针回到零位上

续表

钳形电流表外形结构	
清洁钳口	测量前，要检查钳口的开合情况，以及钳口面上有无污物。若钳口面有污物，可用溶剂洗净，并擦干；若有锈斑，应轻轻擦去
选择量程	测量时，应将量程选择旋钮置于合适位置，使测量时指针偏转后能停在精确刻度上，以减少测量的误差
测量数值	紧握钳形电流表把手和扳手，按动扳手打开钳口，将被测线路的一根载流电线置于钳口内中心位置，再松开扳手使两钳口表面紧紧贴合，将表放平，然后读数，即测得电流值
高挡存放	测量完毕，退出被测电线，将量程选择旋钮置于高量程挡位上，以免下次使用时不慎损伤仪表

温馨提示

同学们可通过上网或查阅资料，了解到电工常用工具、常用仪表的规格、型号和价格等情况。

3.2.4 电能表

电能表又称电度表、千瓦小时表，俗称“火表”，是计量线路中用电器所消耗的电量（单位：kW・h）的仪表。图3-4所示的是最常用的一种电能表。

图3-4 常用的单相电能表

1．电能表的结构

电能表按其用途分为有功电能表和无功电能表两种，按结构分为单相表和三相表两种。电能表的种类虽不同，但其结构是一样的。它都有驱动元件、转动元件、制动元件、计数机构、支座和接线盒6个部件。交流单相电能表的结构，如图3-5所示。

（1）驱动元件。驱动元件有两个电磁元件，即电流元件和电压元件。转盘下面是电流元件，由铁芯及绕在上面的电流线圈所组成。电流线圈匝数少、线径粗，与用电设备串联。转盘上面部分是电压元件，由铁芯及绕在上面的电压线圈所组成。电压线圈匝数多、线径细，与照明线路的用电器并联。

（2）转动元件。转动元件由铝制转盘及转轴组成。

（3）制动元件。制动元件是一块永久磁铁，在转盘转动时产生制动力矩，使转盘转动的转速与用电器的功率大小成正比。

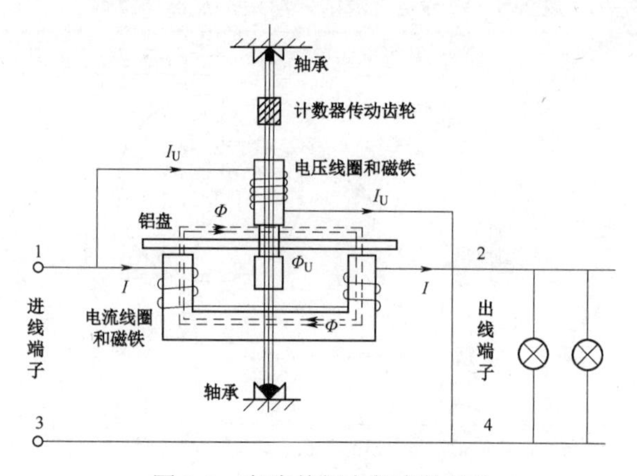

图3-5 交流单相电能表的结构

（4）计数机构。计数机构由蜗轮杆齿轮机构组成。

（5）支座。支座用于支承驱动元件、制动元件和计数机构等部件。

（6）接线盒。接线盒用于连接电能表内外线路。

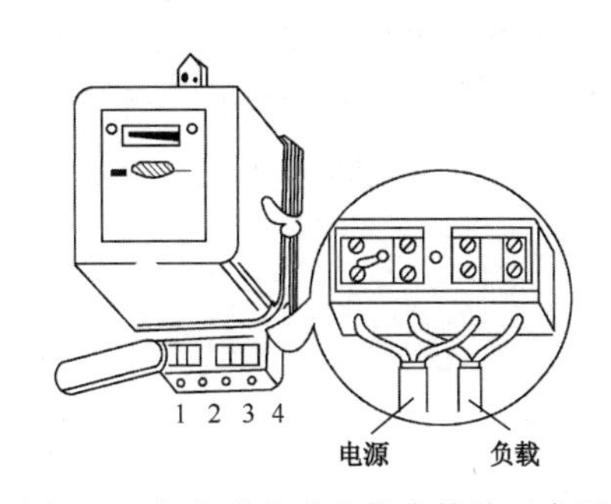

图3-6 交流感应式电能表接线示意图

2. 电能表的安装和使用要求

（1）电能表应按设计装配图规定的位置进行安装，不能安装在高温、潮湿、多尘及有腐蚀气体的地方。

（2）电能表应安装在不易受震动的墙上或开关板上，离墙面以不低于 1.8m 为宜。这样不仅安全，而且便于检查和“抄表”。

（3）为了保证电能表工作的准确性，电能表必须严格垂直装设。若有倾斜，会发生计数不准或停走等故障。

（4）接入电能表的导线中间不应有接头。接线时接线盒内螺钉应拧紧，不能松动，以免接触不良而引起发热。配线应整齐美观，尽量避免交叉。图 3-6 所示，是交流感应式电能表的接线示意图。

（5）电能表在额定电压下，当电流线圈无电流通过时，铝盘的转动不超过一转，功率消耗不超过 1.5W。根据实践经验，一般 5A 的单相电能表无电流通过时每月耗电不到 1 度。

（6）电能表装好后，打开电灯，电能表的铝盘应从左向右转动。若铝盘从右向左转动，说明接线错误，应把相线（火线）的进、出线调接一下。

（7）单相电能表的选用必须与用电器总功率相适应。在 220V 电压的情况下，根据公式 $P = UI\cos\phi$ 可以算出不同规格的电能表可装用电器的最大功率，见表 3-6 所列。

表 3-6 不同规格电能表可装用电器的最大功率

电能表的规格（A）	3	5	10	20	25	30
可装用电器最大功率（W）	660	1 100	2 200	4 400	5 500	6 600

由于用电器不一定同时使用，因此，在实际使用中，电能表应根据实际情况加以选择。

（8）电能表在使用时，电路不允许短路及过载（不超过额定电流的 125%）。

3. 电能表的接入方式

电能表分为单相电能表和三相电能表，都有两个回路，即电压回路和电流回路，其连接方式有直接接入方式和间接接入方式。

（1）电能表的直接接入方式。在低压较小电流线路中，电能表可采用直接接入方式，即电能表直接接入线路上，如图 3-7 所示。电能表的接线图一般粘贴在接线盒盖的背面。

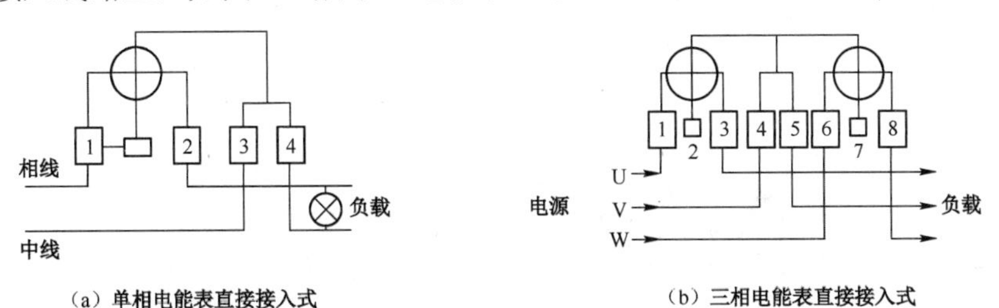

图 3-7 电能表的直接接入方式的接线

（2）电能表的间接接入方式。在低压大电流线路中，若线路负载电路超过电能表的量程，须经电流互感器将电流变小，即将电能表以间接接入方式接在线路上，如图 3-8 所示。在计算用电量时，只要把电能表上的耗电数值，乘以电流互感器的倍数，就是实际耗电量。

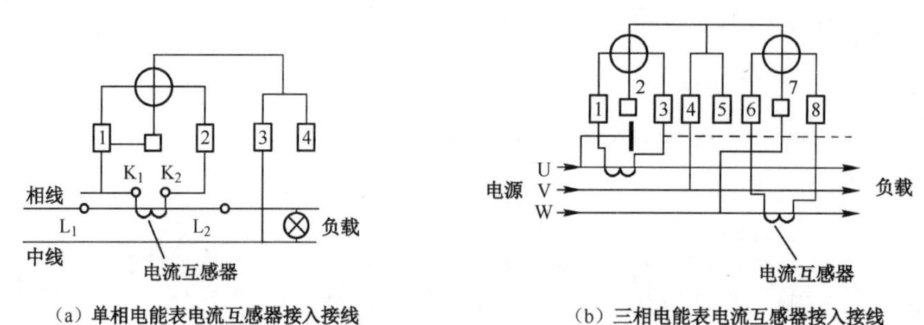

（a）单相电能表电流互感器接入接线　　（b）三相电能表电流互感器接入接线

图 3-8　电能表的间接接入方式的接线

3.3　电工安全保护用品

电工在进行电气施工或检修时，常需要各种安全保护用品，如安全帽、工作服、绝缘鞋、警示牌、遮拦，以及橡胶垫等，见表 3-7 所列。

表 3-7　电工的辅助工具

名　称	示　意　图	说　　明
工作服		工作服是电工的劳动保护用品 在工作时，需要穿戴纯棉、下摆和袖口可以扎紧的工作服，这样能起到安全保护作用，如防止电火花伤到皮肤等
安全帽		安全帽是一种起防护作用的安全用品，它采用高强度工程塑料制成，硬度高，硬而不脆，具有良好的冲击，阻燃烧性能 安全帽的防护作用：当作业人员受到高处坠落物、硬质物体的冲击或挤压时，减少冲击力，消除或减轻其对人体头部的伤害
绝缘鞋	（a）绝缘鞋　（b）绝缘靴	绝缘鞋（靴）是电气设备上的安全辅助用具 使用时，应根据作业场所电压高低正确选用，低压绝缘鞋（靴）禁止在高压电气设备上作为安全辅助用具使用，高压绝缘鞋（靴）可以作为高压和低压电气设备上辅助安全用具使用。但不论是穿低压或高压绝缘鞋（靴），均不得直接用手接触电气设备
警示牌	进入施工现场 必须戴安全帽　施工现场　高压电房 闲人莫入	安全警示牌在很多地方都有着应用 安全警示牌是用来警告人员得接近设备的带电部分或禁止操作设备，警示牌还用来指示工作人员何处可以工作及提醒工作时必须注意的其他安全事项，从而可以极大的减少一些人员的伤亡和意外的发生

续表

名 称	示 意 图	说 明
遮拦		电工用的安全用具（遮拦），是指在电气作业中，为了保证作业人员的安全，防止触电、坠落、灼伤等工伤事故所必须使用的各种电工专用用具。它分为绝缘安全用具和非绝缘安全用具两大类 绝缘安全用具是防止作业人员直接接触带电体用的；非绝缘安全用具是保证电气维修安全用的，一般不具备绝缘性能，所以不能直接与带电体接触
橡胶垫		橡胶垫是电气设备上的安全辅助用品 使用时，应根据作业场所电压高低正确选用，低压橡胶垫禁止在高压电气设备上作为安全辅助用品使用

——验电笔及其使用、三相电能表的接线、新型电能表简介

◎ 资料一：低压验电笔及其使用

低压验电笔（简称电笔）是一种用来测试导线、开关、插座等电器是否带电的工具，用于检查 500V 以下导体或各种用电设备的外壳是否带电。

1．低压验电笔的结构

低压验电笔按照其的接触方式分为接触式和感应式两种，如图 3-9 所示。接触式验电笔：通过接触带电体，获得电信号的检测工具。通常形状有一字螺丝刀式，由验电笔和一字螺丝刀两部分组成；钢笔式：直接在液晶窗口显示测量数据；感应式验电笔：采用感应式测试，无需物理接触，可检查控制线、导体和插座上的电压或沿导线检查断路位置。可以极大限度地保障检测人员的人身安全。

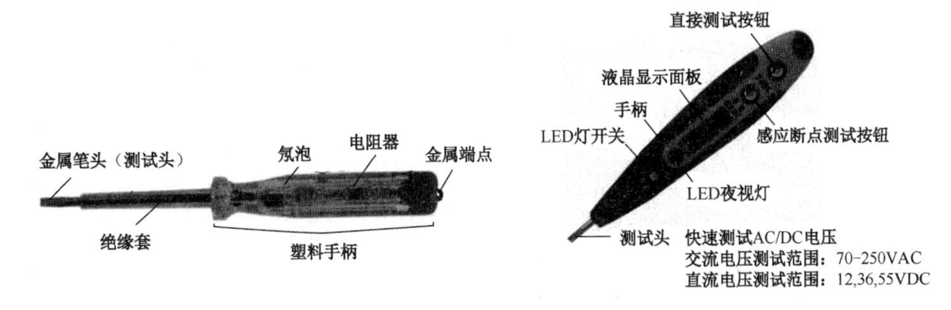

图 3-9 两种低压验电笔的结构

2．低压验电笔的使用

低压验电笔的使用，见表 3-8 所列。

表 3-8　低压验电笔的使用

分　类	示　意　图	方法/步骤
接触式		① 对于螺丝刀式，食指顶住电笔的笔帽端，拇指和中指、无名指轻轻捏住电笔使其保持稳定，然后将金属笔尖（测试头）插入墙上的插座面板孔或者外接的插线排插座孔中 ② 查看验电笔中间位置的氖管是否发光。发光的就是带电。如果在白天或者光线很强的地方，验电笔发光不明显，可以用手遮挡光线，谨慎观察
感应式		① 测量接触物体时，用拇指轻轻按住直接测试按钮（DIRECT 离笔尖最远的那个），金属笔尖（测试头）接触物体测量，即在液晶显示面板上显示测量结果 ② 测量物体内部或带绝缘皮电线内部是否有电时，用拇指轻触感应断点测试按钮（离笔尖最近的那个 INDUCTANCE），如果测电笔显示闪电符号，就说明物体内部带电；反之，就不带电

温馨提示

①使用接触式验电笔“验电”时，一定要用手按住或触碰验电笔笔帽端，否则氖管不会发光，造成误会物品不带电。②接触式验电笔“验电”时，手不要触及电笔的金属笔尖（测试头），否则会造成触电。③使用感应式验电笔“验电”时，不要同时把两个按钮（直接测试按钮、感应断点测试按钮）都按住，这样测量的结果不准确。

◎ 资料二：三相电能表的接线

三相电能表的接线有三相四线和三相三线制 2 种方式，其接线分为直接式和间接式。

1. 直接式电能表的接线

直接式三相四线制电能表和直接式三相三线制电能表的接线图，如图 3-10、图 3-11 所示。

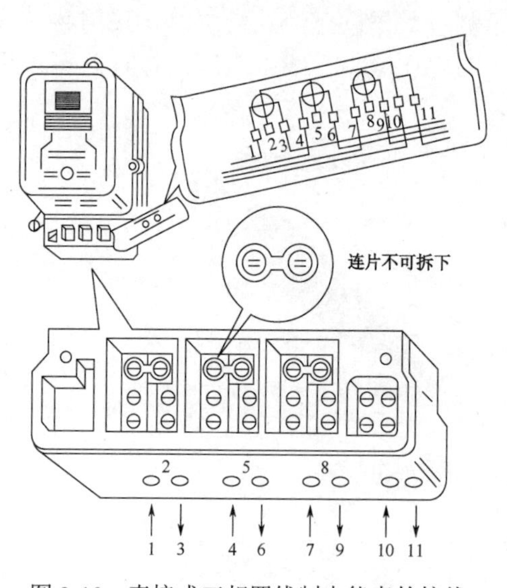

图 3-10　直接式三相四线制电能表的接线

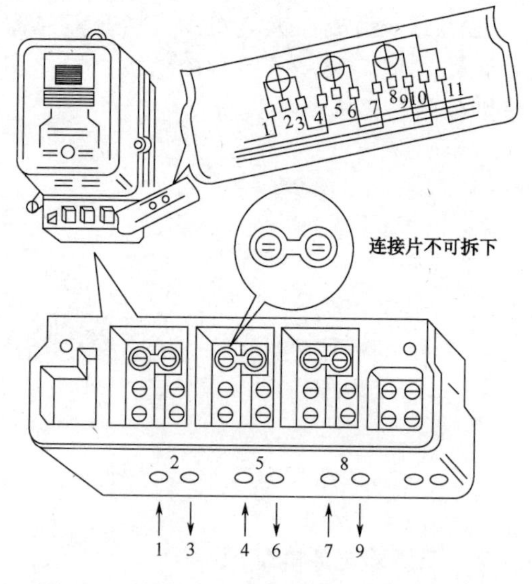

图 3-11　直接式三相三线制电能表的接线

2. 间接式电能表的接线

间接式三相四线制电能表的接线图，如图 3-12 所示。

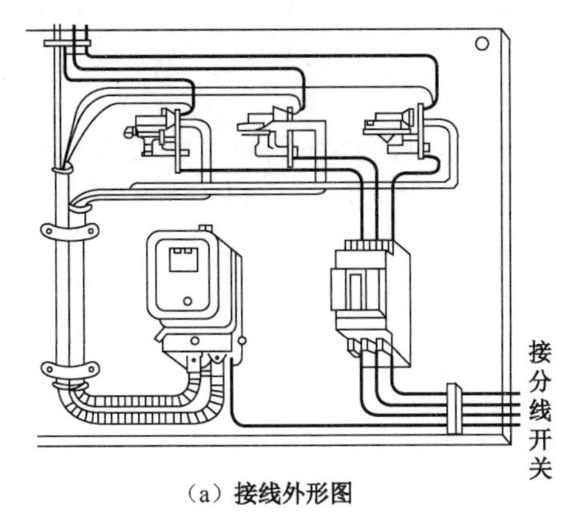

（a）接线外形图

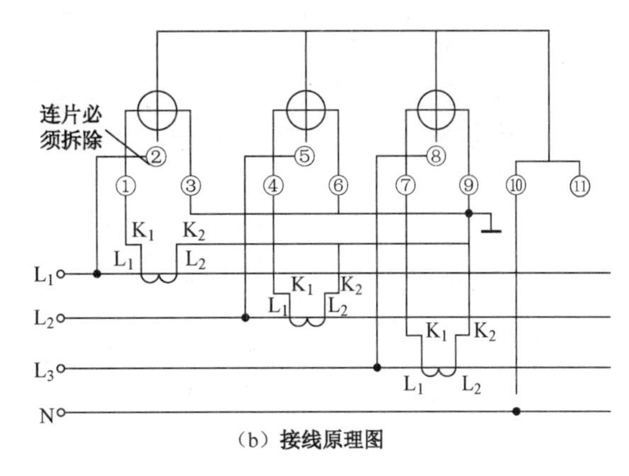

（b）接线原理图

图 3-12　间接式三相四线制电能表的接线图

◎ 资料三：新型电能表简介

在科技迅猛发展的今天，新型电能表已快步进入千家万户，并向高智能、高精度、高可靠性和全自动计费的方向发展。新型智能化全自动计量仪器仪表将推陈出新，逐步取得主导地位，促使计量工作迈向一个全新的台阶。

近期我国开发的具有较高科技含量的长寿式机械电能表、静止式电能表（又称电子式电能表）和电卡预付费电能表等，如图 3-13 所示。

（a）长寿式

（b）静止式

（c）电卡预付费

图 3-13　新型电能表

（1）长寿式机械电能表。长寿式机械电能表是在充分吸收国内外先进电能表设计、选材和制作经验的基础上开发的新型电能表，具有宽负载、长寿命、低功耗、高精度等优点。

① 表壳采用高强度透明聚碳酸酯注塑成型，在 60～110℃不变形，能达到密封防尘、抗腐蚀及阻燃的要求。

② 底壳与表盒连体，采用高强度、高绝缘、高精度的热固性材料注塑成型。

③ 轴承采用“磁推”式轴承，支撑点采用进口石墨衬套及高强度不锈钢针。

④ 阻尼磁钢由铝、镍、钴等双极强磁性材料制作，经过高、低温老化处理，性能稳定。

⑤ 计量器的支架采用高强度铝合金压铸，字轮、标牌均能防止紫外线辐射，不褪色，齿轮轴采用耐磨材料制作，不加润滑油，机械负载误差小。

⑥ 电流线圈线径较粗，自热影响小，表计稳定性好，表盒与接头的焊接选用银焊材料，接触可靠。

⑦ 电压线路功耗小于0.8W，损耗小，节能。

⑧ 电流量程，一般为5A。

（2）静止式电能表。静止式电能表是借助于电子电能计量的先进机理，继承传统感应式电能表的优点，采用全屏蔽、全密封的结构，具有良好的抗电磁干扰性能，集节电、可靠、轻巧、高精度、高过载、防窃电等为一体的新型电能表。

静止式电能表由分流器取得电流采样信号，分压器取得电压采样信号，经乘法器得到电压电流乘积信号，再经频率变换产生一个频率与电压电流乘积成正比的计数脉冲，通过分频，驱动步进电动机，由表中的计度器进行计量，其工作原理图，如图3-14所示。

静止式电能表按电压分为单相电子式、三相电子式和三相四线电子式等，按用途又分为单一式和多功能（有功、无功和复合型）式等。

静止式电能表的安装使用要求，与一般机械式电能表大致相同，但接线宜粗，避免因接触不良而发热烧毁。静止式电能表安装接线，如图3-15所示。

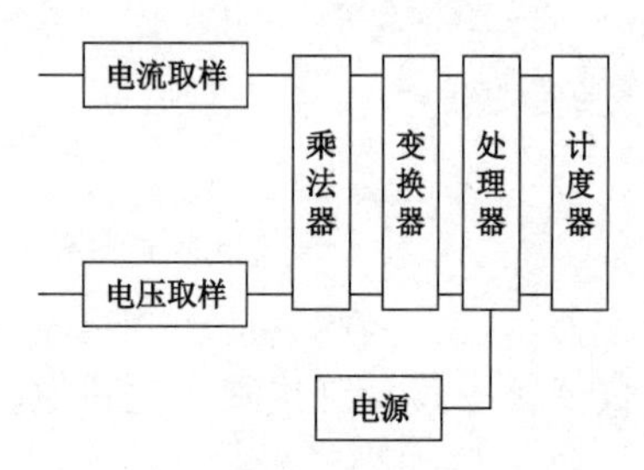

图3-14 静止式电能表工作原理

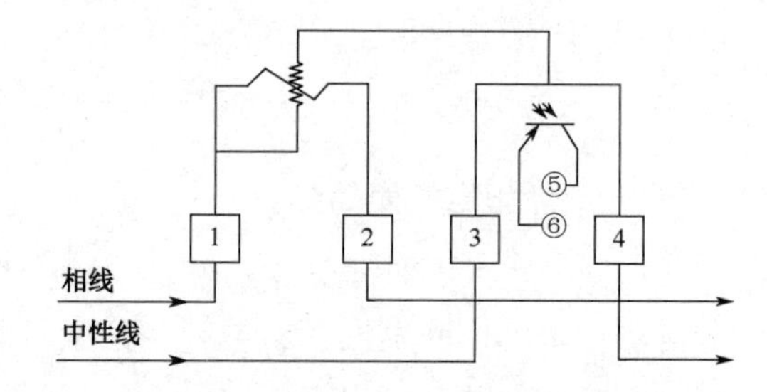

图3-15 静止式电能表安装接线

（3）电卡预付费电能表。电卡预付费电能表即机电一体化预付费电能表，又称IC卡表或磁卡表。它不仅具有电子式电能表的各种优点，而且电能计量采用先进的微电子技术进行数据采集、处理和保存，实现先付费后用电的管理功能。

电卡预付费电能表由电能计量和微处理器两个主要功能块组成。电能计量功能块使用分流倍增电路，产生表示用电多少的脉冲序列，送至微处理器进行电能计量；微处理器则通过电卡接头与电能卡（IC卡）传递数据，实现各种控制功能，电卡预付费电能表工作原理，如图3-16所示。

电卡预付费电能表也有单相表和三相表之分，单相电卡预付费电能表的接线，如图3-17所示。

（4）防窃型电能表。防窃型电能表是一种集防窃电与计量功能于一体的新型电能表，可有效地防止违章窃电行为，堵住窃电漏洞，给用电管理带来极大方便。

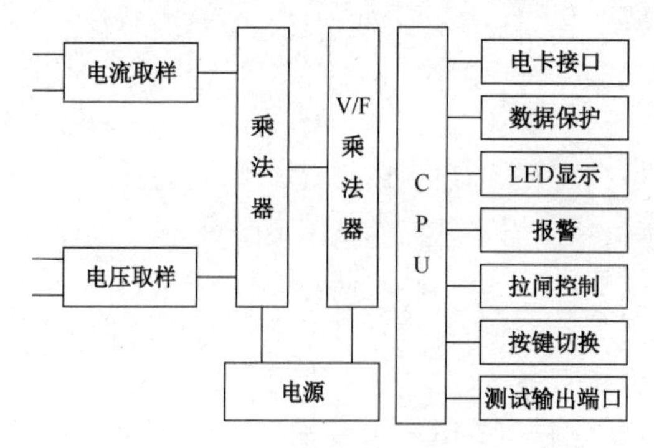

图3-16 电卡预付费电能表工作原理

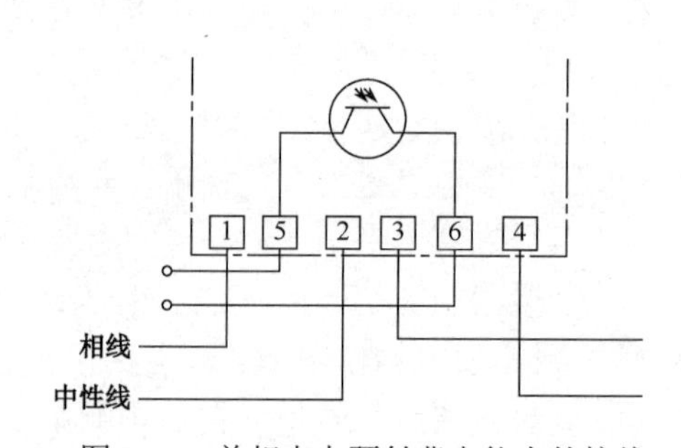

图3-17 单相电卡预付费电能表的接线

① 正常使用时，盗电制裁系统不工作。

② 当出现非法短路电流回路时，盗电制裁系统工作，电能表就加快运转，并催促非法盗电者停止窃电行为。电能表反转时，此表采用双向计度器装置，使倒转照样计数。

——电流、电压与电阻的测量

根据教学实际，进行对电流、电压与电阻的测量，并完成表 3-9 所示的评议和学分给定工作。

表 3-9　交流《电工实训》课程认识记录表

班　级		姓　名		学号		日　期	
所用仪表							
收获与体会							
评价意见	评定人	评价、评议、评定意见				等　级	签　名
	自己评价						
	同学评议						
	老师评定						

注：该践行学分为 5 分，记入本课程总学分（150 分）中，若结算分为总学分的 95%以上者，则评定为考核“合格”。

练习与交流

完成下列填空题、判断题和问答题，并与同学进行交流。

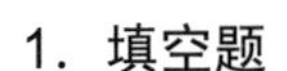

1．填空题

（1）钢丝钳是一种________________________________的工具。

（2）万用表是一种用来测量__________、__________、__________和__________等的仪表。

（3）钳形电流表是一种________________________________的专用仪表。

（4）测量电气设备（如电动机）的绝缘性能仪表叫__________。在使用时，应将单股导线将__________端和设备（如电动机）的待测部位连接、__________端接设备外壳。

（5）电工在进行电气施工或检修时，所用的安全保护用品，有如__________等。

2．判断题（对打“√”，错打“×”）

（1）钢丝钳（或尖嘴钳）仅用作剥除线芯截面等于或小于 $2.5mm^2$ 导线的绝缘层。（　　）

（2）家用电能表是一种计量家用电器电功率的仪表。（　　）

（3）低压验电笔（简称电笔）是一种用来测试导线、开关、插座等电器是否带电的工具。（　　）

（4）使用万用表时，红表笔要插入万用表的正极插孔，黑表笔插入负极插孔。（　　）

（5）选择万用表量程的原则是：在测量时，使万用表的指针尽可能在中心刻度线附近，因为这时的误差最小。（　　）

3. 问答题

（1）如何利用验电笔测试电器（如导线、开关、插座等）是否带电？使用时，应注意什么问题？

（2）怎样正确使用万用表、兆欧表、钳形电流表？

（3）使用冲击电钻时应注意哪些问题？

第4章

常用电工材料和低压电器

学习目标

- 认识导电、绝缘和安装等常用电工材料，了解其主要用途
- 熟悉熔断器、刀开关、低压断路器、主令电器、接触器和继电器等常用低压电器的分类、技术参数，能正确选用并安装常用低压电器

电工材料在安装、检修中有举足轻重的作用，在电气运行中担负着输送电流的重要任务，为电气安全、优质工作提供可靠的保障。低压电器是根据外界特定的信号或要求，自动或手动接通和切断电路、断续或连续地改变电路参数，实现对电量或非电量的切换、控制、保护、检测和调节等功能的电气设备，因此不能忽视它们的正确选用。图4-1所示，是3种常用颜色的导线。

图4-1　常用3种颜色的导线

4.1　常用电工材料

电工材料通常分导电材料、绝缘材料和安装材料三大类。

4.1.1　常用导电材料

能够通过电流的物质称为导电材料，其主要作用是保证电流的顺畅流通。一般可分为良导体材料和高电阻材料两类。常用导电材料，如图 4-2 所示。

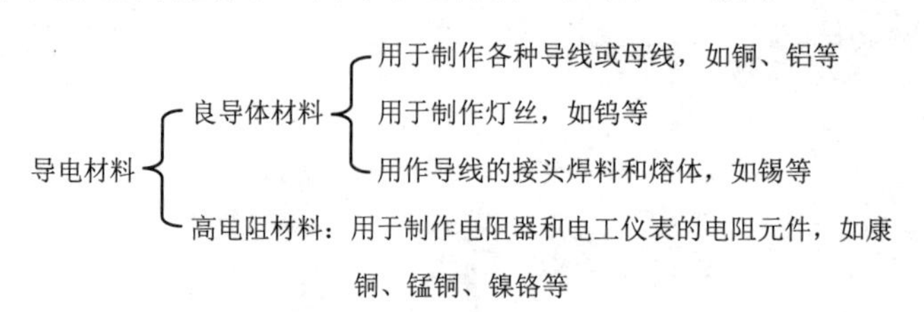

图 4-2　常用导电材料

1. 导电材料的基本性能

各种金属虽然都是导电材料，但并不是都可作为良导电材料。目前用得最多的良导电材料是铜和铝等。

导电材料的品质在很大程度上决定了电工产品和电气工程的质量及使用寿命，而其品质的优劣与它的物理、化学、机械和电气等基本性能有关，主要从技术性能（导电性能要好、有一定的机械强度、不易氧化和腐蚀）和经济性能（价格低廉）两方面综合考虑。常用导电材料（铜和铝）的主要性能，见表 4-1 所列。

表 4-1　常用导电材料（铜和铝）的主要性能

性能和用途			铜	铝
技术性能	物理性能	20℃时的电阻率（Ω·m）	1.72×10^{-8}	2.83×10^{-8}
		密度（kg/m^3）	8.89×10^{3}	2.7×10^{3}
		熔点（℃）	1 083	657
	机械强度		常温下有足够的机械强度	机械强度比铜稍差
	化学性能		化学性能稳定，不易氧化和腐蚀	化学性能较稳定，不易腐蚀，较易氧化
经济性能			资源较丰富，价格较低廉	资源丰富，价格低廉
用途			常用导电用铜是含铜量在 99.9%以上的工业纯铜，电动机、变压器中使用的是含铜量在 99.5%～99.95%之间的纯铜（紫铜），其中硬铜做导电的零部件，软铜做电动机、电器的线圈	目前推广使用的导电材料，在架空线路、照明线路、动力线路、汇流排、变压器和中小电动机的线圈中广泛使用

2. 导电材料的应用

导电材料在电力系统中有广泛的应用，常用的有裸导线、绝缘导线、电力电缆线和电磁线等。

（1）裸导线。裸导线是指只有导线部分，没有绝缘层和保护层的导线。裸导线主要分为铜单线和裸绞线两种，常用裸导线的种类和用途，见表 4-2 所列。

常用裸铝绞线的主要技术数据，见表 4-3 所列。常用裸钢芯铝绞线的主要技术数据，见表 4-4 所列。

表 4-2 常用裸导线的种类和用途

常用种类		型号	截面（或线径）范围	主要用途
铜单线	圆铜线	TR（软圆铜线）	0.02～14mm	用作架空线
		TY（硬圆铜线）		
	圆铝线	LR（软圆铝线）	0.3～10mm	
		LY（硬圆铝线）		
裸绞线	铝绞线	LJ	10～600mm^2	用作 10kV 以下，档距为 100～125m 的架空线
	钢芯铝绞线	LGJ	10～400mm^2	用作 35kV 以上较高电压或档距较大的架空线
	轻型钢芯铝绞线	LGJQ	150～700mm^2	
	加强型钢芯铝绞线	LGJJ	150～400mm^2	
	硬铜绞线	TJ	16～400mm^2	用作机械强度高、耐腐蚀的高低压输电线路
	镀锌钢绞线	GJ	2～260mm^2	用作避雷线

表 4-3 常用裸铝绞线的主要技术数据

截面（mm^2）	线芯根数及单线直径（mm）	电线外径（mm）	最大直流电阻（20℃）（Ω/km）	单位质量（kg/km）	计算拉力（kg）	载流量	
						户外（A）	户内（A）
16	7×1.70	5.10	1.98	44	254	105	80
25	7×2.12	6.36	1.28	68	395	135	110
35	7×2.50	7.50	0.92	95	550	170	135
50	7×3.00	9.00	0.64	136	792	215	170
70	7×3.55	10.65	0.46	191	1 042	265	215
95	19×2.55	12.55	0.34	257	1 400	325	260
120	19×2.80	14.00	0.27	322	1 872	375	310
150	19×3.15	15.80	0.21	407	2 220	440	370
185	19×3.50	17.50	0.17	503	2 745	500	425
240	19×4.00	20.00	0.132	656	3 585	610	

温馨提示

常用裸铝绞线的线芯最高允许温度 70 ℃，周围环境温度 50 ℃。

表 4-4 常用裸钢芯铝绞线的主要技术数据

截面（mm^2）	结构尺寸		电线外径（mm）	最大直流电阻（20℃）（Ω/km）	单位质量（kg/km）	计算拉力（kg）	载流量（户外）（A）
	铝股（mm）	钢芯（mm）					
10	5×1.60	1×1.20	4.4	3.12	36	280	73
16	6×1.80	1×1.80	5.4	2.04	62	445	110
25	6×2.20	1×2.20	6.6	1.38	92	665	140
35	6×2.80	1×2.80	8.4	0.85	150	1 077	170
50	6×3.20	1×3.20	9.6	0.65	196	1 410	220
70	6×3.80	1×3.80	11.4	0.46	275	1 980	275
95	28×2.08	7×1.80	13.70	0.33	404	3 160	335
120	28×2.29	7×2.00	15.2	0.27	492	3 840	380
150	28×2.59	7×2.20	17.0	0.21	617	4 890	445
185	28×2.87	7×2.50	19.0	0.17	771	6 030	515

温馨提示

常用裸钢芯铝绞线的线芯最高允许温度70 ℃，周围环境温度35 ℃。

（2）绝缘导线。绝缘导线是指导体外表有绝缘层的导线，它不仅有导线部分，而且还有绝缘层。绝缘层的主要作用是隔离带电体或不同电位的导体。绝缘导线由导电线芯及绝缘包层等构成，型号较多，用途广泛。常用绝缘导线的型号、名称及主要用途，见表4-5所列。

表4-5　常用绝缘导线的型号、名称及主要用途

型号		名称	主要用途
铜芯线	铝芯线		
BX	BLX	棉线编织橡胶绝缘导线	适用于交流500V及以下，直流1000V及以下的电气设备及照明装置的固定敷设，可以明线敷设，也可以暗线敷设
BXF	BLXF	氯丁橡胶绝缘导线	
BXHF	BLXHF	橡胶绝缘氯丁橡胶护套导线	固定敷设，适用于干燥或潮湿场所
BV	BLV	聚氯乙烯绝缘导线	适用于交流额定电压450/750V、300/500V及以下动力装置的固定敷设
BVV	BLVV	聚氯乙烯绝缘聚氯乙烯护套导线	
BVR	—	聚氯乙烯绝缘软导线	同BV型，安装要求较柔软时用
RV	—	聚氯乙烯绝缘软导线	适用于交流额定电压450/750V、300/500V及以下的家用电器、小型电动工具、仪器仪表及动力照明等装置的连接，交流额定电压250V以下日用电器、照明灯头的接线等
RVB	—	聚氯乙烯绝缘平型软导线	
RVS	—	聚氯乙烯绝缘绞型软导线	

（3）电力电缆线。电力电缆线的作用是输送和分配大功率电能，主要由线芯、绝缘层和保护层构成，优点是可埋设于地下，经久耐用，不受气候条件影响。电力电缆线种类很多，常见的有聚氯乙烯绝缘系列电缆线和橡胶绝缘系列电缆线等。工矿企业、农村常用低压电力电缆线的型号、名称及主要用途，见表4-6所列。

表4-6　常用低压电力电缆线的型号、名称及主要用途

型号	名称	主要用途
BV	铜芯聚氯乙烯绝缘护套电力电缆线	可敷设在室内外、隧道或沟内，也可以直接埋在1m左右的地层内。线芯有单芯、二芯、三芯等
BLV	铝芯聚氯乙烯绝缘护套电力电缆线	
YHQ	轻型铜芯橡胶绝缘护套电力电缆线	可用于500V以下移动电气设备。线芯有单芯、二芯、三芯和四芯等，其中四芯常用于接地
YHZ	中型铜芯橡胶绝缘护套电力电缆线	
YHC	重型铜芯橡胶绝缘护套电力电缆线	

（4）电磁线。电磁线是一种涂有绝缘漆或包缠纤维的导线，主要用在电动机、变压器、电气设备、电工仪表、电信装置的绕组和元件上，不能用在布线及电器连接上。常用电磁线的型号、名称及主要用途，见表4-7所列。

表4-7　常用电磁线的型号、名称及主要用途

型号	名称	主要用途
Q、QQ、QA、QH、QZ、QXY、QY、QAN	漆包线	用作各种变压器、中小型电机、电气设备、电工仪表的线圈或绕组

续表

型　号	名　称	主 要 用 途
Z、ZL、ZB、ZLB、SBEC、SBECB、SE、SQ、SQZ	绕包线	用作大中型变压器、电机、电气设备、电工仪表的线圈或绕组
YML、YMLB、TC	无机绝缘电磁线	用作起重电磁铁、高温制动器、干式变压器的绕线，并用于有辐射的场合
SQJ、SEQJ、QQLBH、QQV、QZJBSB	特种电磁线	用作中频变频机、大型变压器、潜水电机等的线圈或绕组

4.1.2　常用绝缘材料

不能够通过电流的物质称为绝缘材料。绝缘材料的主要作用是将带电体与不带电体相隔离，将不同电位的导体相隔离，确保电流的流向或人身安全。在某些场合，还起支撑、固定、灭弧、防电晕、防潮湿的作用。常用绝缘材料，如图 4-3 所示。

图 4-3　常用绝缘材料

1. 绝缘材料的基本性能

绝缘材料的品质在很大程度上决定了电工产品和电气工程的质量及使用寿命，而其品质的优劣与它的物理、化学、机械和电气等基本性能有关，主要有耐热性、绝缘强度和力学性能。常用绝缘材料的主要性能，见表 4-8 所列。

（1）耐热性。耐热性是指绝缘材料承受高温而不改变其物理、化学、机械和电气性能的能力。电气设备的绝缘材料长期在热态下工作，其耐热性是决定绝缘性能的主要因素。

绝缘材料在长期使用过程中，会发生物理和化学的变化，使电气性能和力学性能变坏，即通常所说的老化。影响绝缘材料老化的原因很多，热是主要因素，温度过高会加速绝缘材料的老化过程。因此，对各种绝缘材料都规定了使用时的极限温度，并按绝缘材料在其正常运行条件下允许的最高工作温度，分成 Y、A、E、B、F、H、C 7 个耐热等级，其极限工作温度分别为 90 ℃、105 ℃、120 ℃、130 ℃、155 ℃、180 ℃及 180 ℃以上。

（2）绝缘强度。绝缘材料在高于某一极限数值的电压作用下，通过电介质的电流会突然增加，这时绝缘材料被破坏而失去绝缘性能，这种现象称为电介质击穿。电介质发生击穿时的电压称为击穿电压。单位厚度的电介质被击穿时的电压称为绝缘强度，也称击穿强度，单位为 kV/mm。

（3）力学性能。绝缘材料的力学性能有多种指标，其中主要是抗张强度，表示绝缘材料承受力的能力。

表 4-8　常用绝缘材料的主要性能

材 料 名 称	绝缘强度（kV/mm）	抗张强度（kg/cm^2）	密度（kg/m^3）	膨胀系数（10^{-6}）
白云母	15～78	—	760～3 000	3
琥珀云母	15～50	—	2 750～2 900	3
石棉	5～53	520	2 500～3 200	—
石棉板	1.2～2	140～250	1 700～2 000	—
软橡胶	10～24	70～140	950	—
硬橡胶	20～38	250～680	1 150～1 500	—

续表

材料名称	绝缘强度（kV/mm）	抗张强度（kg /cm^2）	密度（kg/m^3）	膨胀系数（10^{-6}）
绝缘布	10～54	135～290	—	—
干木材	0.8	485～750	360～800	—
胶　木	10～30	350～770	1 260～1 270	20～100
瓷　器	8～25	180～420	2 300～2 500	3.4～6.5
玻　璃	5～10	140	3 200～3 600	7

2. 绝缘材料的应用

绝缘材料在电力系统中有广泛的应用，有用作电器和电机设备的底板、底座、外壳及绕组绝缘，导线的绝缘保护层，绝缘子等。此外，电力变压器冷却油、油断路器用油、电容器用油，以及电器和电机设备的防锈覆盖油漆等，均需要有良好的绝缘性能，这些也属于绝缘材料范围。电工常用绝缘材料的种类和主要用途，见表4-9所列。

表4-9　电工常用绝缘材料的种类和主要用途

名　称	常用种类	主要用途	
电工塑料	ABS塑料	用于制作各种仪表和电动工具的外壳、支架、接线板等	
	尼龙	用于制作插座、线圈骨架、接线板及机械零部件等，也常用作绝缘护套、导线绝缘护层	
	聚苯乙烯（PS）	用于制作各种仪表外壳、开关、按钮、线圈骨架、绝缘垫圈、绝缘套管	
	有机玻璃	用于制作仪表、绝缘零件、接线柱及读数透镜	
	聚氯乙烯（PVC）	用于制作电线电缆的绝缘和保护层	
	氯乙烯（PE）	用于制作通信电缆、电力电缆的绝缘和保护层	
电工橡胶	天然橡胶	适合制作柔软性、弯曲性和弹性要求较高的电力电缆的绝缘和保护层	
	人工橡胶	用于制作电线电缆的绝缘和保护层	
绝缘薄膜		主要用于制作电动机、电器线圈和电线电缆的绝缘及电容器的介质	
绝缘粘带	电工胶布	电工用途最广、用量最多的绝缘粘带	绝缘粘带
	聚氯乙烯胶带	可代替电工胶布，除包扎电线电缆外，还可用于密封保护层	
	涤纶胶带	除包扎电线电缆外，还可用于密封保护层及胶扎物件	

4.1.3　常用安装材料

安装材料是电气工程中的主要材料之一，可以是金属材料或非金属材料。常用安装材料按其用途可分为线管和线槽两大类。

1. PVC塑料线管

为了使导线免受腐蚀和外来机械损伤，常把导线穿在管内敷设。用来穿电线的管子叫线管。常用线管有PVC塑料线管，又称PVC阻燃电线管，简称PVC管，属于冷弯型硬质塑料管，如图4-4所示。具有耐腐蚀、耐压、抗冲击、阻燃、绝缘性能好及施工方便等优点，在电气安装中得到广泛应用，PVC塑料线管的主要用途，

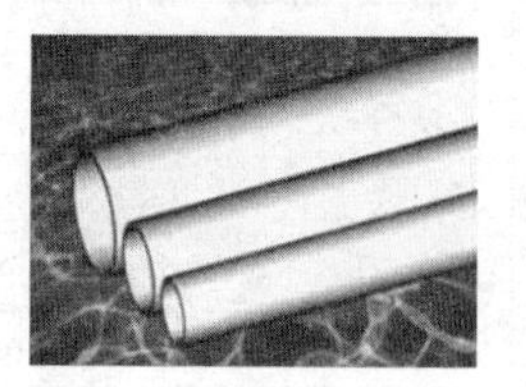
图4-4　PVC塑料线管

见表 4-10 所列。

表 4-10 PVC 塑料线管的主要用途

名 称	常 用 种 类	主 要 用 途
PVC 塑料线管	重型硬管 半硬管 轻型硬管	因 PVC 塑料线管价格便宜，且有许多优于金属管的性能，除易燃、易爆场所的明敷设禁止使用 PVC 塑料线管外，其他场所已取代金属电线管

PVC 塑料线管选用时，应考虑配管的截面积，以便于穿线。一般要求管内导线的总的截面积（包括绝缘层）不超过 PVC 塑料线管内径截面积的 40%。PVC 塑料线管的选用，见表 4-11 所列。

表 4-11 PVC 塑料线管的选用

标称直径（mm）	外直径及误差（mm）	轻型管壁厚（mm）	重型管壁厚（mm）
15	20±0.7	2.0±0.3	2.5±0.4
20	25±1.0	2.0±0.3	3.0±0.4
25	32±1.0	3.0±0.45	4.0±0.6
32	40±1.2	3.5±0.5	5.0±0.7
40	51±1.7	4.0±0.6	6.0±0.9
50	65±2.0	4.5±0.7	7.0±1.0
65	76±2.3	5.0±0.7	8.0±1.2
80	90±3.0	6.0±1.0	—

2. PVC 塑料护套线

塑料护套线（如图 4-5 所示）是一种具有双层塑料保护层的双芯或多芯绝缘导线。采用塑料护套线进行明敷设，具有防潮、耐酸、耐腐蚀、安装方便，造价低廉等优点，可以直接敷设在空心板墙壁及其他建筑物表面。常用的塑料护套线为聚氯乙烯绝缘护套导线，型号为 BVV（铜芯线）、BLVV（铝芯线）。室内使用塑料护套线敷设时，铜芯塑料护套线的芯线截面不得小于 $0.5mm^2$，铝芯塑料护套线的芯线截面不得小于 $1.5mm^2$。室外使用塑料护套线敷设时，铜芯塑料护套线的芯线截面不得小于 $1.0mm^2$，铝芯塑料护套线的芯线截面不得小于 $2.5mm^2$。

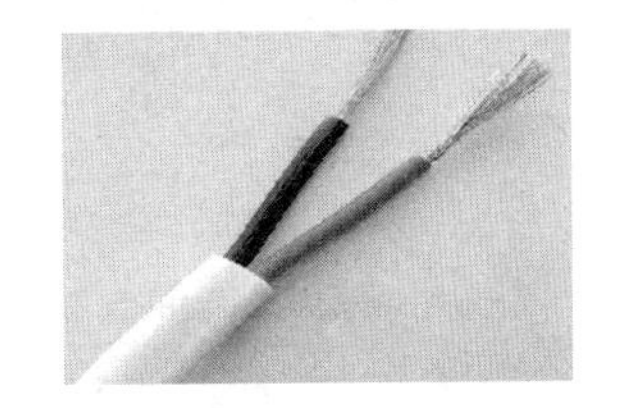

图 4-5 PVC 塑料护套线

3. PVC 塑料线槽

常用 PVC 塑料线槽（如图 4-6 所示），由底板和盖板两部分组成，导线放入底板槽内，然后压上盖板，便紧扣合一起。若要取下盖板，只要用手一扳即可，装拆非常方便。

PVC 塑料线槽又称 PVC 阻燃线槽，呈白色，它由难燃的聚氯乙烯塑料经阻燃处理制成，是一种新型布线材料。PVC 塑料线槽布线适合住宅、办公室等干燥和不易受机械损伤的场所。常用 PVC 塑料线槽规格，见表 4-12 所列。

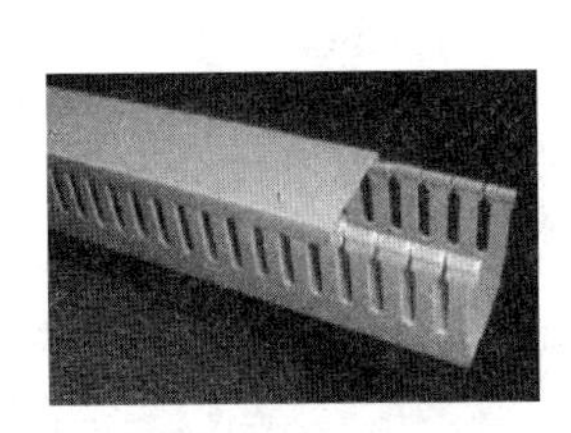

图 4-6 PVC 塑料线槽

表 4-12　常用 PVC 塑料线槽的规格

编　　号	规格（mm×mm）	尺　　寸		
		宽	高	壁厚（mm）
GA15	15×10	15	10	1.0
GA24	24×14	24	14	1.2
GA39/01	39×18	39	18	1.4
GA39/02	39×18（双坑）	39	18	1.4
GA39/03	39×18（三坑）	39	18	1.4
GA60/01	60×22	60	22	1.6
GA60/02	60×40	60	40	1.6
GA80	80×40	80	40	1.8
GA100/01	100×27	100	27	2.0
GA100/02	100×40	100	40	2.0

4.2　常用低压电器

4.2.1　常用低压电器的分类

电器是指对电路和电气设备进行保护、控制和调节的器件。它在电力输配电系统和电力拖动自动控制系统中应用极为广泛。

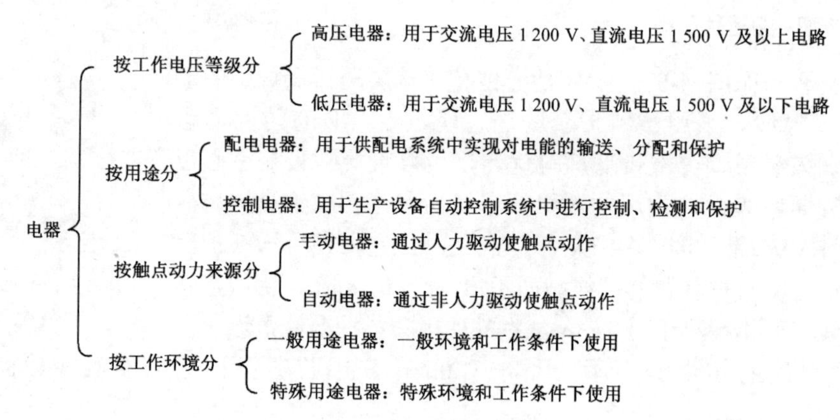

低压电器按用途可分为低压配电电器和低压控制电器，见表 4-13 所列。

表 4-13　低压电器的分类

种　　类	适 用 场 合	工 作 要 求	举　　例
低压配电电器	用于低压配电系统中，对电器及用电设备进行保护和通断、转换电源或负载	在系统发生异常情况下动作准确，并有足够的热稳定性和动稳定性	熔断器、刀开关、低压断路器等
低压控制电器	用于低压电力传动、自动控制系统和用电设备中，使其达到预期的工作状态	体积小，重量轻，工作可靠	按钮、行程开关、接触器、继电器等

4.2.2 熔断器

图 4-7 螺旋式熔断器

低压熔断器（如图 4-7 所示）是低压供配电系统和控制系统中最常用的安全保护电器，主要用于短路保护，有时也可用于过载保护。其主体是用低熔点金属丝或金属薄片制成的熔体，串联在被保护电路中。在正常情况下，熔体相当于一根导线，当电路短路或过载时，电流很大，熔体因过热而熔化，从而切断电路起到保护作用。

1. 压熔断器的分类

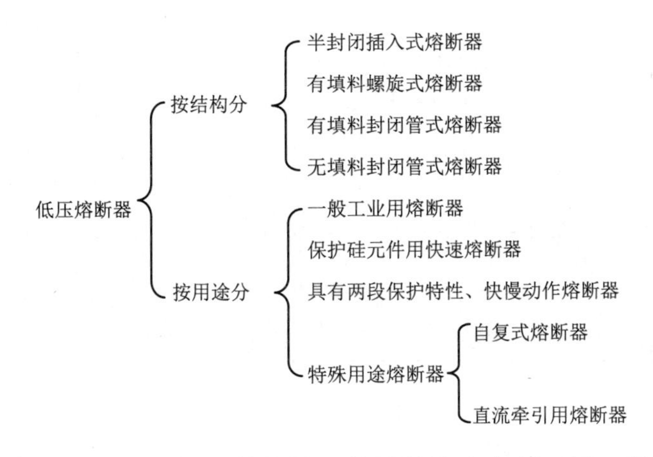

低压熔断器的种类不同，其特性和使用场合也有所不同，常用的熔断器有瓷插式、螺旋式、无填料封闭管式、有填料封闭管式（快速熔断器）等，常用熔断器的结构、符号和用途，见表 4-14 所列。

表 4-14 常用熔断器的结构、符号和用途

种　类	结构示意图	符　号	用　途
瓷插式熔断器	动触头 熔丝 静触头 瓷盖 瓷底	FU	一般在交流额定电压 380V、额定电流 200A 及以下的低压线路或分支线路中，作电气设备的短路保护及过载保护
螺旋式熔断器	瓷帽 熔断管 瓷套 上接线盒 下接线座 瓷座 结构		广泛应用于交流额定电压 380V、额定电流 200A 及以下的电路，用于控制箱、配电瓶、机床设备及振动较大的场所，作短路保护

续表

种　　类	结构示意图	符　　号	用　　途
无填料封闭管式熔断器	熔断管 夹座 钢纸管　黄铜套管　黄铜帽 插刀　熔体　夹座	FU	用于交流额定电压 500V 或直流额定电压 440V 及以下电压等级的动力网络及成套电气设备中，作导线、电缆及较大容量电气设备的短路与过载保护
有填料封闭管式（快速）熔断器	(a)熔管　(b)工作熔体　锡桥 石英砂填料　熔断指示器　指示器熔丝　触刀 熔管　熔体　底座 (c)整体结构	FU	用于交流额定电压 380V、额定电流 1000A 以下的较大短路电流的电力网络和配电装置中，作电路、电机、变压器及其他电气设备的短路和过载保护

2．低压熔断器的技术参数

（1）额定电压：熔断器长期正常工作能承受的最大电压。

（2）额定电流：熔断器（绝缘底座）允许长期通过的电流。

（3）熔体的额定电流：熔体长期正常工作而不熔断的电流。

（4）极限分断能力：熔断器所能分断的最大短路电流值。

常用低压熔断器的基本技术参数，见表 4-15 所列。

表 4-15　常用低压熔断器的基本技术参数

类　　别	型　　号	额定电压（V）	额定电流（A）	熔体额定电流等级（A）
插入式熔断器	RCA-5	交流 380 220	5	2、4、5
	RCA-10		10	2、4、6、10
	RCA-15		15	6、10、15
	RCA-30		30	15、20、25、30
	RCA-60		60	30、40、50、60
	RCA-100		100	60、80、100
螺旋式熔断器	RL1-15	交流 500 380 220	15	2、4、6、10、15
	RL1-60		60	20、25、30、35、40、50、60
	RL1-100		100	60、80、100
	RL1-200		200	100、125、150、200
螺旋式熔断器	RL2-25	交流 500 380 220	25	2、4、6、10、15、20、25
	RL2-60		60	25、35、50、60
	RL2-100		100	80、100

3．低压熔断器的选用

选用低压熔断器时，一般只考虑熔断器的额定电压、额定电流和熔体的额定电流这 3 项参数，其他参数只有在特殊要求时才考虑。

（1）低压熔断器的额定电压。低压熔断器的额定电压应不小于电路的工作电压。

（2）低压熔断器的额定电流。低压熔断器的额定电流应不小于所装熔体的额定电流。

（3）熔体的额定电流。根据低压熔断器保护对象的不同，熔体额定电流的选择方法也有所不同。

① 保护对象是电炉和照明等电阻性负载时，熔体额定电流 I_{RN} 不小于电路的工作电流 I_N，即 $I_{RN} \geqslant I_N$。

② 保护对象是电动机时，因电动机的启动电流很大，熔体的额定电流应保证熔断器不会因电动机启动而熔断，一般只用做短路保护而不能作过载保护。

对于单台电动机，熔体的额定电流应不小于电动机额定电流 I_N 的 1.5～2.5 倍，即

$$I_{RN} \geqslant (1.5 \sim 2.5) I_N$$

对于多台电动机，熔体的额定电流应不小于最大一台电动机额定电流 I_{Nmax} 的 1.5～2.5 倍，加上同时使用的其他电动机额定电流之和$\sum I_N$，即

$$I_{RN} \geqslant (1.5 \sim 2.5) I_{Nmax} + \sum I_N$$

轻载启动或启动时间较短时，系数可取小些，若重载启动或启动时间较长时，系数可取大些。

③ 保护对象是配电电路时，为防止熔断器越级动作而扩大停电范围，后一级熔体的额定电流比前一级熔体的额定电流至少要大一个等级。同时，必须校核熔断器的极限分断能力。

4．熔断器的安装要点

低压熔断器的安装要点，见表 4-16 所列。

表 4-16　熔断器的安装要点

序　号	示 意 图	说　明
1		拔下熔断器瓷插盖，将瓷插式熔断器垂直固定在配电板上
2	在针孔式接线端子上接线	用单股导线与熔断器底座上的接线端子（静触点）相连
3	熔丝	安装熔体时，必须保证接触良好，不允许有机械损伤。若熔体为熔丝时，应预留安装长度，固定熔丝的螺钉应加平垫圈，将熔丝两端沿压紧螺钉顺时针方向绕一圈
4	负载出线 电源进线	螺旋式熔断器的电源进线应接在下接线端子上，负载出线应接在上接线端子上

温馨提示

① 严禁在三相四线制电路的中性线上安装熔断器，而在单相二线制的中性线上要安装熔断器。

② 安装熔断器除保证适当的电气距离外，还应保证安装位置间有足够的间距，以便于拆卸、更换熔体。

③ 更换熔体时，必须先断开负载。因熔体烧断后外壳温度很高，容易烫伤，因此不要直接用手拔管状熔体。

4.2.3 刀开关

刀开关（如图4-8所示）是低压供配电系统和控制系统中最常用的配电电器，常用于电源隔离，也可用于不频繁地接通和断开小电流配电电路或直接控制小容量电动机的启动和停止，是一种手动操作电器。

图4-8 刀开关

1．刀开关的分类

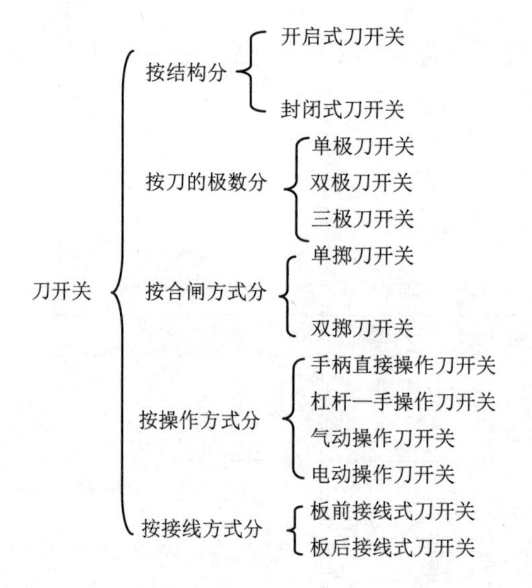

在电力设备自动控制系统中，通常将刀开关和熔断器合二为一，组成有一定接通分断能力和短路分断能力的组合式电器。目前，使用最为广泛的是开启式负荷开关和转换开关，其结构、符号和用途，见表4-17所列。

2．刀开关的技术参数

（1）额定电压：刀开关长期正常工作能承受的最大电压。

（2）额定电流：刀开关在合闸位置允许长期通过的最大工作电流。

（3）分断能力：刀开关在额定电压下能可靠分断的最大电流。

（4）电动稳定性电流：刀开关短路时产生电动力的作用不会使其产生变形、损坏或自动弹出的最大短路电流。

表 4-17 常用刀开关的结构、符号和用途

种 类	结构示意图	符 号	用 途
开启式负荷开关	手柄 动触点 出线座 瓷底 胶盖 胶盖紧固螺钉 进线座 静触点	QS	用于照明、电热设备电路和功率小于 5.5kW 异步电动机直接启动的控制电路中，供手动不频繁地接通或断开电路
转换开关	手柄 转轴 弹簧 凸轮 绝缘杆 绝缘垫板 动触片 静触片 接线柱 外形 结构	SA	多用于机床电气控制线路中作为电源引入开关，也可用作不频繁地接通或断开电路，切换电源和负载，控制 5.5kW 及以下小容量异步电动机的正反转或Y－△启动

（5）热稳定性电流：刀开关短路时产生的热效应不会使其因温度升高发生熔焊的最大短路电流。

（6）电寿命：刀开关在额定电压下能可靠地分断一定电流的总次数。

HK1 系列开启式刀开关基本技术参数，见表 4-18 所列；HZ10 系列转换刀开关基本技术参数，见表 4-19 所列。

表 4-18 HK1 系列开启式负荷刀开关基本技术参数

型 号	极 数	额定电流（A）	额定电压（V）	可控制电动机最大容量（kW）	配用熔丝规格			
					熔丝成分			熔丝线径（mm）
					铅	锡	锑	
HK1-15	2	15	220	1.5	98%	1%	1%	1.45～1.59
30	2	30	220	3.0				2.30～2.52
60	2	60	220	4.5				3.36～4.00
HK1-15	3	15	380	2.2				1.45～1.59
30	3	30	380	4.0				2.30～2.52
60	3	60	380	5.5				3.36～4.00

表 4-19 HZ10 系列转换刀开关基本技术参数

型 号	额定电压（V）	额定电流（A）	极数	极限分断能力（A）		可控制电动机最大容量和额定电流		电寿命 交流 $\cos\phi$	
				接通	分断	容量（kW）	额定电流（A）	≥0.8	≥0.3
HZ10-10	交流 380	6	单极	94	62	3	7	20 000	10 000
		10							
HZ10-25		25	2、3	155	108	5.5	12		
HZ10-60		60							
HZ10-100		100						10 000	5 000

3．刀开关的选用

刀开关的选用，一般只考虑刀开关的额定电压、额定电流这两项参数，其他参数只有在特殊要求时才考虑。

（1）刀开关的额定电压。刀开关的额定电压应不小于电路实际工作的最高电压。

（2）刀开关的额定电流。根据刀开关用途的不同，其额定电流的选择方法也有所不同。

① 当用作隔离开关或控制一般照明、电热等电阻性负载时，其额定电流应等于或略高于负载的额定电流。

② 当用作直接控制时，刀开关只能控制容量小于5.5kW的电动机，其额定电流应大于电动机的额定电流；组合开关的额定电流应不小于电动机额定电流的2～3倍。

4．刀开关的安装要点

开启式负荷刀开关的安装要点，见表4-20所列。

表4-20　开启式负荷刀开关的安装要点

序　号	示 意 图	说　明
1		卸下胶盖，将刀开关垂直安装在配电板上，并保证手柄向上推为合闸。不允许平装或倒装，以防止产生误合闸
2	电源进线 负载出线	接线时，电源进线应接在开关上面的进线端子上，负载出线接在开关下面的出线端子上，保证开关分断后，在闸刀和熔体上不带电
3		负荷开关必须安装熔体时，安装的熔体要放长一些，形成弯曲形状

温馨提示

开启式负荷开关应安装在干燥、防雨、无导电粉尘的场所，其下方不得堆放易燃易爆物品。

4.2.4　低压断路器

图4-9　低压断路器

低压断路器（如图4-9所示）又名自动空气开关或自动空气断路器，是能自动切断故障电流并兼有控制和保护功能的低压电器。它主要用在交直流低压电网中，既可手动又可电动分合电路，且可对电路或用电设备实现过载、短路和欠电压等保护，也可用于不频繁启动电

动机。

1．低压断路器的分类

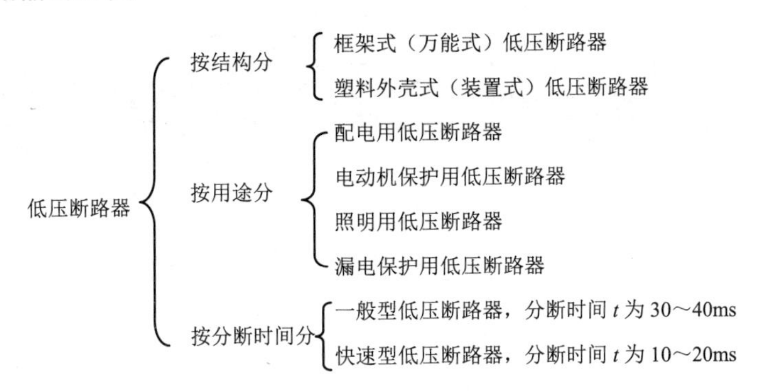

在自动控制中，塑料外壳式和漏电保护器因其结构紧凑、体积小、重量轻、价格低、安装方便和使用安全等优点，应用极为广泛。几种常用低压断路器的结构、符号和用途，见表 4-21 所列。

表 4-21　低压断路器的结构、符号和用途

种　类	结构示意图	符　号	用　途
塑料外壳式断路器	电磁脱扣器 按钮 自动脱扣器 动触点 静触点 热脱扣器 接线柱	QF $I>$	通常用作电源开关，有时用于电动机不频繁启动、停止控制和保护
框架式断路器			用于需要不频繁的接通和断开容量较大的低压网络或控制较大容量电动机的场合

2．低压断路器的技术参数

（1）额定电压：低压断路器长期正常工作所能承受的最大电压。

（2）壳架等级额定电流：每一塑壳或框架中所能装的最大额定电流脱扣器。

（3）断路器额定电流：脱扣器允许长期通过的最大电流。

（4）分断能力：在规定条件下能够接通和分断的短路电流值。

（5）限流能力：对限流式低压断路器和快速断路器要求有较高的限流能力，能将短路电流限制在第一个半波峰值下。

（6）动作时间：从电路出现短路的瞬间到主触头开始分离后电弧熄灭，电路完全分断所需的时间。

（7）使用寿命：包括电寿命和机械寿命，是指在规定的正常负载条件下，低压断路器能

可靠操作的总次数。

DZ5-20系列低压断路器基本技术参数，见表4-22所列。

表4-22　DZ5-20系列低压断路器基本技术参数

型　号	额定电压（V）	额定电流（A）	极数	脱扣器类别	热脱扣器额定电流（括号内为整定电流调节范围）（A）	电磁脱扣器瞬时动作整定电流（A）
DZ5-20/200	交流380	20	2	无脱扣器	—	—
DZ5-20/300			3			
DZ5-20/210			2	热脱扣器	0.15（0.10～0.15） 0.20（0.15～0.20）	为热脱扣器额定电流的8～12倍（出厂时整定于10倍）
DZ5-20/310			3			
DZ5-20/220	直流220	20	2	电磁脱扣器	0.30（0.20～0.30） 0.45（0.30～0.45） 0.65（0.45～0.65） 1.00（0.65～1.00） 1.50（1.00～1.50） 2.00（1.50～2.00） 3.00（2.00～3.00） 4.50（3.00～4.50） 6.50（4.50～6.50） 10.00（6.50～10.00） 15.00（10.00～15.00） 20.00（15.00～20.00）	为热脱扣器额定电流的8～12倍（出厂时整定于10倍）
DZ5-20/320			3			
DZ5-20/230			2	复式脱扣器		
DZ5-20/330			3			

3．低压断路器的选用

在电气设备控制系统中，常选用塑料外壳式断路器或漏电保护式断路器；在电力网主干线路中主要选用框架式断路器；在建筑物的配电系统中一般采用漏电保护式断路器。

在考虑具体参数时，主要考虑额定电压、额定电流和断路器额定电流这三项参数，其他参数只有在特殊要求时才考虑。

（1）低压断路器的额定电压。断路器的额定电压应不小于被保护电路的额定电压。

① 断路器欠电压脱扣器额定电压等于被保护电路的额定电压。

② 断路器分励脱扣器额定电压等于控制电源的额定电压。

（2）低压断路器的额定电流。低压断路器额定电流应不小于被保护电路的计算负载电流。

（3）低压断路器整定电流。低压断路器整定电流不小于被保护电路的计算负载电流。

① 断路器用于保护电动机时，断路器的长延时电流整定值等于电动机额定电流。

② 断路器用于保护三相笼型异步电动机时，其瞬时整定电流等于电动机额定电流的8～15倍，倍数与电动机的型号、容量和启动方法有关。

③ 断路器用于保护三相绕线式异步电动机时，其瞬时整定电流等于电动机额定电流的3～6倍。

（4）断路器用于保护和控制频繁启动电动机时，还应考虑断路器的操作条件和使用寿命。

4．低压断路器的安装要点

（1）低压断路器应垂直安装。断路器底板应垂直于水平位置，固定后，断路器应安装平整。

（2）板前接线的低压断路器允许安装在金属支架上或金属底板上，但板后接线的低压断路器必须安装在绝缘底板上。

（3）电源进线应接在断路器的上母线上，而出线则应接在下母线上。

（4）当低压断路器用作电源总开关或电动机的控制开关时，在断路器的电源进线则必须加装隔离开关、刀开关或熔断器，作为明显的断开点。

（5）为防止发生飞弧，安装时应考虑断路器的飞弧距离，其上方接近飞弧距离处不跨接母线。

4.2.5　主令电器

主令电器（如图 4-10 所示）是用来接通和分断控制电路，以“命令”电动机及其他控制对象的启动、停止或工作状态变换的一类电器。

图 4-10　主令电器

1．主令电器的分类

主令电器的种类有按钮、行程开关（又称位置开关或限位开关）以及各种照明开关等。几种常用主令电器的外形、符号和结构，见表 4-23 所列。

表 4-23　常用主令电器的外形、结构和符号

名称	外　　形	结构和符号（按触点结构不同分）	用　　途
按钮	LA10–1　LA10–3H　LA10–3K LA18–22　LA18–22J　LA19–11I LA14–1　LA15 LA19–11　LA18–22X　LA18–22Y	按钮帽 复位弹簧 支柱连杆 常闭静触点 桥式动触点 常开静触点 外壳 1　2　3　4 复合按钮　SB 常开按钮 （启动按钮）　SB 常闭按钮 （停止按钮）　SB	一种手动操作接通或分断小电流控制电路的主令电器。一般情况下它不直接控制主电路的通断，而是在控制电路中发出“指令”去控制接触器、继电器等电器，再由它们来控制主电路
行程开关	（a）直动式 （b）单轮旋转式　（c）双轮旋转式	SQ　常开触点 SQ　常闭触点 SQ　复合触点	一种利用生产机械运动部件的碰撞使触点动作来实现接通或分断控制电路，从而达到一定控制目的的电器。一般情况下，这类开关被用来限制机械运动的位置或行程，使运动机械按一定位置或行程自动停止、反向运动、变速运动或自动往返运动等

2. 主令电器的技术参数

（1）按钮开关的技术参数。常用按钮开关的基本技术参数，见表4-24所列。

表4-24 常用按钮的基本技术参数

型号	额定电压（V）	额定电流（A）	结构形式	触点对数		按钮数	按钮颜色
				常开	常闭		
LA2	交流500 直流440	5	元件	1	1	1	黑、绿、红
LA10-2K			开启式	2	2	2	黑红或绿红
LA10-3K			开启式	3	3	3	黑、绿、红
LA10-2H			保护式	2	2	2	黑红或绿红
LA10-3H			保护式	3	3	3	黑、绿、红
LA18-22J			元件（紧急式）	2	2	1	红
LA18-44J			元件（紧急式）	4	4	1	红
LA18-66J			元件（紧急式）	6	6	1	红
LA18-22Y			元件（钥匙式）	2	2	1	黑
LA18-44Y			元件（钥匙式）	4	4	1	黑
LA18-22X			元件（旋钮式）	2	2	1	黑
LA18-44X			元件（旋钮式）	4	4	1	黑
LA18-66X			元件（旋钮式）	6	6	1	黑
LA19-11J			元件（紧急式）	1	1	1	红
LA19-11D			元件（带指示灯）	1	1	1	红、绿、黄、蓝、白

（2）行程开关的技术参数。常用行程开关的基本技术参数，见表4-25所列。

表4-25 常用行程开关的基本技术参数

型号	额定电压（V）	额定电流（A）	结构形式	触点对数		工作行程	超行程
				常开	常闭		
LX19K	交流380 直流220	5	元件	1	1	3mm	1mm
LX19-111			内侧单轮，自动复位	1	1	～30°	～20°
LX19-121			外侧单轮，自动复位	1	1	～30°	～20°
LX19-131			内外侧单轮，自动复位	1	1	～30°	～20°
LX19-212			内侧双轮，不能自动复位	1	1	～30°	～15°
LX19-222			外侧双轮，不能自动复位	1	1	～30°	～15°
LX19-232			内外侧双轮，不能自动复位	1	1	～30°	～15°
JLXK1-111			单轮防护式	1	1	12° ～15°	≤30°
JLXK1-211			双轮防护式	1	1	～45°	≤45°
JLXK1-311			直动防护式	1	1	1～3mm	2～4mm
JLXK1-411			直动滚轮防护式	1	1	1～3mm	2～4mm

3. 主令电器的选用

（1）按钮的选用。

① 根据使用场合选择按钮的种类。

② 根据用途选择合适的形式。

③ 根据控制回路的需要确定按钮数。

④ 根据工作状态指示和工作情况要求选择按钮的颜色。

（2）行程开关的选用。

① 根据使用场合及控制对象选择种类。

② 根据安装环境选择防护形式。

③ 根据控制回路的额定电压和额定电流选择系列。

④ 根据机械与行程开关的转动和位移的关系选择合适的操作头型号。

4. 主令电器的安装要点

（1）将按钮安装在面板上时，应布置整齐，排列合理，可根据电动机启动的先后顺序，从上到下或从左到右排列。

（2）同一个机床运动部件的几种不同工作状态（如上下、前后、左右、松紧等），应使每一对相反状态的按钮安装在一组。

（3）为应对紧急情况，当按钮板上安装的按钮较多时，应用红色蘑菇头按钮作总停按钮，且应安装在显眼而容易操作的地方。

（4）按钮的安装固定应牢固，接线应可靠。用红色按钮表示停止，绿色或黑色按钮表示启动或通电。

（5）行程开关应牢固安装在安装板和机械设备上，不得有晃动现象。

（6）在安装行程开关中，要将挡块、传动杆及滚轮的安装距离调整在适当的位置上。

4.2.6　接触器

接触器（如图 4-11 所示）是电力拖动与自动控制系统中一种重要的低压电器。它是利用电磁力的吸合与反向弹簧力作用使触点闭合或分断，从而使电路接通、断开的电器，是一种自动的电磁式开关。接触器有欠电压保护及零压保护功能，控制容量大，可用于频繁操作和远距离控制，具有工作可靠，性能稳定，维护方便，使用寿命长等优点，能实现运距离操作和自动控制。

图 4-11　接触器

1. 接触器的分类

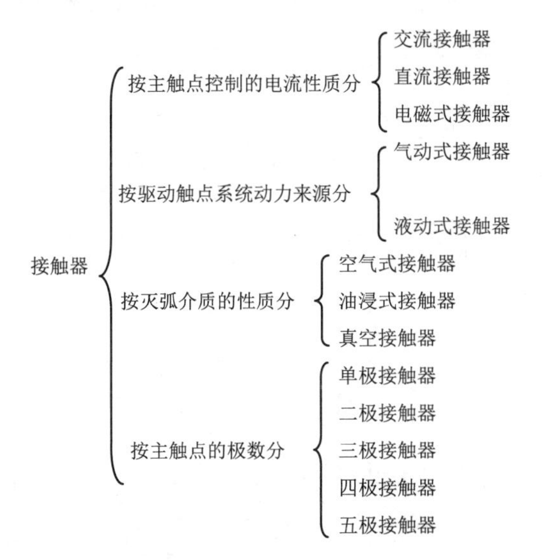

在工厂电气设备自动控制中，使用最为广泛的接触器是电磁式交流接触器。交流接触器的结构，如图 4-12 所示；交流接触器外形及符号，如图 4-13 所示。

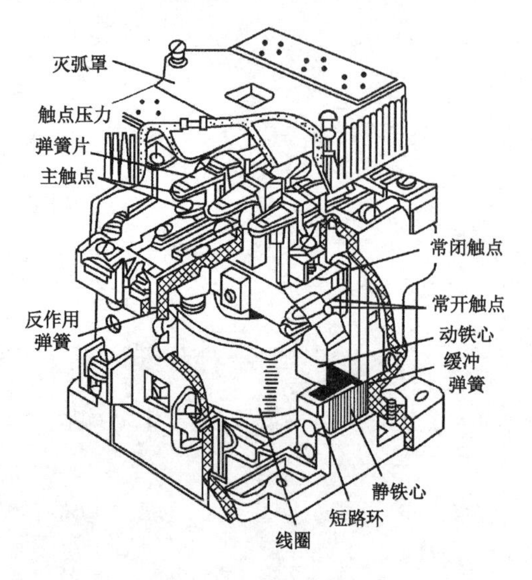

图 4-12　交流接触器的结构

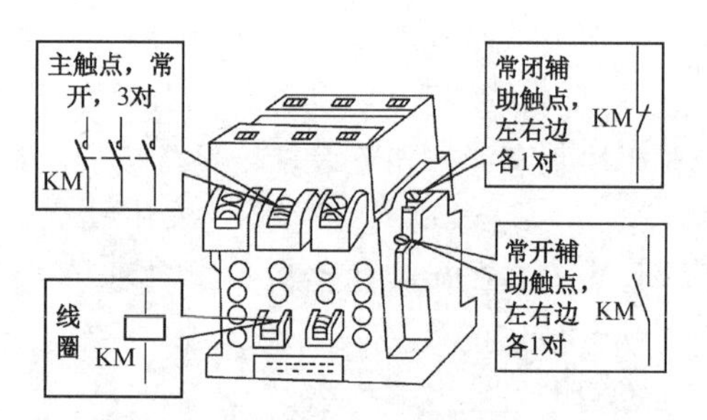

图 4-13　CJ20 系列交流接触器的外形及符号

2．接触器的技术参数

（1）额定电压：接触器主触点长期正常工作所能承受的最大电压。

（2）吸引线圈额定电压：吸引线圈长期正常工作所能承受的最大电压。

（3）额定电流：接触器在额定工作条件下允许长期通过的最大电流。

（4）通断能力：接触器在规定条件下能通断的最大电流。

（5）额定频率：接触器的电源频率。

（6）额定工作制：标准的额定工作有 8 小时工作制、长期工作制、反复短时工作制和短时工作制。

（7）机械寿命：在无需修理的情况下所承受的不带负载的操作次数。

（8）电寿命：在规定使用类别和正常操作下无需修理或更换零件的负载操作次数。

常用交流接触器的基本技术参数，见表 4-26 所列。

表 4-26　常用交流接触器的基本技术参数

型号	主触点			辅助触点			线圈		可控制三相异步电动机的最大功率（kW）		额定操作频率（次/时）
	对数	额定电流（A）	额定电压（V）	对数	额定电流（A）	额定电压（V）	电压（V）	功率（VA）	220V	380V	
CJ0-10	3	10	380	2常开 2常闭	5	380	36、110、127、220、380、440	14	2.5	4	≤600
CJ0-20	3	20						33	5.5	10	
CJ0-40	3	40						33	11	20	
CJ0-75	3	75						55	22	40	
CJ10-10	3	10						11	2.2	4	
CJ10-20	3	20						22	5.5	10	
CJ10-40	3	40						32	11	20	
CJ10-60	3	60						70	17	30	

3．接触器的选用

（1）类型的选择。根据所控制的电动机或负载电流类型来选择接触器类型，交流负载选用交流接触器，直流负载选用直流接触器。

（2）主触点的额定电压和额定电流的选择。接触器主触点的额定电压应不小于负载电路的工作电压。主触点的额定电流应不小于负载电路的额定电流，也可根据经验公式计算。

（3）线圈电压的选择。交流线圈电压有 36V、110V、127V、220V、380V；直流线圈电压有 24V、48V、110V、220V、440V。从安全角度考虑，线圈电压可选择低一些；但当控制线路简单，线圈功率较小时，为节省变压器，可选 220V 或 380V。

（4）触点数量及触点类型的选择。通常接触器的触点数量应满足控制支路数的要求，触点类型应满足控制线路的功能要求。

4．接触器的安装要点

（1）安装接触器时，其底面应与地面垂直，倾斜度应小于 5°，否则会影响接触器的工作特性。

（2）安装接线时，不要使螺钉、垫圈、接线头等零件脱落，以免掉进接触器内部而造成卡住或短路现象。

（3）对有灭弧装置的接触器，应先将灭弧罩拆下，待安装固定好后再盖上灭弧罩。

（4）接触器触点表面应经常保持清洁，不允许涂油。当触点表面因电弧作用形成金属小珠时，应及时铲除，但银合金表面产生的氧化膜，由于接触电阻很小，不必铲修，否则会缩短触点寿命。

4.2.7　继电器

继电器是一种根据外界的电气量（电压、电流等）或非电气量（热、时间、转速、压力等）的变化来接通或断开控制电路的自动电器，主要用于控制、线路保护或信号转换。

1．继电器的分类

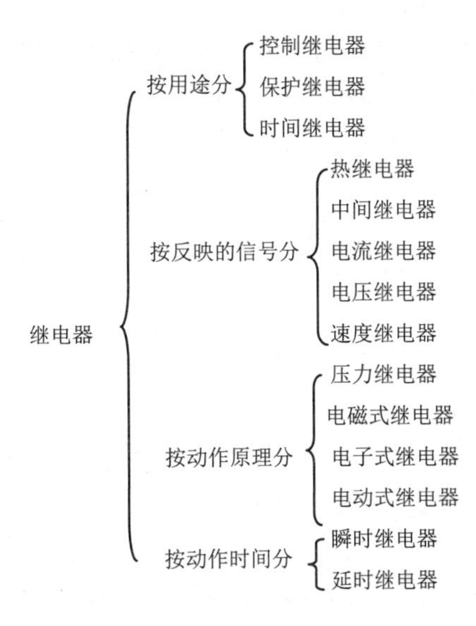

2．热继电器

热继电器是利用电流的热效应来推动机构使触点闭合或断开的保护电器。它主要用于电动机的过载保护、断相保护、电流的不平衡运行保护及其他电气设备发热状态的控制。它的热元件串联在电动机或其他用电设备的主电路中，常闭触点串联在被保护的二次电路中。一旦电路过载，有大电流通过热元件，热元件就形变向上弯曲，使扣板在弹簧拉力作用下带动绝缘牵引极，分断接入控制电路中的常闭触点，切断主电路，从而起过载保护作用。

（1）热继电器的分类。

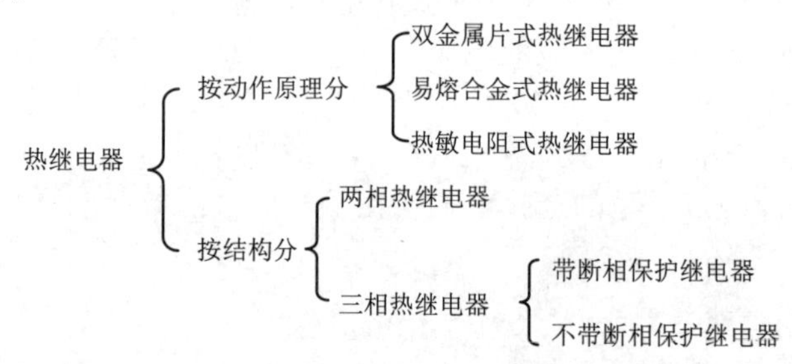

常用的双金属片式热继电器的结构、外形及符号，如图 4-14 所示。

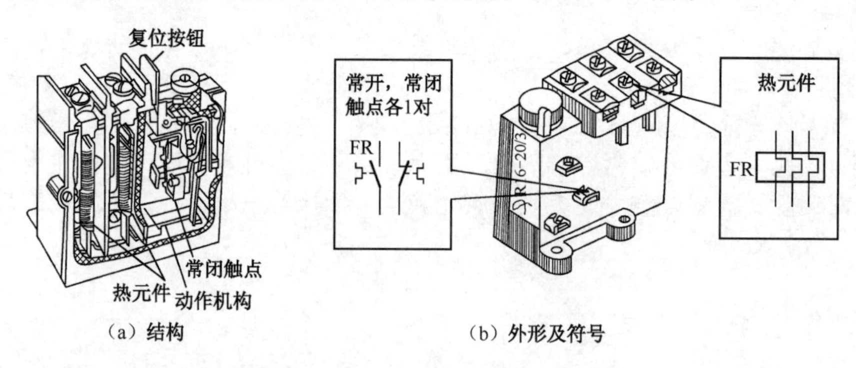

（a）结构　　（b）外形及符号

图 4-14　热继电器结构、外形及符号

（2）常用热继电器的基本技术参数。

① 触点额定电流：热继电器触点长期正常工作所能承受的最大电流。

② 热元件额定电流：热元件允许长期通过的最大电流。

③ 整定电流调节范围：长期通过热元件而热继电器不动作的电流范围。

常用热继电器的基本技术参数，见表 4-27 所列。

（3）热继电器的选用。

① 热继电器类型的选择。当热继电器所保护的电动机绕组是星状接法时，可选用两相结构或三相结构的热继电器；如果电动机绕组是角状接法时，必须采用三相结构带断相保护的热继电器。

② 热继电器整定电流的选择。热继电器整定电流值一般取电动机的额定电流的 1～1.1 倍。

（4）热继电器的安装要点。

① 热继电器的安装方向必须与产品说明书中规定的方向相同，误差不应超过 5°。当它与其他电器安装在一起时，应注意将其安装在其他发热电器的下方，以免动作特性受到其他电器发热的影响。

② 热继电器的整定电流必须按电动机的额定电流进行调整，绝对不允许弯折双金属片，如图 4-15 所示。

③ 一般热继电器应置于手动复位的位置上，若需要自动复位时，可将复位调节螺钉以顺

时针方向向里旋紧。

④ 热继电器进、出线端的连接导线，应按电动机的额定电流正确选用，尽量采用铜导线，并正确选择导线截面积。

表 4-27 常用热继电器的基本技术参数

型 号	额定电流（A）	热元件等级	
		额定电流（A）	整定电流调节范围（A）
JB0-20/3 JB0-20/3D JR16B-20/3 JR16B-20/3D	20	0.35	0.25～0.35
		0.50	0.32～0.50
		0.72	0.45～0.72
		1.10	0.68～1.10
		1.60	1.00～1.60
		2.40	1.50～2.40
		3.50	2.20～3.50
		5.00	3.20～5.00
		7.20	4.50～7.20
		11.00	6.80～11.00
		16.00	10.0～16.0
		22.00	14.0～22.0
JB0-40/3 JB16-40/3D	40	0.64	0.40～0.64
		1.00	0.64～1.00
		1.60	1.00～1.60
		2.50	1.60～2.50
		4.00	2.50～4.00
		6.40	4.00～6.40
		10.00	6.40～10.0
		16.00	10.0～16.0
		25.00	16.0～25.0
		40.00	25.00～40.00

⑤ 热继电器由于电动机过载后动作，若要再次启动电动机，必须待热元件冷却后，才能使热继电器复位。一般自动复位需要 5min，手动复位需要 2min。

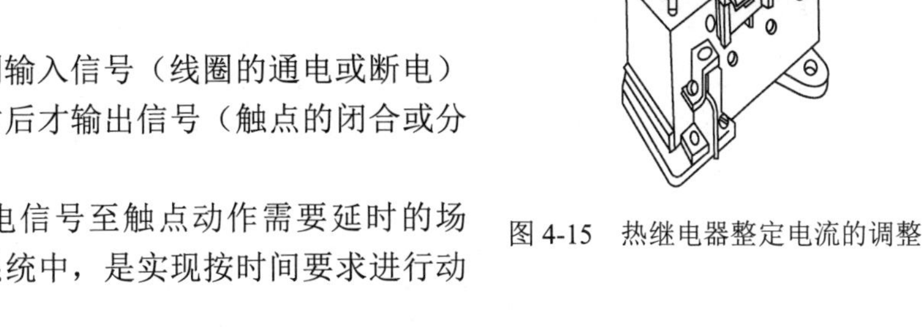

图 4-15 热继电器整定电流的调整

3. 时间继电器

时间继电器是指从得到输入信号（线圈的通电或断电）起，需经过一段时间的延时后才输出信号（触点的闭合或分断）的继电器。

时间继电器用于接收电信号至触点动作需要延时的场合。在机床电气自动控制系统中，是实现按时间要求进行动作的控制元件。

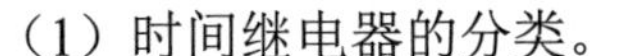

（1）时间继电器的分类。

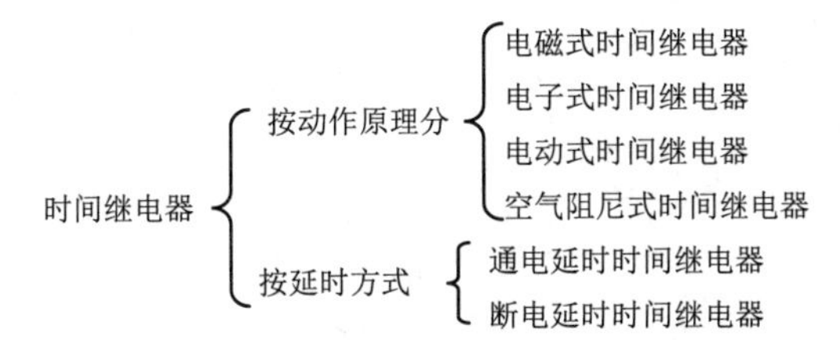

时间继电器的种类较多，常用的有空气阻尼式、电动式及电子式时间继电器等。

空气阻尼式时间继电器是交流电路上应用较广泛的时间继电器，其结构、外形及符号，如图4-16所示。

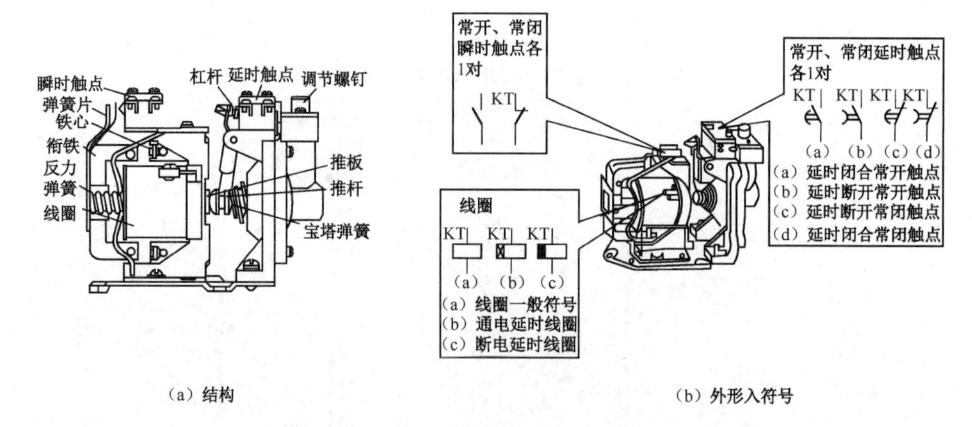

（a）结构　　（b）外形入符号

图4-16　空气阻尼式时间继电器的结构、外形及符号

空气阻尼式时间继电器的特点是：延时精度低且受周围环境影响较大，但延时时间长、价格低廉、整定方便，主要用于延时精度要求不高的场合。

电子式时间继电器与电动式时间继电器的外形结构及特点，见表4-28所列。

表4-28　电子式时间继电器与电动式时间继电器的外形结构及特点

名　称	外形结构	特　点
电子式时间继电器		① 体积小、延时范围大、精度高、寿命长，调节方便 ② 应用于自动控制系统
电动式时间继电器		① 延时时间不受电源电压波动及环境温度变化的影响，调整方便，重复精度高，延时范围大 ② 结构复杂，寿命短，受电源频率影响较大，不适合频繁操作

（2）时间继电器的基本技术参数。JS7 系列空气阻尼式时间继电器的基本技术参数，见表4-29所列。

表4-29　JS7系列空气阻尼式时间继电器的基本技术参数

型号	瞬时动作触点数量		延时动作触点数量				触点额定电压（V）	触点额定电流（A）	线圈电压（V）	延时范围（s）	额定操作频率（次/小时）
			通电延时		断电延时						
	常开	常闭	常开	常闭	常开	常闭					
JS7-1A	—	—	1	1	—	—	380	5	24、36、110、127、220、380	0.4～60及0.4～180	600
JS7-2A	1	1	1	1	—	—					
JS7-3A	—	—	—	—	1	1					
JS7-4A	1	1	—	—	1	1					

（3）时间继电器的选用。时间继电器的选用主要考虑延时方式和线圈电压。

① 时间继电器延时方式的选择。时间继电器有通电延时型和断电延时型两种，应根据控制线路的要求来选择延时方式。

② 时间继电器线圈电压的选择。根据控制线路的要求来选择时间继电器的线圈电压。

（4）时间继电器的安装。

① 时间继电器的安装方向必须与产品说明书中规定的方向相同，误差不应超过5。

② 通电延时和断电延时的时间应在整定时间范围内，安装时按需要进行调整，如图4-17所示。

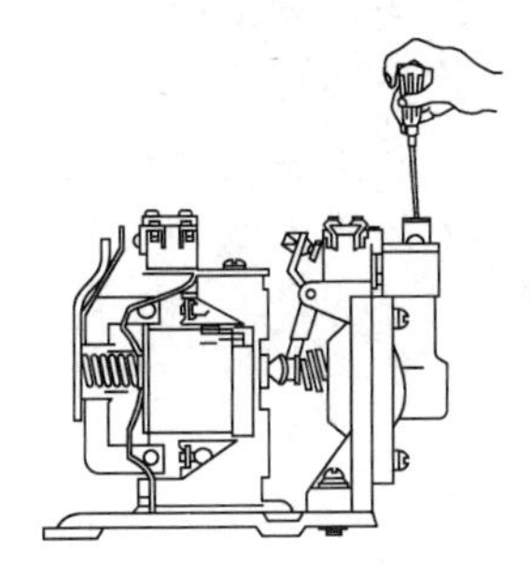

图4-17 时间继电器的调整

4. 速度继电器

速度继电器又称为反接制动继电器。它是以旋转速度的快慢为指令信号，通过触点的分合传递给接触器，从而实现对电动机反接制动控制。速度继电器的结构、外形及符号，如图4-18所示。

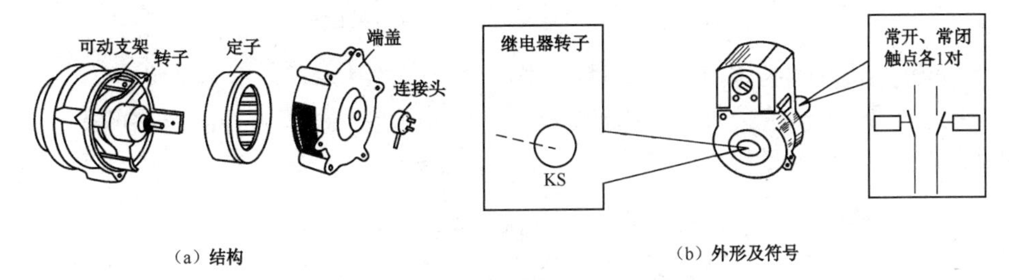

（a）结构　（b）外形及符号

图4-18 速度继电器的结构、外形及符号

速度继电器常用在铣床和镗床的控制电路中。转速在 120r/min 以上时，速度继电器就能动作并完成控制功能，当降到120r/min以下时触点复位。

（1）速度继电器的基本技术参数。常用速度继电器的基本技术参数，见表4-30所列。

表4-30 常用速度继电器的基本技术参数

型　号	触点额定电压（V）	触点额定电流（A）	触点数量		额定工作转速（r/min）	允许操作频率（次/小时）
			正转时动作	逆转时动作		
JY1	380	2	1常开 1常闭	1常开 1常闭	100～3 600	<30
JFZ0					300～3 600	

（2）速度继电器的选择。速度继电器主要根据电动机的额定转速来选择合适的系列和类型。

（3）速度继电器的安装要点。

① 速度继电器的转轴应与电动机同轴连接。

② 速度继电器安装接线时，正反向的触点不能接错，否则不能起到反接制动时接通和断开反向电源的作用。

5. 中间继电器

中间继电器是将一个输入信号变换成一个或多个输出信号的继电器。它的输入信号为通电和断电，输出信号是触点动作，并可将信号分别传给几个元件或回路。

中间继电器的结构和工作原理与接触器基本相同，所不同的是中间继电器触点数量较多，并且无主、辅触点之分，各对触点允许通过的电流大小也相同，额定电流约为 5A。中间继电器的外形结构及符号，如图 4-19 所示。

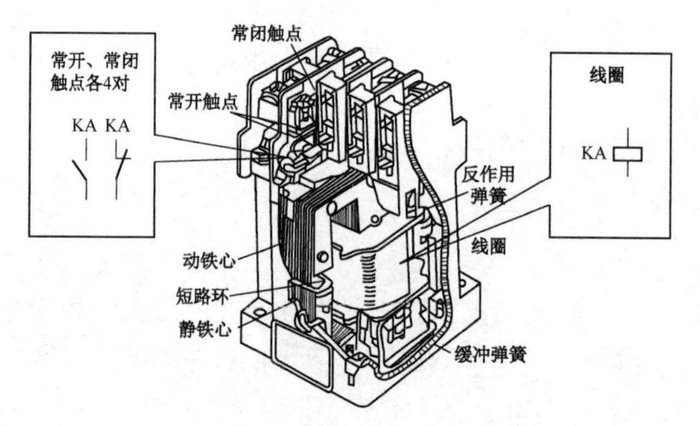

图 4-19　中间继电器的外形结构及符号

（1）中间继电器基本技术参数。JZ 系列中间继电器的基本技术参数，见表 4-31 所列。

（2）中间继电器选用。中间继电器选用的一般原则是：根据被控制电路的电压等级，所需触点的数量、种类、容量等要求来选择。

表 4-31　JZ 系列中间继电器的基本技术参数

型　号	触点参数						操作频率（次/小时）	线圈消耗功率（VA）	线圈电压（V）
	常开	常闭	电压（V）	电流（A）	分断电流（A）	闭合电流（A）			
JZ7-44	4	4	380 220 127	5	2.5	13	1 200	12	12、24、36、48、110、127、220、380、420、440、500
JZ7-62	6	2			3.5	13			
JZ7-80	8				4	20			

（3）中间继电器的安装要点。中间继电器的安装与接触器相似。使用时由于没有主、辅触点之分，其触点容量较小，与接触器的辅助触点容量相似，故大多用于控制电路。

6．电流继电器

电流继电器是根据通过线圈电流的大小接通或断开电路的继电器。它串联在电路中，作过电流或欠电流保护。当线圈电流高于整定值时动作的继电器称为过电流继电器，线圈电流低于整定值时动作的继电器称为欠电流继电器。常见的过电流继电器外形结构及符号，如图 4-20 所示。

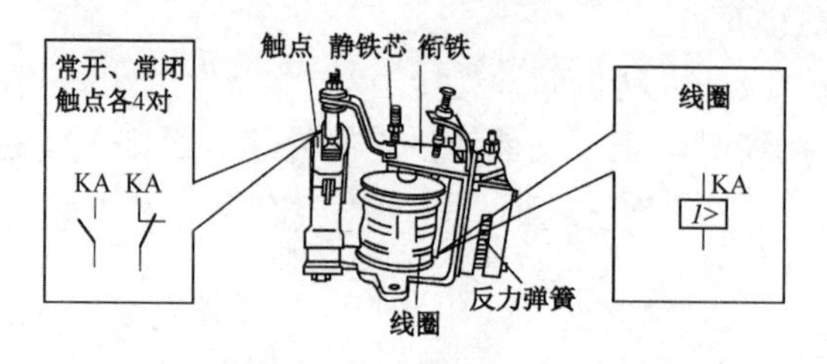

图 4-20　常见的过电流继电器外形结构及符号

（1）过电流继电器的技术参数。JL14 系列过电流继电器的技术参数，见表 4-32 所列。

表 4-32　JL14 系列过电流继电器的基本技术参数

电流种类	型　号	线圈额定电流（A）	吸合电流调整范围		触点参数			复位方式
			吸引	释放	电压（V）	电流（A）	触点组	
直流	JL14-□□Z	1、1.5、2.5、5、10、15、25、40、60、100、150、300、600、1200、1500	（70%～300%）I_N		440	5	3 常开，3 常闭 2 常开，1 常闭 1 常开，2 常闭 1 常开，1 常闭	自动
	JL14-□□ZS							手动
	JL14-□□ZQ		（30%～65%）I_N	（10%～20%）I_N				自动
交流	JL14-□□J		（110%～400%）I_N		380	5	2 常开，2 常闭 1 常开，1 常闭	自动
	JL14-□□JS							手动
	JL14-□□JG						1 常开，1 常闭	自动

（2）过电流继电器的选用。

① 保护中小容量直流电动机和绕线式异步电动机时，线圈的额定电流一般可按电动机长期工作的额定电流来选择；对于频繁启动的电动机，线圈的额定电流可选大一级。

② 过电流继电器的整定值，应考虑到动作误差，可按电动机最大工作电流的 1.7～2 倍来选用。

（3）过电流继电器的安装要点。过电流继电器在安装时，需将线圈串联于主电路中，常闭触点串联于控制电路中与接触器线圈连接，起到保护作用。

践行与阅读

——电线选购要诀、终端电器组合箱介绍、其他接触器简介

◎ 资料一：电线选购要诀

1. 电线优劣的鉴别

电线（如图 4-21 所示）在电气安装中担负着连接、输送电流的重要任务，因此在选用时要引起足够重视。鉴别电线优劣应该做到“三看”、“一试”和“一量”。

图 4-21　电线

（1）三看：一看电线标记，应有厂名、厂址、检验章，以及印有的商标、规格、电压；二看电线导体颜色，铜导体应呈淡紫色，铝导体应呈银白色，若导体的铜表面发黑或铝表面发白，则说明金属被氧化；三看线芯，应位于绝缘层的正中。

（2）一试：取一根电线头用手反复弯曲，手感柔软、抗疲劳强度好、塑料或橡胶手感弹性大且电线绝缘体上无龟裂的才是优等品。

（3）一量：测量一下实际购买的电线与标准长度是否一致。一般说，国家对成圈成盘的电线电缆交货长度标准有明确规定：成圈长度应为 100m，成盘长度应大于 100m，其长度误差不超过总长度的 0.5%，若达不到标准规定下限即为不合格。

2．电线选购注意事项

（1）了解导线的安全载流量，即能承受的最大电流量。电流通过电线会使电线发热，这本来是正常现象，但如果超负载使用，细导线通过大流量，就容易引起火灾。

（2）了解线路允许电压损失。导线通过电流时产生电压损失不应超过正常运行时允许的电压损失，一般不超过用电器具额定电压的 5%。

（3）注意导线的机械强度。在正常工作状态下，导线应有足够的机械强度，以防断线。

◎ 资料二：终端电器组合箱介绍

终端电器组合箱是一种能根据用户需要，由组装式电气元件以及它们之间的电气、机械连接和外壳等所构成的配电箱，如图 4-22 所示。由于它具有诸多功能及优点，被广泛用于民宅配电线路中。

图 4-22　终端电器组合箱

目前，使用较多的 PZ20 和 PZ30 系列终端电器组合箱，具有如下功能。

（1）导轨化安装。如图 4-23 所示，可将开关电器方便地固定、拆卸、移动或重新排列，实现组合灵活化。

（2）器件尺寸模数化，外形尺寸、接线端位置均相互配套一致。功能组合多样，能满足不同需要。

（3）壳体外观美观大方，壳内设有可靠的中性线和接地端子排、绝缘组合配线排，接地、使用时安全性能好。

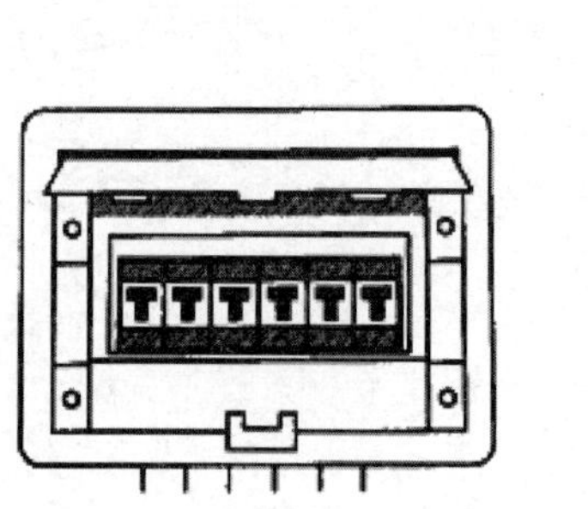

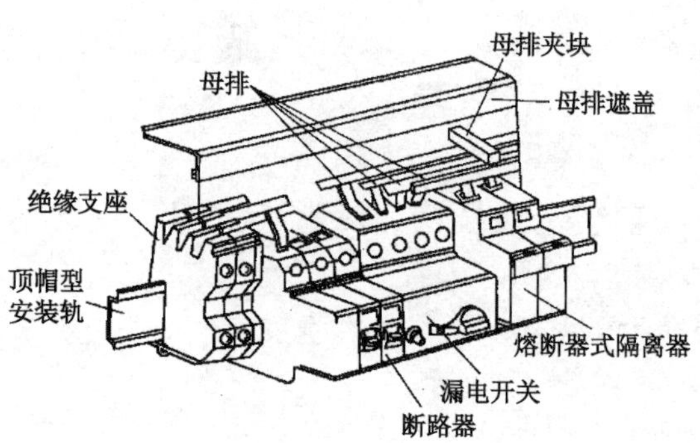

图 4-23　电器组合箱的构成

温馨提示

终端电器组合箱的选用和安装，应该根据用户实际使用要求，确定组合方案，计算出所用电气元件的总尺寸，在选择所需外壳容量，并选定型号。然后，将其放入已预留孔洞的墙体中，并根据设计的电气线路图进行连线，连接完成后将其固定在墙体中即可。

◎ 资料三：其他接触器简介

图 4-24　B 系列交流接触器

（1）B 系列交流接触器（如图 4-24 所示）。该系列产品是引进德国技术进行生产的，可取代 CJ0、CJ10 等系列产品，适用于交流、频率为 50Hz 或 60Hz、电压在 660V 以下、电流在 475A 及以下的电力线路中，供远距离接通、分断电路及频繁地启动和控制电动机，其工作原理与 CJ10 系列变流接触器基本相同。

其结构特点：有“正装”、“倒装”两种布局形式；通用件多；配有多种可供用户选择的触头配件，方便组合；安装方式可用导轨或螺钉固定。因而，目前工厂电气控制设备中大量采用。

（2）真空接触器（如图 4-25 所示）。该系列产品的特点是主触头在真空灭弧室内，灭弧能力强，且体积小、寿命长、维修工作量小。

常用的有 CJK 系列产品，适用于交流频率为 50Hz、额定电压在 660V 或 1140V 以下、额定电流在 600A 及以下的电力线路中，供远距离接通或分断电路及频繁地启动和控制电动机，可与各种保护装置配合使用，组成防爆型电磁启动器。

图 4-25　真空接触器

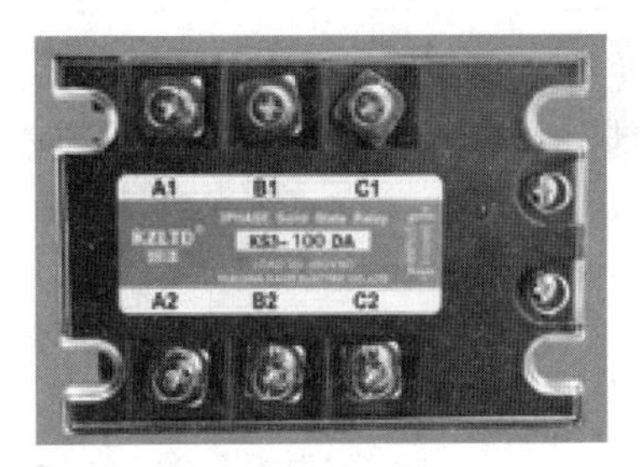

图 4-26　半导体继电器

（3）固体接触器。又称半导体继电器（如图 4-26 所示），是利用半导体开关电气元件来完成接触功能的电器，一般由晶闸管构成。具有体积小的特点，常用于工厂电气控制设备的控制线路中。

温馨提示

日常因电气设备漏电过大或发生触电时，保护器跳闸，这是正常的情况，决不能因动作频繁而擅自拆除漏电保护器。正确的处理方法是查清、消除漏电故障后，再投入使用。

——常用低压电器的识读

常用低压电器的识读，并完成表 4-33 所列的评议和学分给定工作。

表 4-33　常用低压电器的识读记录表

<table>
<tr><td>班　级</td><td colspan="2"></td><td>姓　名</td><td></td><td>学 号</td><td></td><td>日　期</td><td></td></tr>
<tr><td>识读电器</td><td colspan="8">指出下列电器的名称：
（a）______（b）______（c）______（d）______（e）______（f）______（g）______</td></tr>
<tr><td>低压电器好坏鉴别</td><td colspan="8">教师根据教学要求，选择上列电器 1～3 件进行好坏鉴别，并将鉴别方法和结果填写在下面：</td></tr>
<tr><td>收获与体会</td><td colspan="8"></td></tr>
<tr><td rowspan="4">评价意见</td><td>评定人</td><td colspan="5">评价、评议、评定意见</td><td>等　级</td><td>签　名</td></tr>
<tr><td>自己评价</td><td colspan="5"></td><td></td><td></td></tr>
<tr><td>同学评议</td><td colspan="5"></td><td></td><td></td></tr>
<tr><td>老师评定</td><td colspan="5"></td><td></td><td></td></tr>
</table>

注：①老师根据教学要求选择一些常用低压电器或图 4-33 所示图让学生识读。
②该践行学分为 5 分，记入本课程总学分（150 分）中，若结算分为总学分的 95%以上者，则评定为考核“合格”。

练习与交流

完成下列填空题、判断题和问答题，并与同学进行交流。

1．填空题

（1）______称为导电材料，其主要用途是______。目前用得最多的导电材料是______。

（2）导电材料在电力系统中有广泛的应用，常用的有______、______、______和______等。

（3）电磁线是一种______的导线，主要用在______、______、______、______、______和______上，但不能用在布线及电器连接上。

（4）绝缘材料的主要作用是将______相隔离，将______相隔离，确保电流的流向或______，在某些场合，还起______的作用。

（5）电工常用安装材料按其用途可分为______和______两大类。

（6）低压熔断器的种类不同，其特性和使用场合也有所不同，常用的熔断器有______、______、______和______等。

（7）按钮的常开触点起______作用，常闭触点起______作用。

（8）接触器具有______、______、______、______等优点，能对电动机实现______。

（9）热继电器是______的保护电器。它主要用于______。

（10）时间继电器的种类较多，常用的有______、______及______等。

2．判断题（对打“√”，错打“×”）

（1）绝缘导线是指导体外表有绝缘层的导线，它不仅有导线部分，而且还有绝缘层。（ ）

（2）因 PVC 管价格便宜，且有许多优越于金属管的性能，除易燃、易爆场所的明敷设禁止使用 PVC 电线管外，其他场所已取代金属电线管。（ ）

（3）螺旋式熔断器的电源进线应接在上接线端子上，负载出线应接在下接线端子上。（ ）

（4）刀开关必须垂直安装在配电板上，并保证手柄向上推为合闸，不允许平装或倒装，以防止产生误合闸。（ ）

（5）热继电器是利用电流的热效应来推动机构使触点闭合或断开的保护电器，主要用途是短路保护。（ ）

3．问答题

（1）熔断器的选用主要考虑哪些参数？

（2）按钮的用途主要有哪些？其选用应考虑哪些因素？

（3）接触器的选用主要考虑哪些因素？

第5章

电工用图的识读

学习目标

- 熟悉电工用图的分类、电气符号、区域划分等知识
- 掌握电气原理图、安装接线图、平面布置图等识读能力

电路和电气设备的设计、安装、调试与维修都要有相应的电工图作为依据与参考。电工用图是根据国家制定的图形符号和文字符号标准，按照规定的画法绘制出来的图纸。它提供电路中各种元器件的功能、位置、连接方式及工作原理等信息，是电气工程技术的语言，凡从事电气操作的人员，必须掌握电工用图的基本知识。图 5-1 所示，是电工在认真地识读电工用图。

图 5-1　电工认真识读电工用图

5.1　电工用图的基本知识

5.1.1　电工用图的分类

电工用图按其用途可分为电气原理图、安装接线图、平面位置图、端子排图、展开图等。在电气安装与维修中用得最多的是电气原理图、电气安装接线图和平面位置图。

1. 电气原理图

电气原理图又称“电路图”、“电原理图”，它是将电气符号按工作顺序排列，详细表示电路中电气元件、设备、线路的组成以及电路的工作原理和连接关系，而不考虑电气元件、设备的实际位置和尺寸的一种简图。如图 5-2 所示，是电气原理图。为了便于说明，在图中省略了边框线和图区编号。

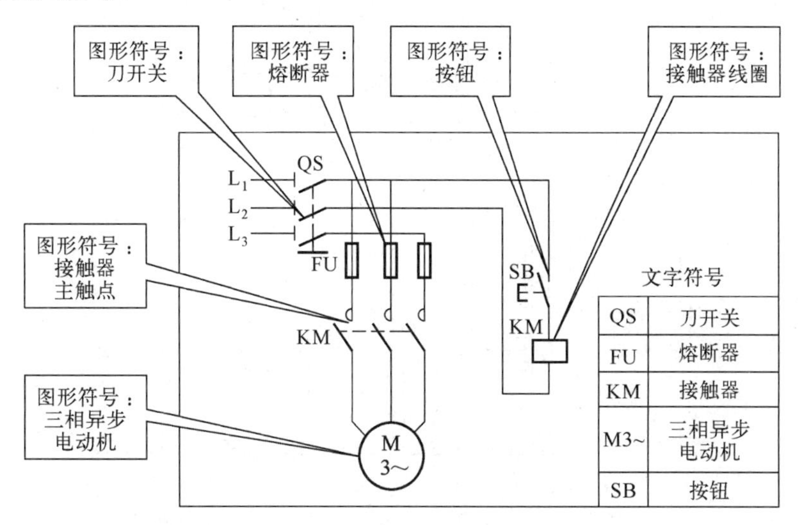

图 5-2　电气原理图

2. 安装接线图

电气安装接线图是表示电气设备连接关系的一种简图。它是根据电气原理图和平面位置图编制而成的，主要用于电气设备及电气线路的安装接线、检查、维修和故障处理。在实际工作中，电气安装接线图可以与电气原理图、平面位置图配合使用。如图 5-3 所示，是电气安装接线图，中间的方格排是端子排，用以连接电气元件或设备。

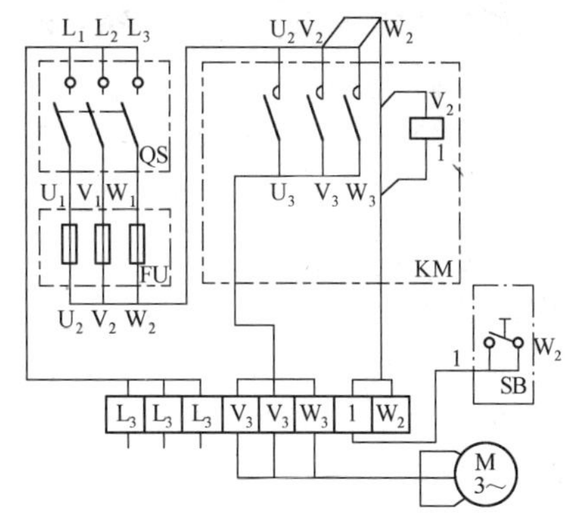

图 5-3　电气安装接线图

3. 平面位置图

平面位置图是一类应用最广泛的电气工程图，是电气工程设计图的主要组成部分，它是用图形符号来表示一个区域或一个建筑物中的电气成套装置、设备等组件的实际位置，并用导线把它们连接起来，以表示出它们之间供用电关系的图种。平面位置图在图形符号旁标注电气设备的编号、型号及安装方式，在连接线上标出导线的敷设方式、敷设部位及安装方式。图 5-4 所示，是某住宅二层单元电气平面位置图。电气施工人员可以依据它进行线路的敷设工作，也可以依据它进行线路的巡视检查和安装检修工作。

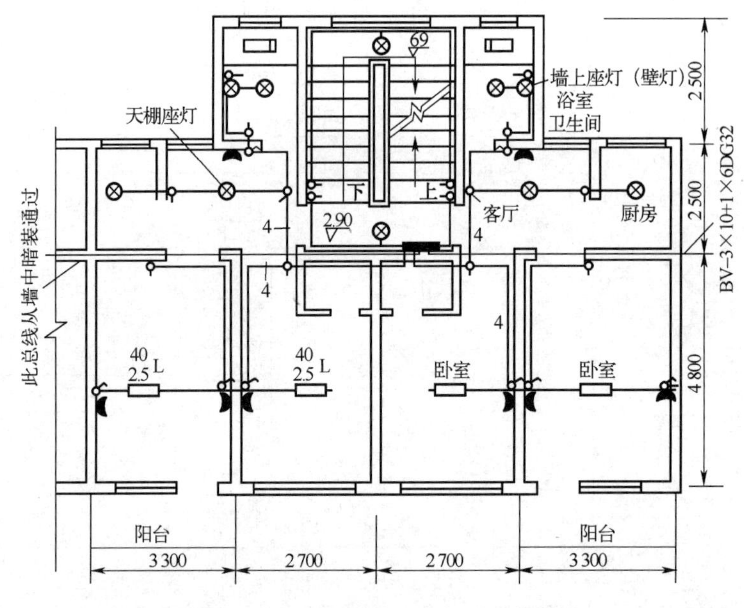

图 5-4　某住宅二层单元电气平面位置图

5.1.2　电工用图中的符号

电工用图中的电气符号是按照国家统一规定的，它包括图形符号、文字符号和回路标号。

1. 图形符号

图形符号是指用于图样或其他技术文件中，表示电气元件或电气设备性能的图形、标记或字符。它分为基本符号、一般符号和明细符号。

（1）基本符号。基本符号不表示独立的电气元件，只说明电路的某些特征。例如，“～”表示交流电，“—”表示直流电。

（2）一般符号。一般符号是用以表示一类产品和此类产品特征的一种较简单的符号。例如，“中”表示接触器、继电器的线圈。

（3）明细符号。明细符号是表示某一种具体的电气元件，它由一般符号、物理量符号、限定符号等组合而成。例如，过电流继电器线圈的符号为“中”，它由线圈的一般符号“中”、物理量符号“I”和限定符号“>”组成。

2. 文字符号

文字符号是表示电气设备、元器件种类及功能的字母代码。文字符号又分基本文字符号和辅助文字符号。

（1）基本文字符号。基本文字符号主要表示电气设备、装置和元器件的种类名称，包括单字母符号和双字母符号。单字母符号表示各种电气设备和元器件的类别，例如，“F”表示保护电器类。当单字母符号表示不能满足要求，需较详细和具体地表述电气设备、装置和元器件时，可采用双字母符号表示。例如，“FU”表示熔断器，是短路保护电器；“FR”表示热继电器，是过载保护电器。

（2）辅助文字符号。辅助文字符号是用来表示电气设备、装置和元器件以及线路的功能、状态和特征的字符代码。例如，“SYN”表示同步，“L”表示限制，“RD”表示红色等。常用的辅助文字符号，见表 5-1 所列。

表 5-1 常用的辅助文字符号

名　称	文字符号	名　称	文字符号	名　称	文字符号
高	H	绿	GN	断开	OFF
低	L	黄	YE	附加	ADD
升	U	白	WH	异步	ASY
降	D	蓝	BL	同步	SYN
主	M	直流	DC	自动	AUT
辅助	AUX	交流	AC	手动	M，MAN
中	M	电压	V	启动	ST
正	FW	电流	A	停止	STP
反	R	时间	T	控制	C
红	RD	闭合	ON	信号	S

温馨提示

① 电工常用图形符号，见附录 B 所列；电工图常用基本文字符号，见附录 C 所列。

② 电气原理图中的所有电气元件不画实际外形图，而采用国家标准规定的图形符号和文字符号表示。电气元件采用分离画法，同一电器的各个部件可根据实际需要画在不同的地方，但必须用相同的文字符号标注。若有多个同一种类的电气元件时，可在文字符号后加上数字序号以示区别，如 KM1、KM2 等。

（3）回路标号。回路标号是电气原理图中回路上标注的文字标号和数字标号。回路标号主要用来表示各回路的种类和特征，按照“等电位”的原则进行标注，即回路中凡接在同一点上的所有导线具有同一电位，标注相同的回路标号。所有线圈、绕组、触点、电阻、电容等元件所间隔的线段，应标注不同的回路标号。

一般情况下，回路标号由三位或三位以下的数字组成。电气原理图的回路标号实际上是导线的线号。主电路的回路标号由文字标号和数字标号两部分组成。文字标号用来标明回路中电气元件和线路的技术特性。例如，交流电动机定子绕组首端用 U_1、V_1、W_1 表示，尾端用 U_2、V_2、W_2 表示；三相交流电源用 L_1、L_2、L_3 表示。数字标号用来区别同一文字标号回路中的不同线段。例如，三相交流电源用 L_1、L_2、L_3 标号，开关以下用 U_{11}、V_{11}、W_{11} 标号，熔断器以下用 U_{12}、V_{12}、W_{12} 标号等。控制电路的回路标号的常用标注方法是首先编好控制回路电源引线线号，“1”通常标在控制线的最上方，然后按照控制回路从上到下、从左到右的顺序，以自然序数递增，每经过一个触点，线号依次递增，电位相等的导线线号相同。具体标号方法，如图 5-5 所示。

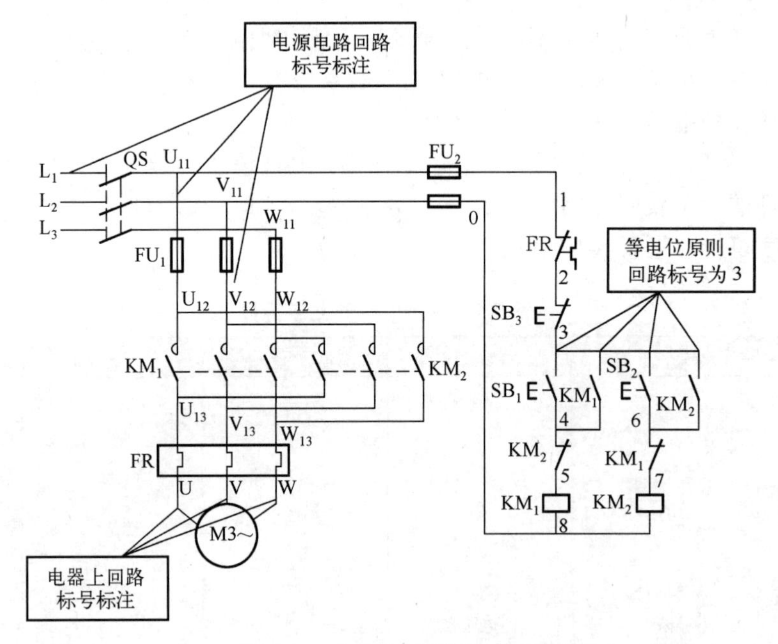

图 5-5　回路标号的标注方法

电源电路的标号，见表 5-2 所列。交流电动机和动力电路的电气引出线的标号方法，见表 5-3 所列。

表 5-2　电源电路的标号

线路名称		标　号
交流电源	第一相	L1
	第二相	L2
	第三相	L3
	中性线	N
直流电源	正极	L+
	负极	L
	中间线	M

表 5-3　电气引出线的标号

线路名称		标　号
绕组	第一相	U
	第二相	V
	第三相	W
	中性线	N

3．技术数据的表示方法

技术数据可以标注在图形符号的旁边，如图 5-6 所示。热继电器的动作电流调整范围和整定值分别为 4.5～7.2A 和 6.8A，三相电动机的额定功率为 3kW，额定转速为 1500r/min，技术数据也可用表格的形式单独给出。

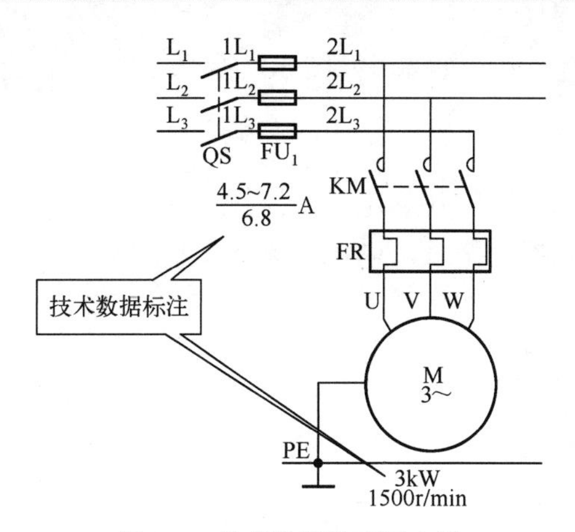

图 5-6　技术数据的表示方法

5.1.3　电工用图的区域划分

标准的电工用图（电气原理图）对图纸的大小（即图幅）、图框尺寸和图的区编号均有一定的要求，如图 5-7 所示。

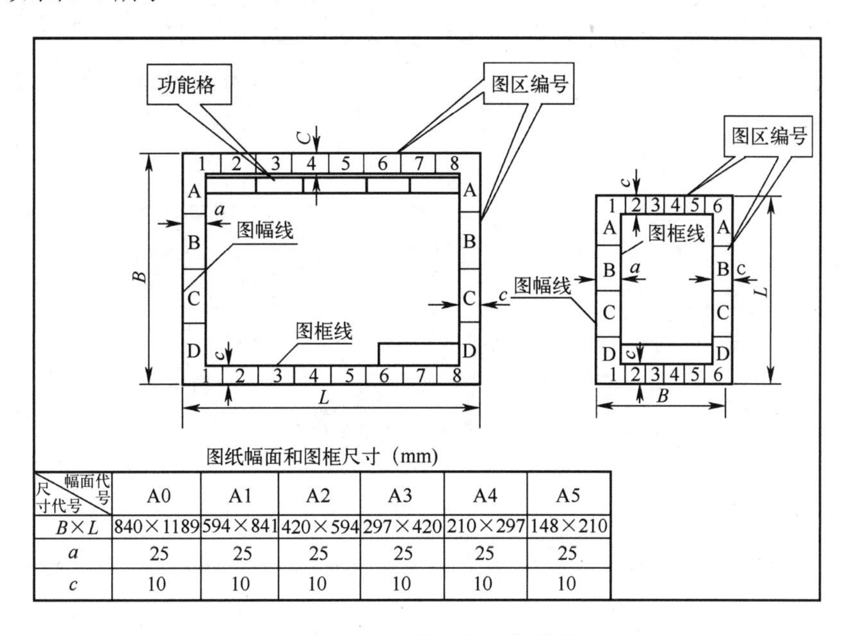

图纸幅面和图框尺寸（mm）

尺寸代号 \ 幅面代号	A0	A1	A2	A3	A4	A5
B×*L*	840×1189	594×841	420×594	297×420	210×297	148×210
a	25	25	25	25	25	25
c	10	10	10	10	10	10

图 5-7　电气原理图中的要求

电气原理图的图幅和图框尺寸是一一对应的，如幅面不够可以沿图纸的右边或下边接续。图框线上、下方横向标有的阿拉伯数字 1、2、3 等，称为图形区域编号，它是为了便于检索图中电气线路或元件，方便阅读而设置的。图形区域编号下方的方框可以填写对应的电路或元件的功能，便于理解全电路的工作原理，俗称“功能格”。

电气原理图的绘制一般遵循“布局合理、排列均匀、图面清晰”的规则。

1. 电源电路

电源电路一般设置在图面的上方或左方，三相四线电源线的相序由上到下或由左到右排列，中性线应绘制在相线的下方或左方，如图 5-8 所示。

2．主电路

在电气原理图中，主电路通常包括电源电路、受电的动力装置及其控制、保护电器支路等，由电源开关、电动机、接触器主触点、热继电器热元件等组成，在原理图中要画在图面的左边，如图 5-9 所示。

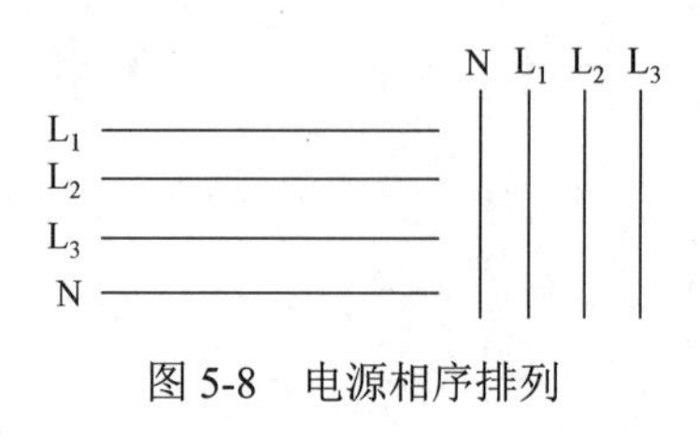

图 5-8　电源相序排列

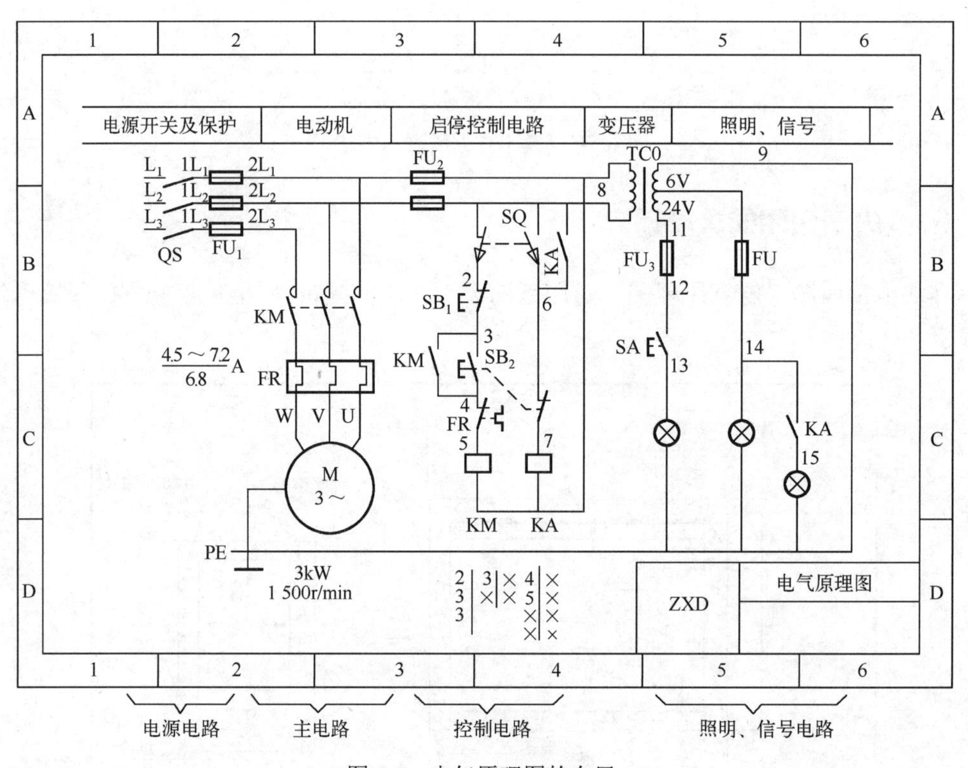

图 5-9　电气原理图的布局

3．控制电路和辅助电路

控制电路包括接触器的线圈和辅助触点、继电器的线圈和辅助触点、行程开关的触点、按钮及连接导线等，按照对控制主电路的动作顺序要求从左至右绘制。辅助电路是指电气线路中的信号灯和照明部分，应画在控制电路的右方。控制电路和辅助电路通常画在图面的右方，两者要分开，如图 5-9 所示。

5.1.4　电气原理图中符号位置索引

为了便于查找电气原理图中某一元件的位置，通常采用符号位置索引来表示。符号位置索引是由图的区编号中代表行（横向）的字母和代表列（纵向）的数字组合，必要时还需注明所在的图号、页次。符号位置索引表示方法，如图 5-10 所示；符号位置索引，如图 5-11 所示。

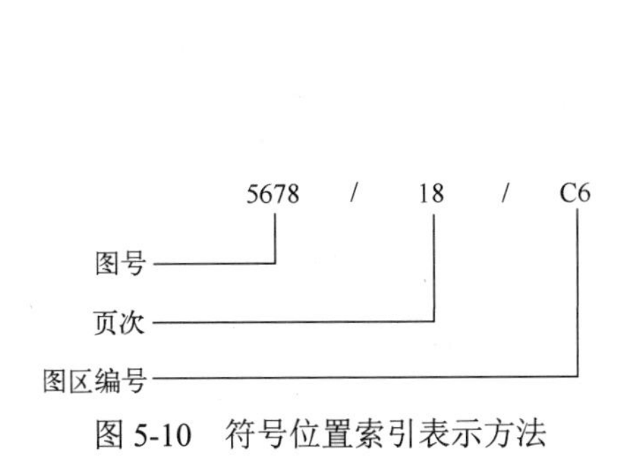

图 5-10 符号位置索引表示方法

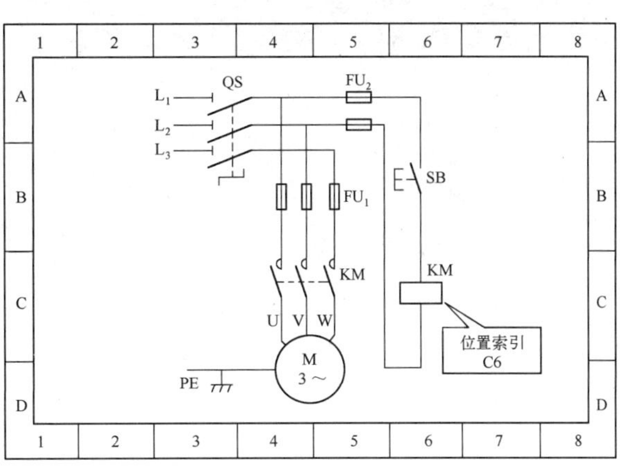

图 5-11 符号位置索引

如图 5-12 所示为接触器 KM 和继电器 KA 相应触点位置索引，一般画在对应线圈的下方。触点位置索引表示线圈与触点的从属关系，也表明了线圈与相应触点在电气图中的位置关系。图中未使用的触点用“×”表示，其各栏的含义，如图 5-13 所示。

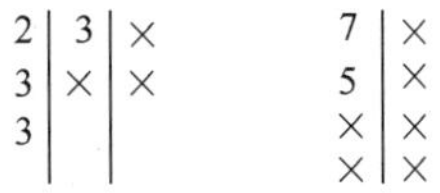

2	3	×
3	×	×
3		

7	×
5	×
×	×
×	×

图 5-12 触点位置索引

KM		
左栏	中栏	右栏
主触点	辅助常开触点	辅助常闭触点
图区号	图区号	图区号

KA	
左栏	右栏
常开触点	常闭触点
图区号	图区号

图 5-13 触点位置索引的含义

5.2 电工用图的识读方法与实例

5.2.1 电工用图识读的一般规律

1. 结合电工用图的绘制特点识读

为保证电工用图的规范性、通用性和示意性，电工用图的绘制是有规律的。因此，掌握电工用图的主要特点及绘制电工用图的一般规律，才能准确地识读电工用图。

2. 结合电工基本原理识读

电气原理图等的设计，都离不开电工基本原理。要想准确、迅速地看懂电工用图的结构、动作程序和基本工作原理，首先要懂得一些电工的基本原理，才能够运用掌握的知识，去认识、理解图纸的内涵。

3．结合电气元件的结构和工作原理识读

电工用图中包括了各种电气元件，如开关、电阻、电容、接触器和继电器等，必须先掌握这些元器件的基本结构、工作原理和性能以及电气元件间的相互制约关系，元器件在整个电路中的地位和作用等，才能识读、理解图纸的内容。

4．结合典型电路识读

典型电路是构成电工用图的基本电路，例如，电气原理图中的电动机启动、制动、正反转控制电路，电子电路中的整流、放大和振荡电路等。分析出典型电路，才容易看懂电工用图。

5．结合有关技术图识图

电工用图往往同其他有关技术图（如土建图、管道图、机械设备图等）密切相关，各种电气布置图更是如此。因此，识读这类电工用图时，要与这些相关图纸一起识读，才有助于抓住重点，顺利读懂电工用图。

5.2.2 电气原理图识读与实例

1．电气原理图的识读方法

（1）查阅图纸说明。图纸说明包括图纸目录、技术说明、元器件明细表和施工说明书等。看图纸说明有助于了解大体情况并抓住识读的重点。

（2）分清电路性质。分清电气原理图的主电路和控制电路，交流电路和直流电路。

（3）遵循识读顺序。在识读电气原理图时，应先看主电路，后看控制电路。识读主电路时，通常从下往上看，即从电气设备（电动机）开始，经控制元件到电源，搞清电源是经过哪些元器件才到达用电设备。

① 看电路及设备的供电电源（车间机械生产多用 380V、50Hz 的三相交流电），应看懂电源引自何处。

② 分析主电路共用了几台电动机，并了解各台电动机的功能。

③ 分析各台电动机的工作状况（如启动方式、是否有可逆、调速、制动等控制）和它们的制约关系。

④ 了解主电路中所有的控制电器（如闸刀开关和交流接触器的主触点等）及保护电器（如熔断器、热继电器与低压断路器的脱扣器等）。

识读控制电路时，通常从左往右看，即先看电源，再依次各条回路，分析各回路元件的工作情况与主电路的控制关系。搞清回路构成、各元件间的联系、控制关系及在什么条件下回路接通或断开等。

（4）复杂电路的识读。对于复杂电路，还可以将它分成几个功能（如启动、制动、调速等）。在分析控制电路时要紧扣主电路动作与控制电路的联动关系，不能孤立地分析控制电路。分析控制电路一般按下列 3 步进行：

① 熟悉控制电路的电源电压。在车间机械生产中，电动机台数少、控制不复杂的电路，常采用 380V 交流电压；电动机台数多、控制较复杂的电路，常采用 110V、127V、220V 的交流电压，其中又以 110V 用得最多，由控制变压器提供控制电压。

② 看各条控制回路情况，了解电路中常用的继电器、接触器、行程开关、按钮等的用

途、动作原理及对主电路的控制关系。

③ 结合主电路有关元器件对控制电路的要求，分析出控制电路的动作过程。

2. 电气原理图的识读实例

如图 5-14 所示，是电动机双向运行直接启动控制线路原理图。图中采用了两只接触器，即正转接触器 KM_1，反转接触器 KM_2。当 KM_1 主触点接通时，三相电源 L_1、L_2、L_3 按 U-V-W 正相序接入电动机；当 KM_2 主触点接通时，三相电源 L_1、L_2、L_3 按 W-V-U 反相序接入电动机，即对调了 W 和 U 两相相序，所以当两只接触器分别工作时，电动机的旋转方向相反。

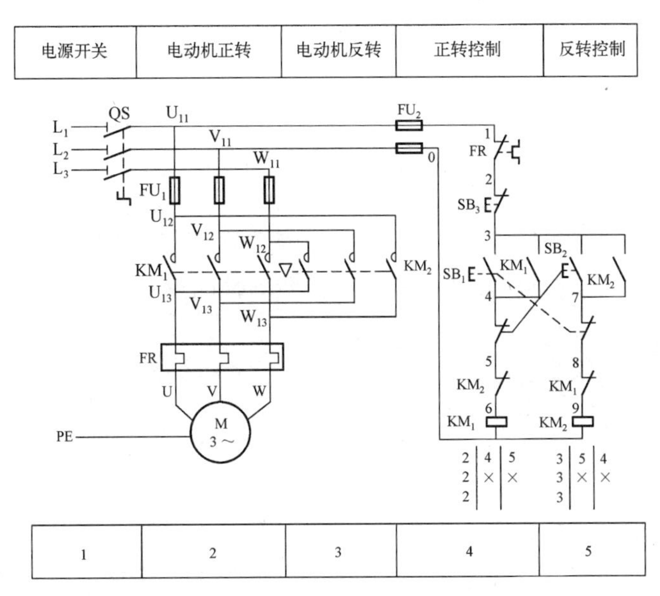

图 5-14　电动机双向运行直接启动控制线路原理图

为防止两只接触器 KM_1、KM_2 的主触点同时闭合，造成主电路 L_1 和 L_3 两相电源短路，电路要求 KM_1、KM_2 不能同时通电。因此，在控制电路中，采用了按钮和接触器双重连锁（互锁），以保证接触器 KM_1、KM_2 不会同时通电：即在接触器 KM_1 和 KM_2 线圈支路中，相互串联对方的常闭辅助触点（接触器连锁），正反转启动按钮 SB_1、SB_2 的常闭触点分别与对方的常开触点相互串联（按钮连锁）。

合上电源开关 QS，电路的操作过程和工作原理如下：

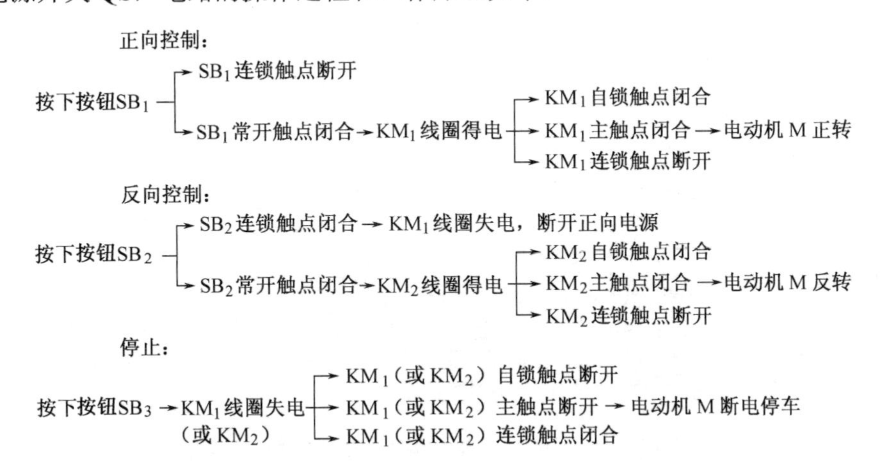

熔断器 FU_1 作主电路（电动机）的短路保护，熔断器 FU_2 作控制电路的短路保护，热继电器 FR 作电动机的过载保护。

5.2.3 安装接线图识读与实例

1．安装接线图的识读方法

（1）熟悉电气原理图。电气安装接线图是根据电气原理图绘制的，因此识读电气安装接线图首先要熟悉电气原理图。

（2）熟悉布线规律。熟悉电气安装接线图中各元器件的实际位置和安装接线图的布线规律。

（3）遵循识读顺序。分析电气安装接线图时，先看主电路，后看控制电路。看主电路时，可根据电流流向，从电源引入处开始，自上而下，依次经过控制电器到达用电设备。看控制电路时，可以从某一相电源出发，从上至下、从左至右，按照线号，根据假定电流方向经控制元件到另一相电源。

（4）注意其他资料。识读时，还应注意所用元器件的型号、规格、数量和布线方式、安装高度等重要资料。

2．安装接线图的识读实例

如图 5-15 所示，是电动机双向运行直接启动控制线路的安装接线。图中电源开关 QS、熔断器 FU_1、FU_2、交流接触器 KM_1、KM_2、热继电器 FR 是固定在配电板上的，控制按钮 SB_1、SB_2、SB_3 和电动机 M 装在配电板外，通过接线端子 XT 与配电板上的电器连接。主电路的电气元件 QS、FU_1、KM_1、FR 在一条直线上，接线图上的端子标号与电气原理图上的线号相同。控制电路中，每只接触器的连锁触点并排在自锁触点旁边。电动机双向运行直接启动控制线路的安装接线图中各元器件的接线关系，见表 5-4 所列。

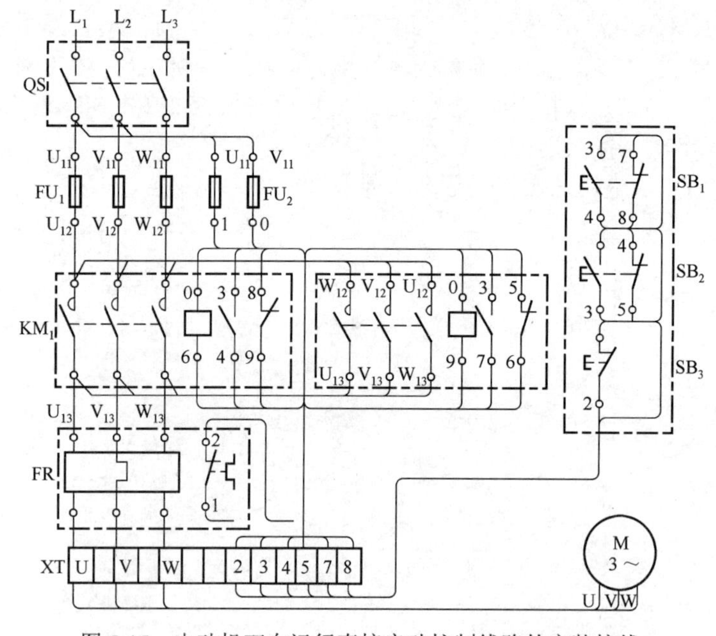

图 5-15 电动机双向运行直接启动控制线路的安装接线

表 5-4 电动机双向运行直接启动控制线路的安装接线图中各元器件的接线关系

序号	名称		符号	数量	接线关系			
					进线		出线	
					来源	线号	去向	线号
1	电源开关		QS	1	电源	L_1、L_2、L_3	FU_1	U_{11}、V_{11}、W_{11}
2	熔断器		FU_1	3	QS	U_{11}、V_{11}、W_{11}	KM_1、KM_2主触点	U_{12}、V_{12}、W_{12}
			FU_2	2	FU_1	U_{11}	FR 常闭触点	1
						V_{11}	XT 的 1 端	0
3	接触器	主触点	KM_1	3	FU_1	U_{12}、V_{12}、W_{12}	FR 主触点	U_{13}、V_{13}、W_{13}
		常开触点		1	XT 的 3 端（KM_2常开触点）	3	XT 的 4 端	4
		常闭触点		1	XT 的 8 端	8	KM_2线圈	9
		线圈		1	FU_2（KM_2线圈）	0	KM_2常闭触点	6
		主触点	KM_2	3	FU_1	W_{12}、V_{12}、U_{12}	FR 主触点	U_{13}、V_{13}、W_{13}
		常开触点		1	XT 的 3 端（KM_1常开触点）	3	XT 的 7 端	7
		常闭触点		1	XT 的 5 端	5	KM_1线圈	6
		线圈		1	FU_2（KM_1线圈）	0	KM_1常闭触点	9
4	热继电器	主触点	FR	3	KM_1、KM_2主触点	U_{13}、V_{13}、W_{13}	经 XT 至电动机 M	U、V、W
		常闭触点		1	XT 的 2 端	2	FU_2	1
5	接线端子	U、V、W	XT	3	FR 主触点	U、V、W	电动机 M	U、V、W
		2		1	FR 常闭触点	2	SB_3常闭触点	2
		3		1	KM_1常开触点	3	SB_3常闭触点（SB_1常开触点）（SB_2常开触点）	3
		4		1	KM_1常开触点	4	SB_1常开触点	4
		5		1	KM_2常闭触点	5	SB_2常闭触点	5
		7		1	KM_2常开触点	7	SB_2常开触点	7
		8			KM_1常闭触点	8	SB_1常闭触点	8
6	电动机		M	1	XT 的 U、V、W 端	U、V、W	/	/
7	正转按钮	常开触点	SB_1	1	XT 的 3 端（SB_2常开触点）（SB_3常闭触点）	3	XT 的 4 端（SB_2常闭触点）	4
		常闭触点			XT 的 7 端（SB_2常开触点）	7	XT 的 8 端	8
	反转按钮	常开触点	SB_2	1	XT 的 3 端（SB_1常开触点）（SB_3常闭触点）	3	XT 的 7 端（SB_1常闭触点）	7
		常闭触点			XT 的 4 端（SB_1常开触点）	4	XT 的 5 端	5
	停止按钮	常闭触点	SB_3		XT 的 2 端	2	XT 的 3 端（SB_1常开触点）（SB_2常开触点）	3

5.2.4 照明电气图识读与实例

1．照明电气图的识读方法

（1）识读建筑概况。根据平面位置图参考其他建筑图，了解建筑物的整个结构、楼板、墙面、棚顶材料结构、门窗位置、房间布置等。

（2）识读供电电源。主要了解电源进户位置、方式、线缆规格型号、第一接线点位置及引入方式、总配电箱规格型号及安装位置，总配电箱与各分配电箱的连接形式及线缆规格型号。

（3）识读照明线路。主要了解照明线路的敷设方式、敷设位置、线路走向、导线型号、规格与根数、导线的连接方法。

（4）识读照明设备。从照明平面位置图上主要了解灯具、插座、开关的位置、规格型号、数量、控制箱的安装位置及规格型号、台数。从动力平面位置图上主要了解设备基础及电动机位置、电动机容量、电压、台数及编号、控制柜箱的位置及规格型号。

照明线路施工（安装）图中的常用建筑图例符号，见附录D。

温馨提示

照明电气图，常以安装（施工）图的形式出现，有平面位置图或电气系统图等。照明平面位置图是表示照明设备连接关系的安装接线图，它表达的主要内容有电源进线位置，导线型号、规格、根数及敷设方式，灯具位置、型号及安装方式，各种用电设备（照明配电箱、开关、插座、电风扇等）。照明电气系统图是表示照明系统电气设备连接关系的概况图，它表达的主要内容有配电箱、开关、导线的连接方式、设备编号、容量、型号、规格及负载名称。

识读照明电气图时，应特别说明的是：

（1）照明平面位置图虽然清楚地表示了灯具、开关、插座、线路的具体位置和安装方法，但对同一方向同一档次的导线只用一根线表示。

（2）灯具和插座都是并联接于电源进线的两端，相线必须经过开关后再进入灯座。

（3）中性线直接接灯座，保护接地线与灯具的金属外壳相连接。

（4）同一张图样上同类灯具的标注可只标注一处。

（5）照明接线的表示方法有两种，一种是直接接线法，即灯具、开关、插座等设备直接从电源干线上引接，导线中间允许有接头的接线方法；另一种是“共头”接线法，即导线的连接只能在开关盒、灯头盒、接线盒引线，导线中间不允许有接头的接线方法。采用不同的方法，导线的根数是不同的，如图5-16所示。

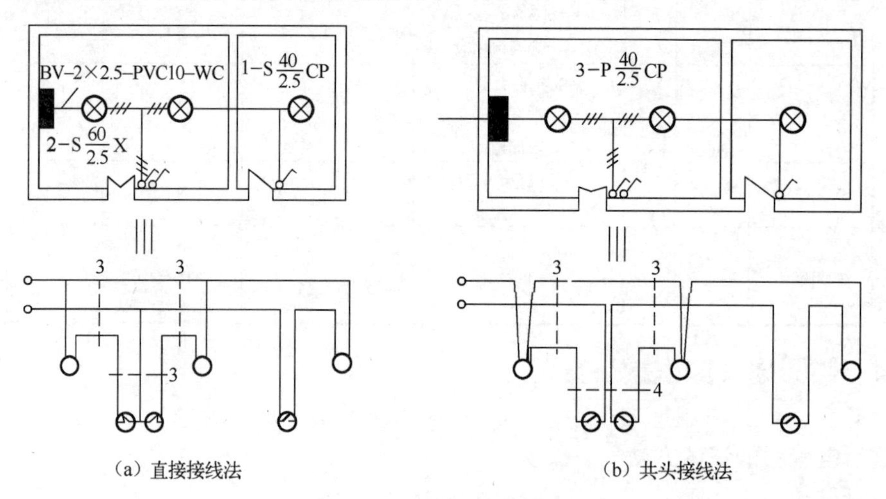

图5-16　照明接线的表示方法

“共头”接线法耗用导线多，但接线可靠，因此目前工程上广泛采用“共头”接线法。

（6）在电气照明中，常用到用双联开关控制一盏灯和用一只三联开关、两只双联开关在三处控制一盏灯，其接线图的表示方法，如图 5-17 所示。

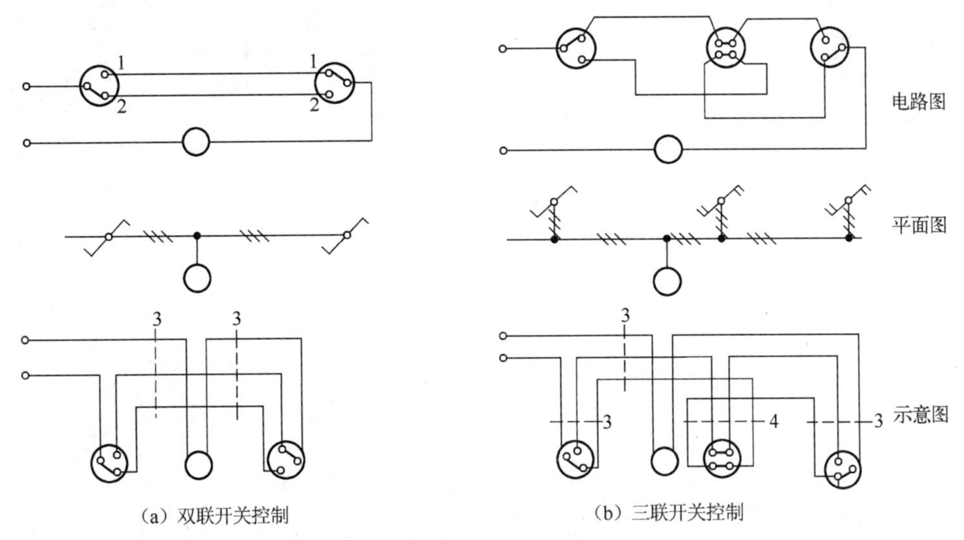

图 5-17　多联开关照明控制电路的接线

2. 照明电气图的识读实例

（1）照明电气系统图的识读。某照明工程电气系统图，如图 5-18 所示。该建筑的电源取自供电系统的低压配电电路。

① 进户线。进户线标注是 VV22-4×35.1×35-SC80FC，表示进户线采用 VV_{22} 型聚氯乙烯绝缘铜芯电力电缆，4 根导线，截面为 $35mm^2$，1 根保护接地线，截面为 $35mm^2$，穿焊接钢管敷设（SC），钢管标称直径 80mm，沿地板暗敷设（FC），重复接地。

② 配电箱。虚线内是配电箱，里面主要是控制设备的型号、规格。

AL_1 是全楼总配电箱，其型号 XRM301-09-4B、规格为 560×870×160（单位：mm）。采用型号为 RT0-200A 的有填料封闭管式熔断器作短路保护，三相四线电能表型号为 DT862-50（200）A，额定电流 50A，最大电流 200A，总闸开关为 S3N-200A，额定电流为 200A，后面九路分闸，其中八路分闸的型号为 S254-C40，采用 VV 型聚氯乙烯绝缘铜芯电力电缆，5 根导线，截面为 $16mm^2$，穿焊接钢管敷设（SC），钢管标称直径 40mm，控制和保护若干个电器；另一路分闸的型号为 S251-C10，采用 BV 型聚氯乙烯绝缘铜芯塑料导线，2 根导线，截面为 $2.5mm^2$，塑料阻燃管敷设（PVC），线管标称直径 15mm，控制和保护若干个电器。

AL_2 表示甲型单元配电箱，其设备容量 P_N=30kW，计算负荷 P_C=24kW，需要系数 K_X=0.5，计算电流 I_C=20.2A；三相四线电能表型号为 DT862-10（40）A，额定电流 10A，最大电流 40A，其总闸开关（E274-C40）后面 4 路分闸，其中 3 路分闸的型号为 S251-C32，采用 BV 型聚氯乙烯绝缘铜芯塑料导线，3 根导线，截面为 $16mm^2$，塑料阻燃管敷设（PVC），线管标称直径 32mm，分别控制和保护三个单元（每单元 4 户）的若干个电器；另一路分闸的型号为 S251-C10，采用 BV 型聚氯乙烯绝缘铜芯塑料导线，2 根导线，截面为 $2.5mm^2$，塑料阻燃管敷设（PVC），线管标称直径 15mm，控制公共照明灯具。

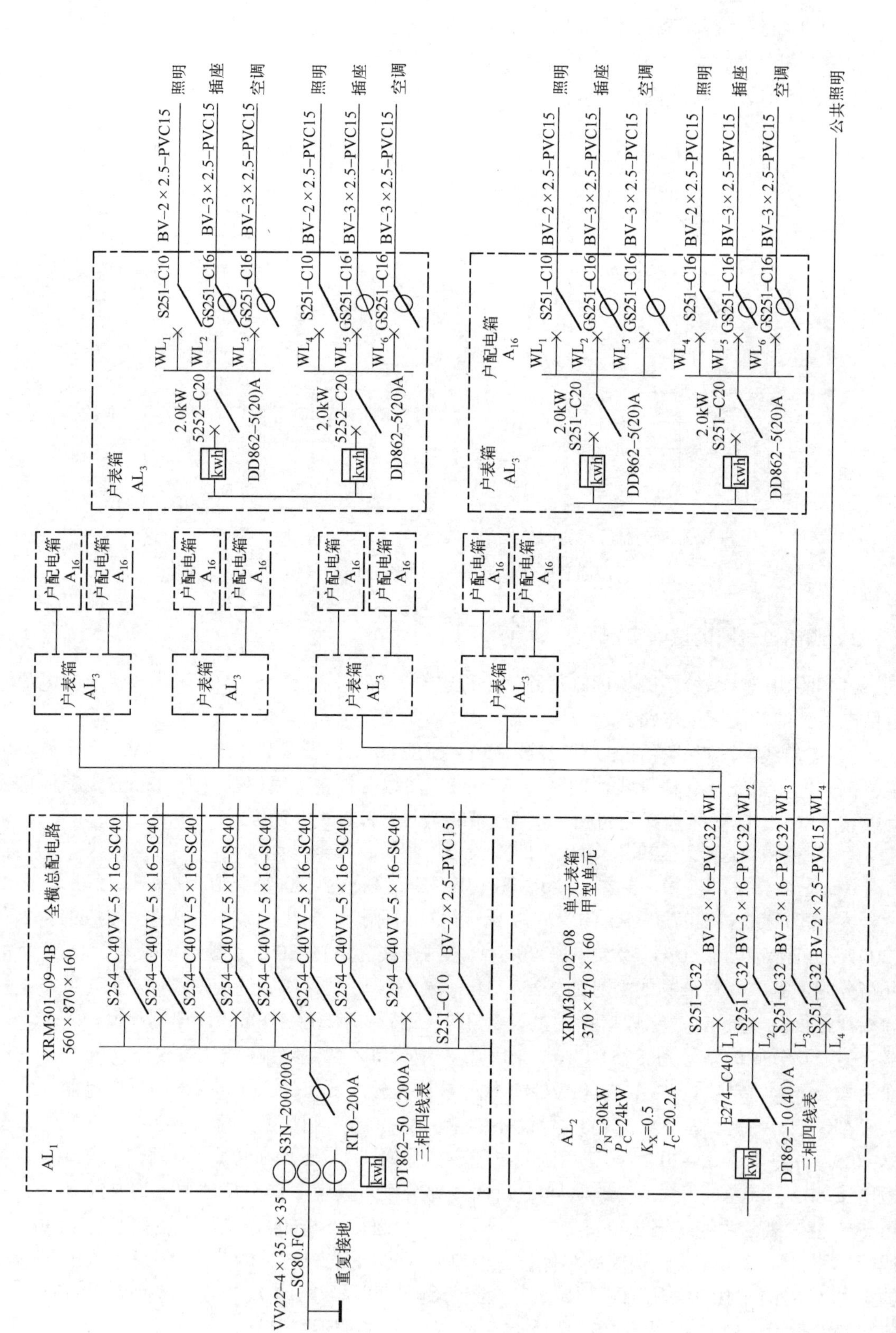

图5.18 某照明工程电气系统图

③ 户表箱。户表箱的进户线，就是 AL_2 单元表箱的引出线 BV-3×16-PVC32。每户用电是由各户表箱内所对应的户配电箱提供，电能表型号为 DD862-5（20）A，额定电流 5A，最大电流 20A，显示每户用电情况；空气开关型号为 S252-C20，控制用电状态；每户 3 路电（照明、插座、空调）分别有 3 只型号为 S251-C10 和 S251-C16 的空气开关控制，均采用 BV 型聚氯乙烯绝缘铜芯塑料导线，2 根导线，截面为 $2.5mm^2$，塑料阻燃管敷设（PVC），线管标称直径 15mm。

（2）住宅照明平面位置图的识读。某住宅标准层的电气系统图和照明平面图，如图 5-19 所示。

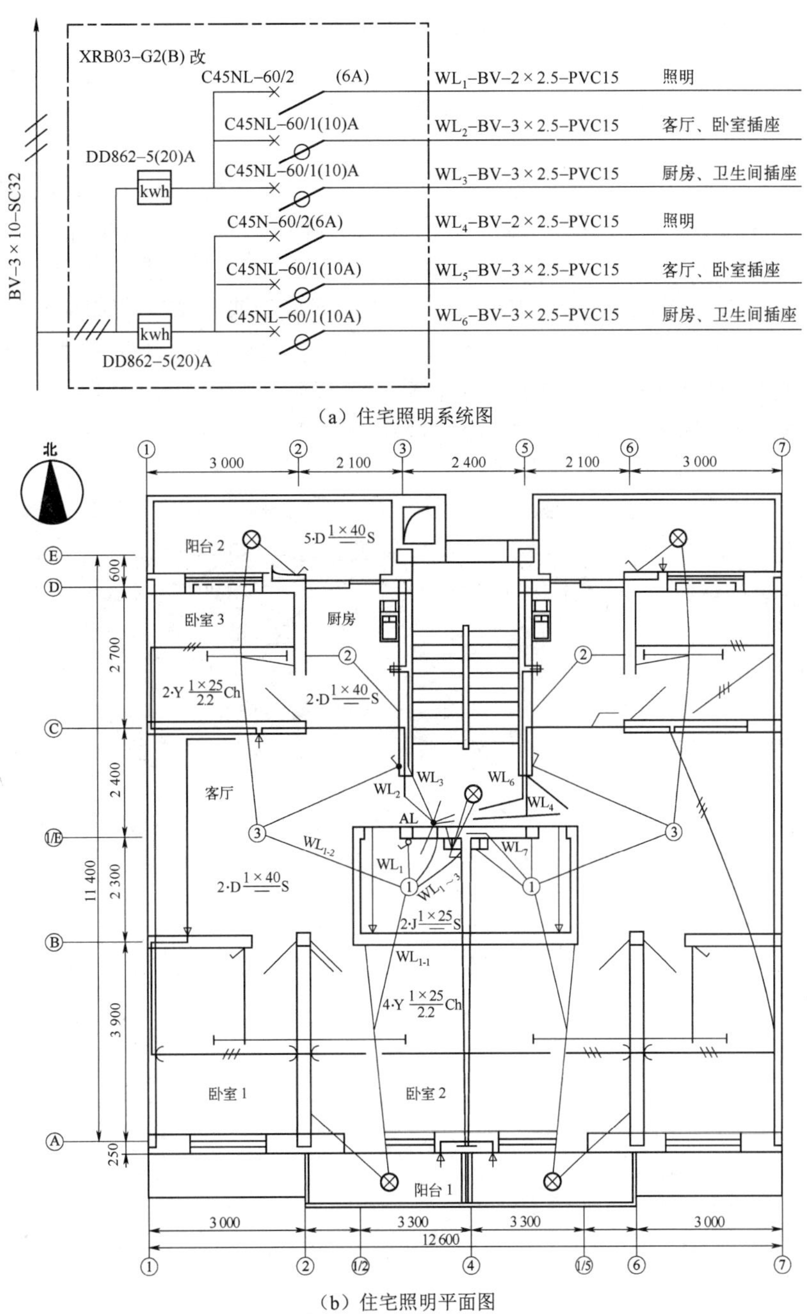

（b）住宅照明平面图

图 5-19　某住宅标准层的照明平面位置图

① 建筑概况。住宅楼一个单元内的每层共两户，每户三室一厅一厨一卫，面积约 $77m^2$。共用楼梯、楼道。

② 供电电源。住宅楼供电电源采用 220V 单相电源、TN-C 接地方式的单相三线系统供电。在楼道内设置一配电箱 AL，配电箱有 6 路输出线（WL_1、WL_2、WL_3、WL_4、WL_5、WL_6），每户各有 3 条支路。

③ 照明线路。现以西边住户为例来说明该住宅照明线路布置及安装方式。

该住户有 3 条支路：WL_1 为照明支路，WL_2 为客厅、卧室的插座支路，WL_3 为厨房、卫生间的支路。

WL_1 支路引出后的第一接线点是卫生间的水晶底罩吸顶灯（①），然后再从这里分出 3 条分路，即 $WL_{1\text{-}1}$、$WL_{1\text{-}2}$、$WL_{1\text{-}3}$。另有引至卫生间入口处的一根管线，接至单联翘板防溅开关上，是控制卫生间吸顶灯的开关，该开关暗装，标高 1.4m，图中标注的 3 根导线，其中 1 根为保护线。

$WL_{1\text{-}1}$ 分路是引至 A-B 轴卧室 2 照明的电源，从荧光灯处分出两个支路，其中一路是引至卧室 1 荧光灯的电源，另一路是引至阳台 1 平灯口吸顶灯的电源。$WL_{1\text{-}1}$ 分路的三个房间入口处，均有一只单联开关，分别控制各灯。单联开关均为暗装，安装高度 1.4m。

$WL_{1\text{-}2}$ 分路是引至客厅、厨房及 C-E 轴卧室 3 及阳台 2 的电源。其中客厅为一环型荧光吸顶灯（③），吸顶灯的控制为一只单联开关，安装于入口处，暗装，安装高度为 1.4m。从吸顶灯处将电源引至 C-D 轴的卧室 3 的荧光灯处，其控制为门口处的单联开关，暗装，安装高度 1.4m。从该灯处又将电源引至阳台 2 和厨房，阳台灯具同前阳台 1，厨房灯具为一平盘吸顶灯，又为共同标注，控制开关于入口处，安装同前。

$WL_{1\text{-}3}$ 分路是引至卫生间内④轴的二三极扁圆两用插座暗装，安装高度 1.4 m。

WL_2 支路引出后沿③轴、C 轴、①轴及楼板引至客厅和卧室 3 的二三极两用插座上，实际工程均为埋楼板直线引入，不沿墙直角弯，只有相邻且于同一墙上安装时，才在墙内敷设管路。插座回路均为三线（一条相线、一条保护线、一条工作零线），全部暗装，厨房和阳台的安装高度为 1.6m，卧室为 0.3m。

WL_3 引出两条分路，一是引至卫生间的二三极扁圆两用插座上，另一是经③轴沿墙引至厨房的两只插座，③轴内侧一只，D 轴外侧阳台 2 一只，这 3 只插座的安装高度均为 1.6m，且卫生间是防溅式的，全部暗装。

楼梯间照明为 40W 平灯口吸顶安装，声控开关距墙顶 0.3m；配电箱暗装，距地面 1.4m。

④ 照明设备。该住宅的照明设备明细表，见表 5-5 所列。

表 5-5 照明设备明细表

线　路	照明设备	数　量	功　率	安装方式	安装位置
WL_1	水晶底罩吸顶灯 $2-J\frac{1\times 25}{-}S$	2	25W	吸顶安装	卫生间
$WL_{1\text{-}1}$	荧光灯 $4-Y\frac{1\times 40}{2.2}Ch$	4	40W	吊高 2.2m，链吊安装	卧室 1、2
$WL_{1\text{-}1}$	平灯口吸顶灯 $5-D\frac{1\times 40}{-}S$	5	40W	吸顶安装	阳台 1、2 楼梯
$WL_{1\text{-}2}$	环型荧光吸顶灯 $2-D\frac{1\times 40}{-}S$	2	40W	吸顶安装	客厅
$WL_{1\text{-}2}$	平盘吸顶灯 $2-D\frac{1\times 40}{-}S$	2	40W	吸顶安装	厨房
$WL_{1\text{-}2}$	荧光灯 $2-Y\frac{1\times 25}{2.2}Ch$	2	25W	吊高 2.2m，链吊安装	卧室 3

注：灯具数量是与相邻房号共同标注。

（3）工厂照明平面位置图的识读。某工厂车间照明线路平面布置图，如图 5-20 所示。

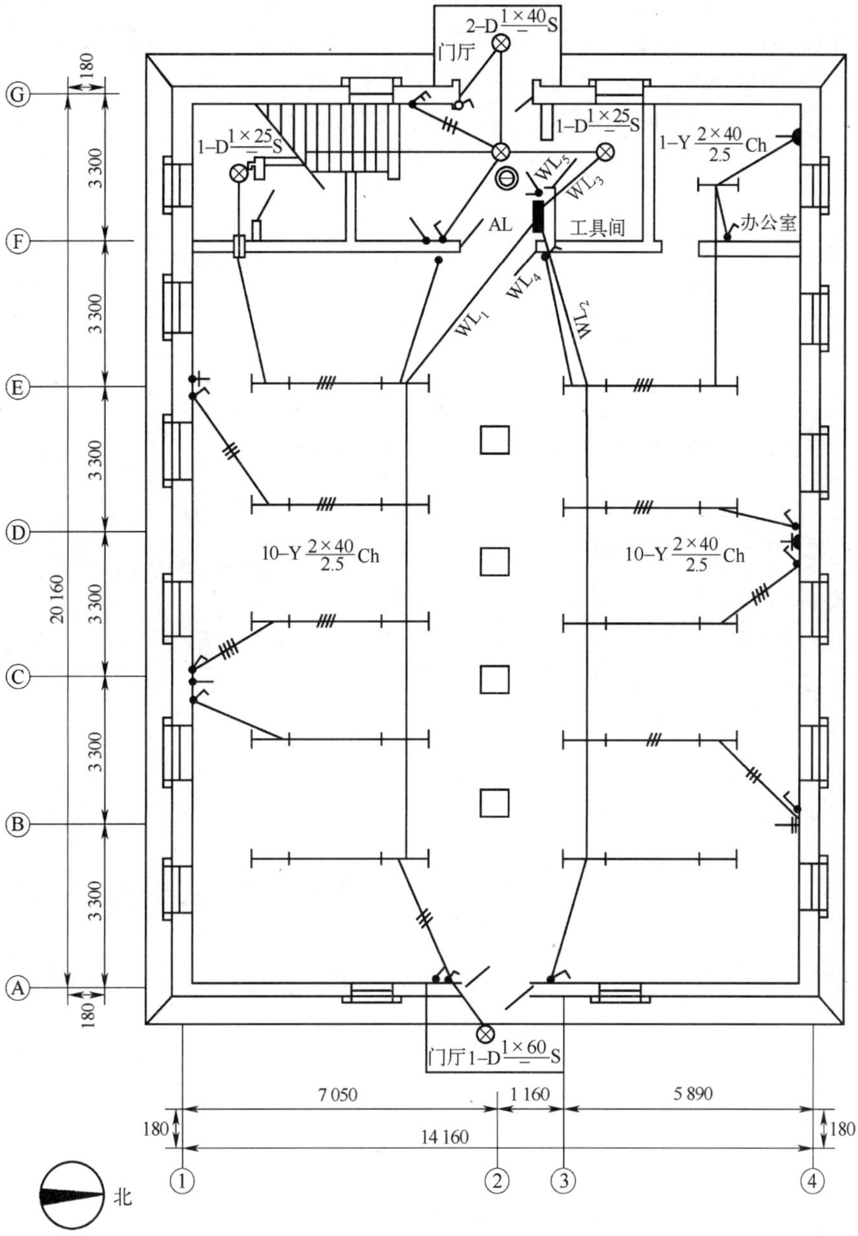

图 5-20 某工厂车间照明线路平面位置图

① 建筑概况。该车间建筑面积约 292m^2，东、西两边各有一个门，西边另有办公室、工具间各一间。

② 供电电源。车间照明线路的供电电源采用 220V 单相电源、TN-C 接地方式的单相三线系统供电。在西门厅工具间外墙安装了一个照明配电箱 AL，由该配电箱引出 5 路照明线路（WL_1、WL_2、WL_3、WL_4、WL_5）。

③ 照明线路。车间照明线路有 3 路：WL_1 向车间南边各灯具、插座供电。它们分别是 10 盏荧光灯，楼梯间照明用吸顶灯，东门厅照明用吸顶灯，这些灯分别由暗装单联开关控

制。另外，在车间的南侧墙上安装两只带接地插孔的暗装单相插座；WL_2 对车间北边各个灯具、插座供电。11 盏荧光灯分别由暗装单联开关控制。在车间的北侧墙上安装两只带接地插孔的暗装单相插座，1 只暗装单相插座安装在办公室；WL_3 在工具间装有 25W 吸顶灯 1 盏，在西门厅装有 40W 吸顶灯两盏，均由暗装单联开关控制。

另有向上层引出的两条照明线路 WL_4、WL_5。

④ 照明设备。该车间照明设备明细表，见表 5-6 所列。

表 5-6 车间照明设备明细表

线 路	照明设备	数 量	功 率	安装方式	安装位置
WL_1	荧光灯 $10-Y\frac{2\times 40}{2.5}Ch$	10	80W	吊高 2.5m，链吊安装	车间南边
	吸顶灯 $1-D\frac{1\times 25}{-}S$	1	25W	吸顶安装	楼梯
	吸顶灯 $1-D\frac{1\times 60}{-}S$	1	60W	吸顶安装	东门厅
WL_2	荧光灯 $10-Y\frac{2\times 40}{2.5}Ch$	10	80W	吊高 2.5m，链吊安装	车间北边
	荧光灯 $1-Y\frac{2\times 40}{2.5}Ch$	1	80W	吊高 2.5m，链吊安装	办公室
WL_3	吸顶灯 $2-D\frac{1\times 40}{-}S$	2	40W	吸顶安装	西门厅
	吸顶灯 $1-D\frac{1\times 25}{-}S$	1	25W	吸顶安装	工具间

（4）办公室照明平面位置图的识读。某办公楼某层的电气系统图，如图 5-21 所示；该办公楼某层的照明线路平面图，如图 5-22 所示。

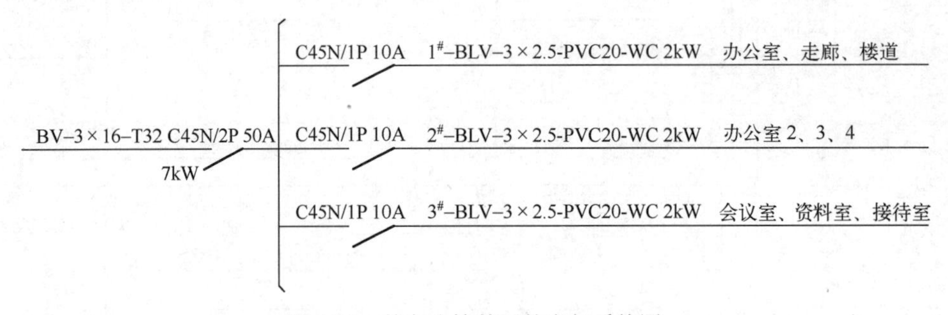

图 5-21 某办公楼某层的电气系统图

① 建筑概况。该层有办公室、会议室、接待室、资料室共 7 间，面积约 $240m^2$。

② 供电电源。该办公楼照明线路的供电电源采用 220V 单相电源、TN-C 接地方式的单相三线系统供电。在办公室 1 安装了一个照明配电箱 AL，由该配电箱引出 3 路照明线路。

③ 照明线路。该办公楼照明线路有 3 条支路：$1^{\#}$支路为办公室 1、走廊、楼道支路，$2^{\#}$支路为办公室 2、3、4 支路，$3^{\#}$支路为会议室、接待室、资料室支路。

$1^{\#}$支路分为两路：一路从配电箱引至办公室 1 的 3 盏荧光灯、2 个电风扇，由单联单控开关控制，单联开关均为暗装，安装高度 1.4m；另一路至走廊、楼道的 6 盏水晶底罩吸顶灯，由单联开关控制，单联开关均为暗装，安装高度 1.4m。

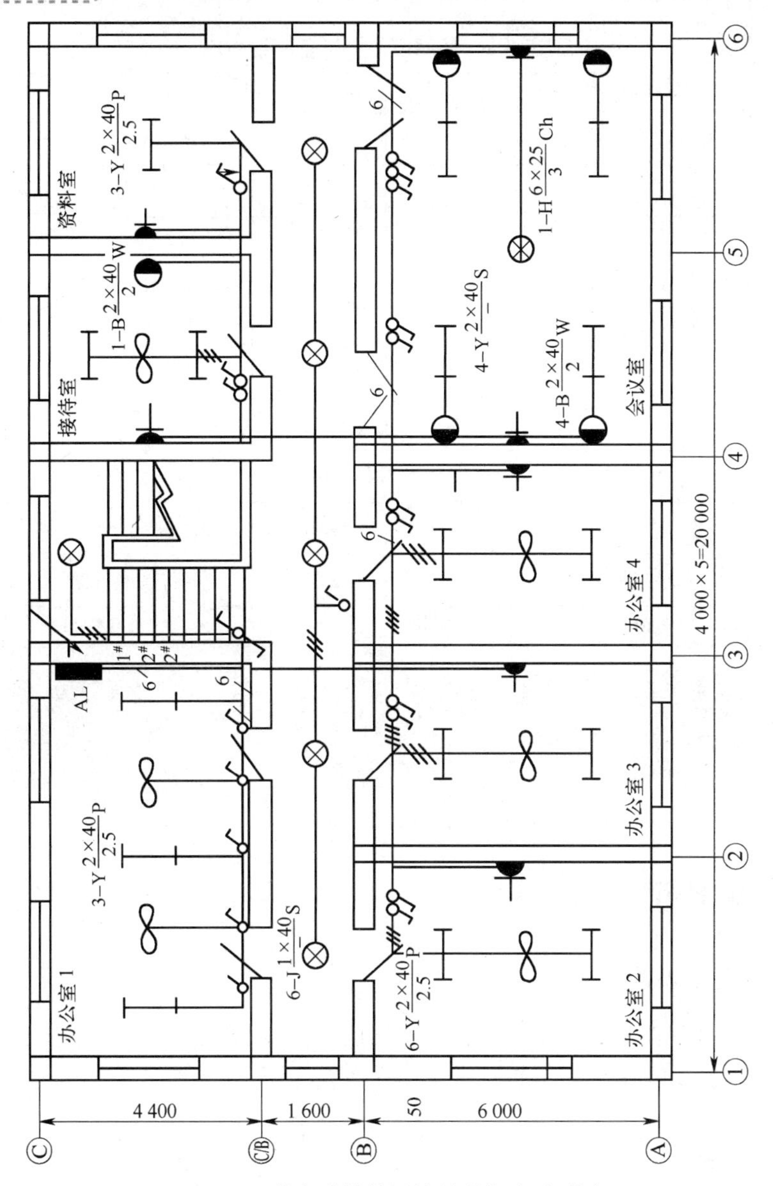

图 5-22　某办公楼某层的照明线路平面图

2#支路从配电箱引至办公室 2、3、4 的 6 盏荧光灯、3 个电风扇，均由单联开关控制，单联开关均为暗装，安装高度 1.4m；每间办公室均有 1 个二三极扁圆两用插座，插座回路均为三线（一条相线、一条工作零线、一条保护线），全部暗装，安装高度为 0.3m。

3#支路从配电箱引至会议室、接待室、资料室，这些室内共有 5 盏壁灯、1 盏花灯、7 盏荧光灯、1 个电风扇，均由单联开关控制，单联开关均为暗装，安装高度 1.4m；每个室内均有一个二三极扁圆两用插座，插座回路均为三线（一条相线、一条工作零线、一条保护线），全部暗装，安装高度为 0.3m。

④ 照明及电气设备。该办公楼某层的照明及电气设备明细表，见表 5-7 所列。

表 5-7 照明及电气设备明细表

线路	照明设备	数量	功率	安装方式	安装位置
1#	荧光灯 $3-Y\frac{2\times40}{2.5}P$	3	80W	吊高 2.5m，管吊安装	办公室 1
	水晶底罩吸顶灯 $6-J\frac{1\times40}{-}S$	6	40W	吸顶安装	走廊、楼道
	电风扇	2	40W	吊高 2.8m，管吊安装	办公室 1
2#	荧光灯 $6-Y\frac{2\times40}{2.5}P$	6	80W	吊高 2.5m，管吊安装	办公室 2、3、4
	电风扇	3	40W	吊高 2.8m，管吊安装	办公室 2、3、4
3#	花灯 $1-H\frac{6\times25}{3}Ch$	1	150W	吊高 3m，链吊安装	会议室
	壁灯 $4-B\frac{2\times40}{2}W$	4	80W	壁装，安装高度 2m	会议室
	荧光灯 $4-Y\frac{2\times40}{-}S$	4	80W	吸顶安装	会议室
	荧光灯 $3-Y\frac{2\times40}{2.5}P$	3	80W	吊高 2.5m，管吊安装	接待室、资料室
	壁灯 $1-B\frac{2\times40}{2}W$	1	80W	壁装，安装高度 2m	接待室
	电风扇	1	40W	吊高 2.8m，管吊安装	接待室

温馨提示

常用建筑图例符号，见附录 D。

5.2.5 动力线路图识读与实例

1. 动力线路图的识读方法

工厂动力线路电气图的识读方法与照明线路电气图的识读方法基本相同。即：先识读外线平面位置图，再识读内线（车间动力线路）平面位置图。

温馨提示

工厂动力线路电气图主要有动力平面位置图，它是用图形符号和文字代号表示车间内各种动力设备平面布置、安装、接线的一种简图。识读动力平面位置图时，应特别说明的是：动力平面位置图主要表示了动力配电箱的型号、规格、安装位置，配电线路的敷设方式、路径、导线与根数、穿管类型及管径，电动机的型号、规格和安装位置等。

2. 动力线路图的识读实例

（1）外线平面位置图的识读。某工厂外线平面位置图，如图 5-23 所示。

① 变电所。根据图形符号找出变电所，图 5-24 中的变电所在厂区中间，电能由厂区外高压配电线路引入。

② 高压配电线路。从高压配电线路（LG）引入的，走向由西向北拐弯至变电所的线路是厂区高压配电线路，采用 3 根截面为 $50mm^2$ 的钢芯铝绞线（LGJ-3×50）。

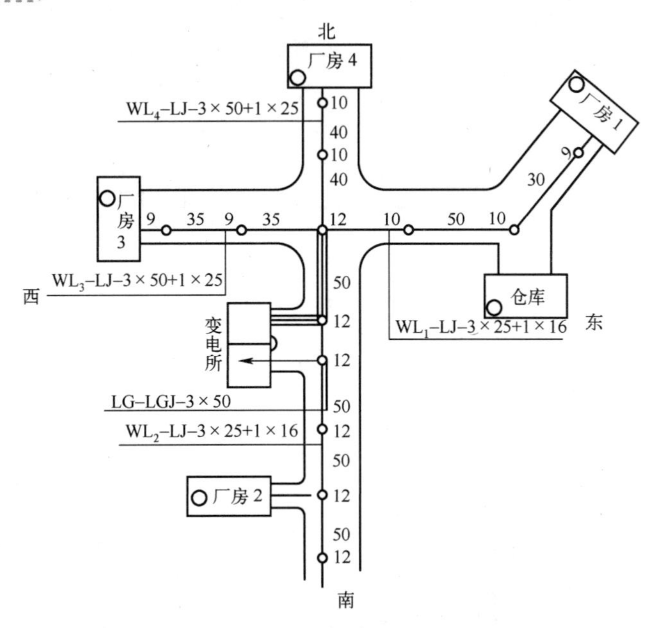

图 5-23　某工厂外线平面位置图

③ 低压配电线路。从厂区变电所引出，走向分东南西北，4 根线（WL_1、WL_2、WL_3、WL_4）是低压配电线路，分别通往 4 个厂房。低压配电线路的明细表，见表 5-8 所列。

表 5-8　低压配电线路的明细表

线　路	线路用途	导　线
WL_1	厂房 1 和仓库线路	LJ 型裸铝绞线，3 根导线，截面 25mm^2，1 根保护线，截面 16mm^2
WL_2	厂房 2 线路	LJ 型裸铝绞线，3 根导线，截面 25mm^2，1 根保护线，截面 16mm^2
WL_3	厂房 3 线路	LJ 型裸铝绞线，3 根导线，截面 50mm^2，1 根保护线，截面 25mm^2
WL_4	厂房 4 线路	LJ 型裸铝绞线，3 根导线，截面 50mm^2，1 根保护线，截面 25mm^2

④ 电线杆。线路中的圈点表示电线杆，圈点边标注的“10”、“12”等数字表示电线杆的高度（如“10”、“12”分别表示 10m、12m）；两圈点之间的“35”、“40”等数字表示电线杆的间距（如“35”、“40”分别表示电线杆的间距为 35m、40m）。

（2）内线（车间动力线路）平面位置图的识读。某工厂内线平面位置图，如图 5-24 所示。从图中可以看出：

① 建筑概况。该车间建筑面积约 231m^2，南、北两边各有一个门。

② 供电电源。动力线路（N1）由东北角进入，导线是型号为 BBLX 的玻璃丝橡皮绝缘铝线，共 3 根，截面积是 75mm^2，用直径 70mm 的焊接钢管沿墙敷设，线路电源为 380V。

③ 动力线路。进入车间总控制屏后分 3 路（N3、N4、N5）通向设备，导线是型号为 BLX 的橡皮绝缘铝线，共 3 根，截面积是 25mm^2，用直径 32mm 焊接钢管沿地板敷设；一路（N2）在墙上引向上一层车间，导线是型号为 BLX 的橡皮绝缘铝线，共 4 根，截面积是 4mm^2，用直径 25mm 的电线管沿墙敷设。

④ 动力设备。车间内有设备 18 台，11 个分配电箱，分别供给动力用电，配电箱至用电设备均采用 BV 型的绝缘铜线，3 根导线，截面积是 2.5mm^2，1 根保护地线，截面积是 1.5mm^2，用直径 20mm 的焊接钢管沿地板敷设。各动力设备明细表，见表 5-9 所列。

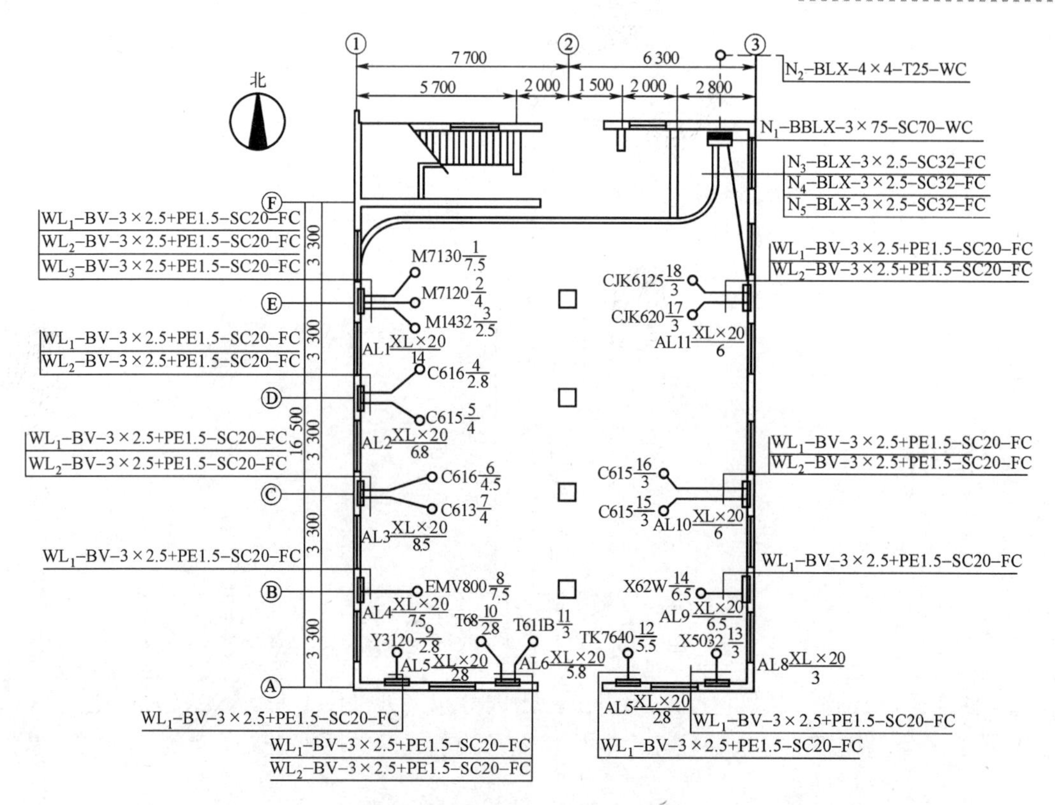

图 5-24 某工厂内线平面位置图

表 5-9 各动力设备明细表

配电箱	动力设备编号	动力设备名称	功率（kW）
AL_1	1	M7130 平面磨床	7.5
	2	M7120 平面磨床	4
	3	M1432 外圆磨床	2.5
AL_2	4	C616 普通车床	2.8
	5	C615 普通车床	4
AL_3	6	C616 普通车床	4.5
	7	C613 普通车床	4
AL_4	8	EMV800 立式加工中心	7.5
AL_5	9	Y3120 滚齿机	2.8
AL_6	10	T68 卧式镗床	2.8
	11	T611B 卧式镗床	3
AL_7	12	TK7640 立式数控镗铣床	5.5
AL_8	13	X5032 铣床	3
AL_9	14	X62W 万能铣床	6. 5
AL_{10}	15	C615 普通车床	3
	16	C615 普通车床	3
AL_{11}	17	CJK620 数控车床	3
	18	CJK6125 数控车床	3

践行与阅读

——端子与端子排的识读、展开图的识读

◎ 资料一：端子与端子排的识读

端子与端子排（板）是电气附件中重要的接线器件，是用以连接电气元件和外部导线的导电装置。在成套设备的故障中，接线端子与端子排的故障约占 50%，检查这些连接点是电工维修的首要步骤之一。因此，正确识读端子与端子排连接图，将有助于电工准确、迅速地判断和排除故障。

（1）端子与端子排的分类。端子与端子排的种类很多，常用端子与端子排，如图 5-25 所示。

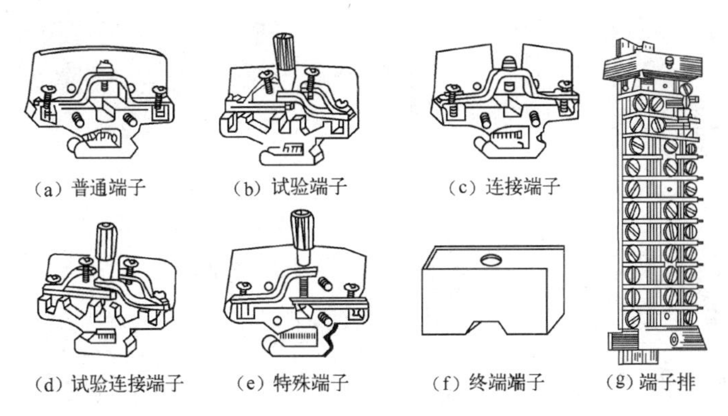
（a）普通端子　（b）试验端子　（c）连接端子　（d）试验连接端子　（e）特殊端子　（f）终端端子　（g）端子排

图 5-25　常用端子与端子排

（2）端子排连接图识读。利用端子排连接的简单机床接线图如图 5-26 所示，图中的 QS、FU、KM、SB 和 M 分别是刀开关、熔断器、接触器、按钮和电动机等电器。

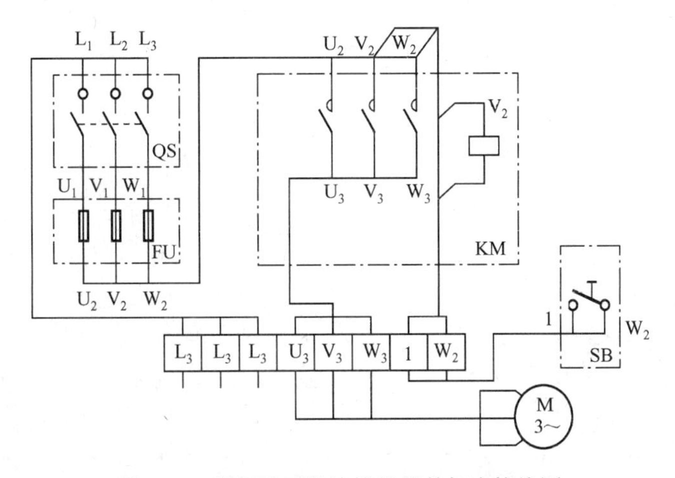

图 5-26　利用端子排连接的简单机床接线图

◎ 资料二：展开图的识读

定子绕组是电动机的主要组成部分。电动机长期运转后，由于受潮、过载、老化等原因都有可能使绕组损伤，甚至烧毁。因此，绕组修理是电工在维修电动机中不可缺少的环节。正确识读电动机绕组的展开图是了解绕组，以及修理与重绕绕组的基础。

（1）展开图识读的基本要求。

① 定子的术语

a．线圈、极相、绕组。线圈是以绝缘导线（如漆包线、纱包线）按一定形式绕制而成，线圈可由一匝或多匝导线组成，如图 5-27 所示。同一相中由多个线圈构成的一组单元称极相组（或线圈组）。由多个线圈或极相组构成一相或整个电磁电路的组合称绕组。因此，线圈是电动机绕组的基本元件，绕组是电动机电磁部分的主要部件。

构成绕组的一个线圈又称为绕组元件。它有两个直线部分，嵌入铁芯槽内的部分称为线圈的有效边，是实现机电能量转换的有效部分；两端伸出铁芯槽外，不参与能量转换，仅起连接有效边的部位称端部。为了便于绘制绕组图，一般用简化方法表示一个多匝线圈。

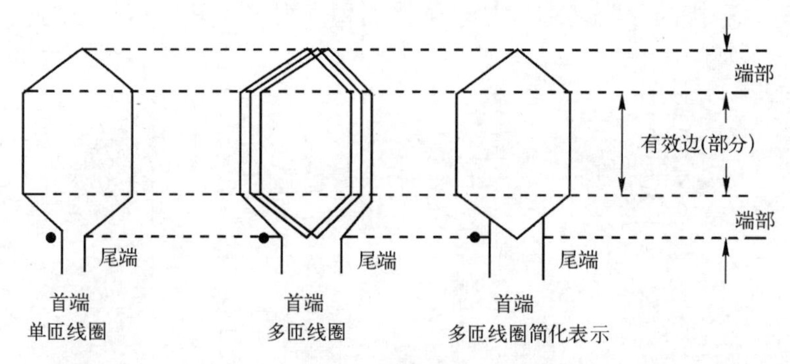

图 5-27 线圈的表示方法

b．极距。极距是指沿定子铁芯内圆磁极与磁极之间的距离，即每个磁极所占的范围，如图 5-28 所示。极距的大小可以用其所占的内圆弧长或其所占的槽数表示。极距 τ 是电动机铁芯槽数 Z 与 2 倍的磁极对数 p 的比值，如一台 24 槽 4 极（p=2）三相异步电动机的极距为 6。

c．节距。节距是指线圈两个有效边之间的距离，即线圈两个有效边所跨的槽数，如图 5-28 所示。如果线圈的一个有效边在第 1 槽，另一个有效边在第 8 槽，则节距 Y=7，或以 Y=1～8 表示。按照节距与极距的关系，节距可分为整节距（节距等于极距）、短节距（节距小于极距）和长节距（节距大于极距）。

d．每极每相槽数。每极每相槽数是指每相绕组在一个磁极下所占的槽数。每极每相槽数 q 是电动机铁芯总槽数 Z 与 2 倍的磁极对数 p 和相数 m 的乘积的比值，也就是极距 τ 与相数 m 的比值。如一台 24 槽 4 极（p=2）三相异步电动机的每极每相槽数为 2。

e．机械角度和电气角度。机械角度是指一个圆周对应的几何角度，为 360° 或 2π弧度。电气角度是指电气在圆周上对应的角度。从电磁观点来看，一对磁极是一个交变周期，因此一对磁极所对应的机械角度为 360°。

② 定子绕组的分类。定子绕组的分类很多，如图 5-29 所示

③ 绕组的端面图和展开图。

为了便于分析绕组结构和接线，通常需识读绕组的端面图和展开图，如图 5-30 所示。

（2）展开图识读的基本方法。

① 识读方法。

a．识读磁极和相带。三相绕组根据各相绕组在空间互差 120° 电气角度的要求，即按 U_1、W_2、V_1、U_2、W_1、V_2 排列；单相绕组按主、副绕组，即按 U_1、Z_1、U_2、Z_2 排列，根据排列读出各槽所属磁极。

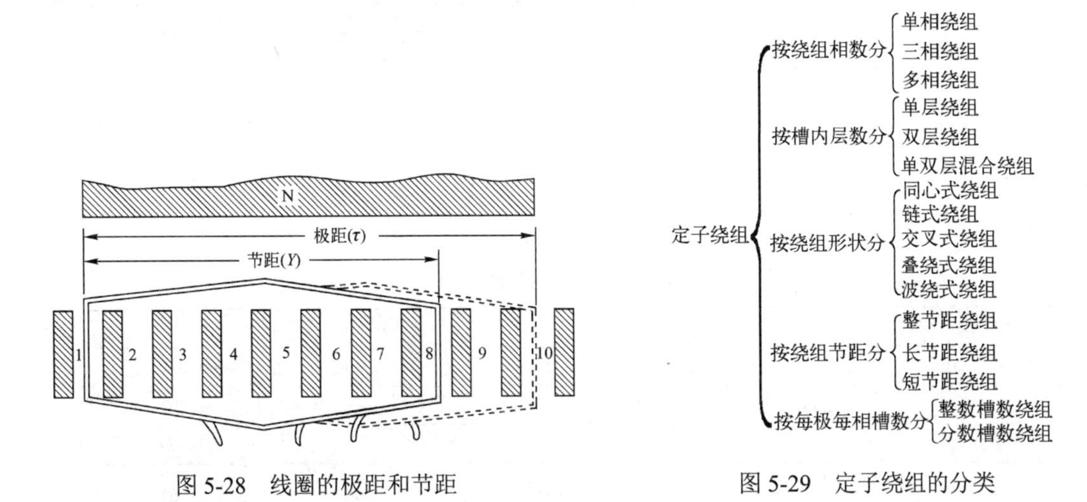

图 5-28　线圈的极距和节距　　　　图 5-29　定子绕组的分类

b．识读线圈组。根据绕组的连接方式和形式，读出线圈组的槽号。

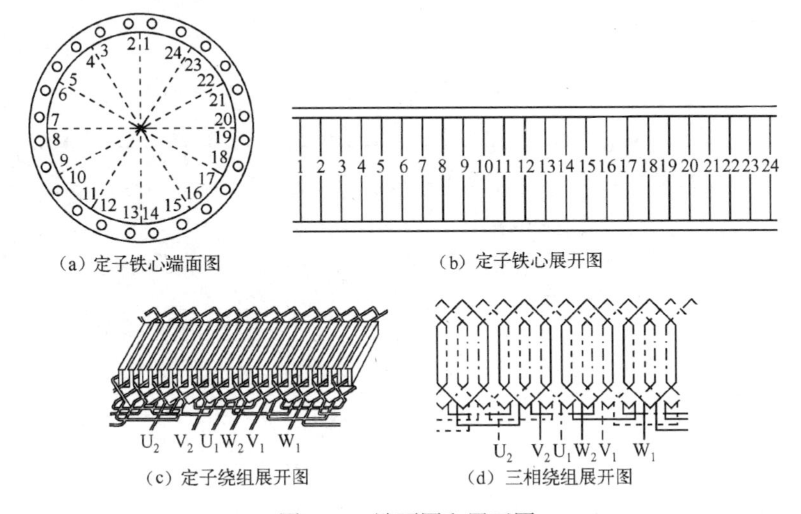

图 5-30　端面图和展开图

c．识读每相绕组的连接顺序。根据电流方向，读出每相绕组的连接顺序。

d．识读电源引线。根据每相绕组的连接顺序，读出电源引线的槽号。

② 识读实例。

以图 5-31 为例，识读三相 24 槽 4 极单层链式绕组展开图。

a．识读磁极和相带。图 5-31 中的 24 根平行线段，表示电动机的 24 槽，标在每根平行线段上的数字为定子铁芯的槽号。24 槽分成 4 个极，每极下各有 6 个槽，见表 5-10 所列。

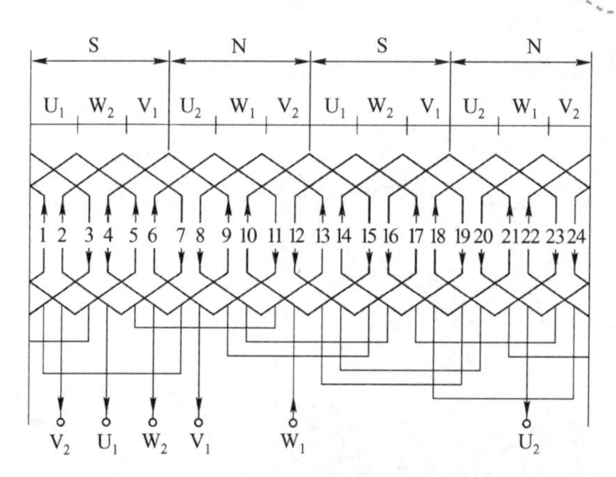

图 5-31　三相 24 槽 4 极绕组展开图（单层链式）

表 5-10　各槽所属磁极和相带

极　距	τ（S）			τ（N）		
相　带	U_1	W_2	V_1	U_2	W_1	V_2
第一对磁极槽号	1、2	3、4	5、6	7、8	9、10	11、12
第二对磁极槽号	13、14	15、16	17、18	19、20	21、22	23、24

b．识读线圈组。U 相绕组包含第 1、2、7、8、13、14、19、20 共 8 个槽，从节省端部接线考虑，节距取短节距 Y=5。各相线圈的槽号，见表 5-11 所列。

表 5-11　各相线圈槽号

相　序	U 相	V 相	W 相
线圈槽号	2 与 7、8 与 13、14 与 19、20 与 1	6 与 11、12 与 17、18 与 23、24 与 5	10 与 15、16 与 21、22 与 3、4 与 9

c．识读绕组的连接顺序。根据电流参考方向，U 相绕组连接顺序，如图 5-32 所示。同理，也可以读出 V、W 相绕组连接顺序。

d．识读电源引线。各电源引线的槽号，见表 5-12 所列，各相间隔 8 槽。

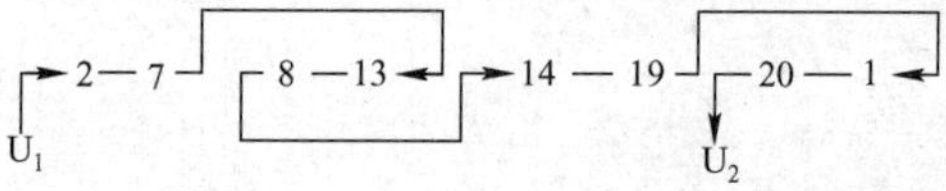

U_1 → 2 — 7 — 8 — 13 → 14 — 19 — 20 — 1 → U_2

图 5-32　U 相绕组连接顺序

表 5-12　各电源引线的槽号

相　序	U 相		V 相		W 相	
引出线端（首或尾）	U_1	U_2	V_1	V_1	W_1	W_1
槽　号	2	20	6	24	10	4

——照明、动力电气图的识读

根据教学实际给出相关电气图纸，说出它们（照明或动力电气图）的工作原理及所需元器件名称，同时完成表 5-13 所列的填写、评议和学分给定工作。

（1）照明电气图的识读。三室一厅标准层单元电气系统图和平面位置图（图 5-33 和图 5-34 所示）。

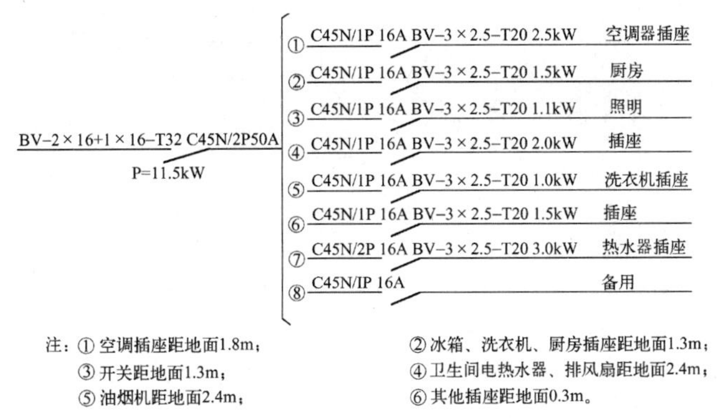

图 5-33 三室一厅标准层单元电气系统图

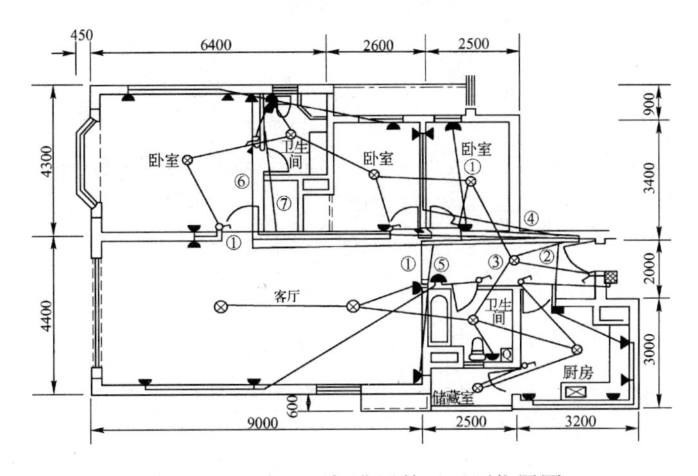

图 5-34 三室一厅标准层单元平面位置图

（2）动力电气图的识读。三相异步电动机自动往返循环运动控制线路电气原理和三相异步电动机自动往返循环运动控制线路安装接线图（图 5-35 和图 5-36 所示）。

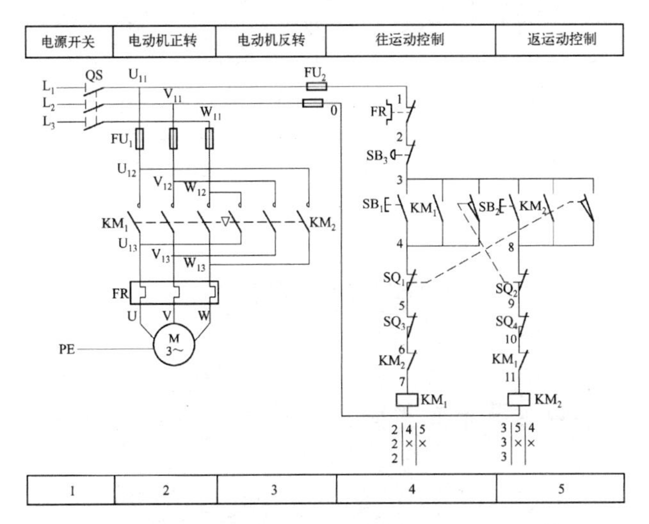

图 5-35 三相异步电动机自动往返循环运动控制线路电气原理图

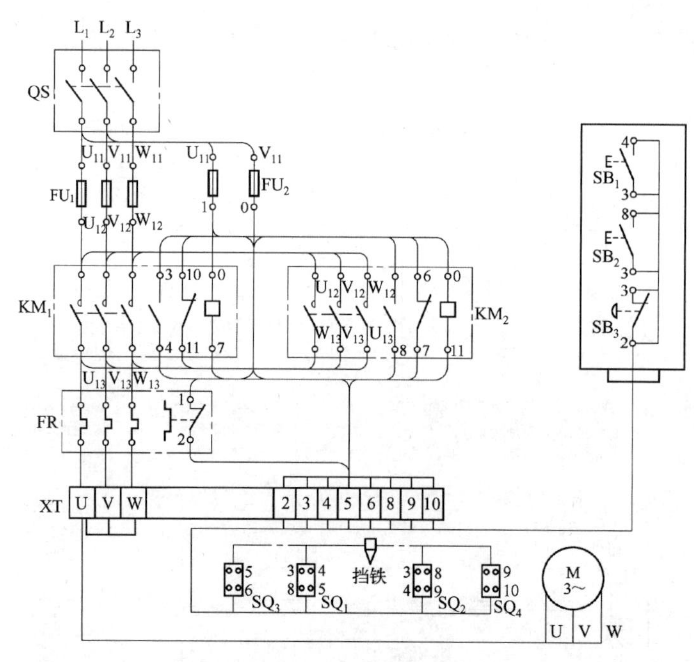

图 5-36　三相异步电动机自动往返循环运动控制线路安装接线图

表 5-13　电气图的识读记录表

<table>
<tr><th>班　级</th><th></th><th>姓　名</th><th colspan="2"></th><th>学 号</th><th></th><th>日　期</th><th></th></tr>
<tr><td rowspan="5">所需
元器件</td><td>名　　称</td><td>符　号</td><td colspan="2">用　　途</td><td colspan="2">名　　称</td><td>符　号</td><td>用　　途</td></tr>
<tr><td></td><td></td><td colspan="2"></td><td colspan="2"></td><td></td><td></td></tr>
<tr><td></td><td></td><td colspan="2"></td><td colspan="2"></td><td></td><td></td></tr>
<tr><td></td><td></td><td colspan="2"></td><td colspan="2"></td><td></td><td></td></tr>
<tr><td></td><td></td><td colspan="2"></td><td colspan="2"></td><td></td><td></td></tr>
<tr><td>收获
与体会</td><td colspan="8"></td></tr>
<tr><td rowspan="4">评价意见</td><td>评定人</td><td colspan="5">评价、评议、评定意见</td><td>等　级</td><td>签　名</td></tr>
<tr><td>自己评价</td><td colspan="5"></td><td></td><td></td></tr>
<tr><td>同学评议</td><td colspan="5"></td><td></td><td></td></tr>
<tr><td>老师评定</td><td colspan="5"></td><td></td><td></td></tr>
</table>

注：该践行学分为5分，记入本课程总学分（150分）中，若结算分为总学分的95%以上者，则评定为考核“合格”。

练习与交流

完成下列填空题、判断题和问答题，并与同学进行交流。

1．填空题

（1）电工用图又叫______，是根据国家制定的______和______标准，按照规定的画法绘制出来的图纸。

（2）电气原理图又称______，它是将______按工作顺序排列，详细表示电路中电气元件、设备、线路的组成以及电路的______和______，而不考虑电气元件、设备的实际位置和尺寸的一种简图。

（3）电工用图中的电气符号包括______、______和______。

（4）图形符号是表示电气元件或电气设备性能的______、______或______，它分为______、______和______。

（5）文字符号是表示______、______的字母代码，它分为______和______。

（6）回路标号是电气原理图中回路上标注的______和______，通常按照______的原则进行标注。

2．判断题（对打“√”，错打“×”）

（1）电工用图提供电路中各种元器件的功能、位置、连接方式及工作原理等信息，是电气工程技术的语言。（　）

（2）文字符号必须用单字母符号表示。（　）

（3）平面位置图是用图形符号表示一个区域或一个建筑物中的电气成套装置、设备等组件的实际位置，并用导线把它们连接起来，以表示出它们之间供用电关系的图种。（　）

（4）在电气原理图中，主电路通常画在图面的右边。（　）

（5）电气原理图中的电气元件采用分离画法，同一电器的各个部件可根据实际需要画在不同的地方，但必须用相同的文字符号标注。（　）

3．问答题

（1）识读电气原理图一般按哪几步进行？

（2）识读电气安装接线图的基本方法是什么？

（3）识读照明电气图的基本方法是什么？

电工基本操作和配线

学习目标

➢ 掌握导线绝缘层的剖削与恢复、导线连接与封端等基本操作技能
➢ 熟悉导线敷设工序和要求，学会导线的明线和暗线的敷设

在电气安装和维修时，常会遇到对各种导线进行剖削、连接与绝缘恢复，以及配线敷设等工作，它们是电工操作的基本技能，必须熟悉和掌握。图 6-1 所示为电工剖削导线绝缘层示意图。

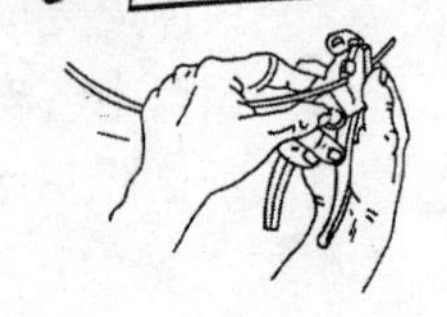

图 6-1　剖削导线绝缘层示意图

6.1　导线基本操作技能

6.1.1　导线绝缘层的剖削与连接

1. 导线绝缘层的剖削

导线绝缘层的剖削，有用电工刀剖削、钢丝钳或尖嘴钳剖削和剥线钳剖削等方法。

（1）用电工刀的剖削。用电工刀对导线的绝缘层剖削，见表 6-1 所列。

表 6-1 用电工刀剖削

塑料硬线端头绝缘层的剖削	
示 意 图	说 明
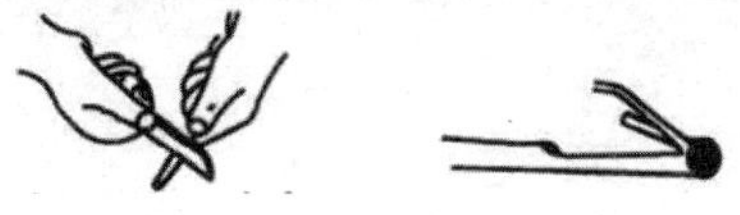 (a) (b)	左手持导线，右手持电工刀，如左图（a）所示。以 45° 角切入塑料绝缘层，线头切割长度约为 35mm，如左图（b）所示
 45° (a) (b)	将电工刀向导线端推削，削掉一部分塑料绝缘层，如左图（a）所示。持电工刀沿切入处转圈划一深痕，用手拉去剩余绝缘层即可，如左图（b）所示
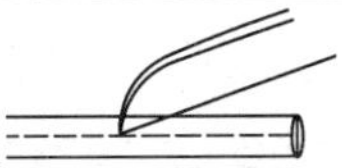	用电工刀尖从所需长度界线上开始，划破护套层，如左图所示
	剥开已划破护套层，如左图所示
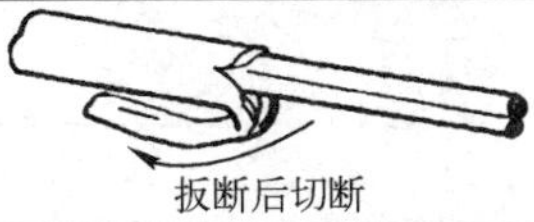 扳断后切断	把剥开的护套层向切口根部扳翻，并用电工刀齐根切断，如左图所示
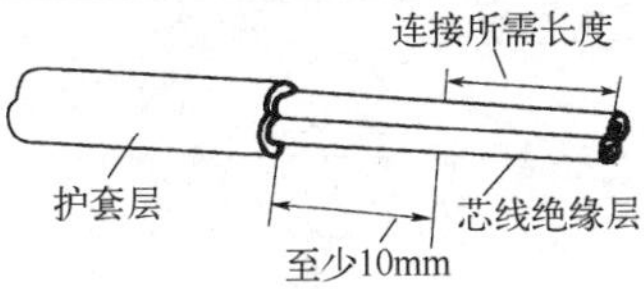 连接所需长度 护套层 芯线绝缘层 至少10mm	塑料护套芯线绝缘层的剖削方法与塑料硬线端头绝缘层的剖削方法完全相同，但切口相距护套层至少 10 mm，如左图所示
	用电工刀于端头任意两芯线缝隙中割破部分护套层，如左图所示
	把割破的护套层分拉成左右两部分，至所需长度为止，如左图所示
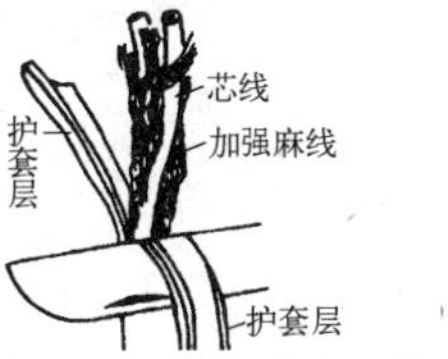 护套层 芯线 加强麻线 护套层	扳翻已被分割的护套层，在根部分别切割，如左图所示
 结应被压板顶住 压板 (a) (b)	将麻线扣结加固，位置尽可能靠在护套层切口根部，如左图（a）所示 在使用时，为了使麻线能承受外界拉力，应将麻线的余端压在压板后顶住，如左图（b）所示
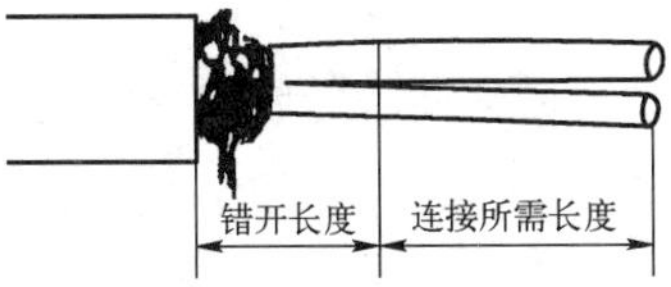 错开长度 连接所需长度	橡皮软电缆的每根芯线绝缘层剥离可按塑料软线的方法进行操作。但护套层与绝缘层之间应有一定的错开长度，如左图所示

（2）用钢丝钳（或尖嘴钳）的剖削，见表 6-2 所列。

表 6-2　用钢丝钳（或尖嘴钳）剖削

示意图	说　明
所需长度 不可切入芯线 先切破绝缘层	左手持导线，右手持钢丝钳（或尖嘴钳），根据需要长度，将导线垂直方向放入钢丝钳（或尖嘴钳）刀口上，如左图所示
不应存在断线	剖削时，轻轻捏紧钢丝钳（或尖嘴钳），用钢丝钳（或尖嘴钳）钳口轻轻划破绝缘层表皮，然后双手配合，用力拉去绝缘层，如左图所示 注意：钢丝钳不要捏得过紧或过松，过紧会损伤芯线，过松不能剥去绝缘层。这种方法仅适用于线芯截面积等于或小于 $2.5mm^2$ 的操作

（3）用剥线钳的剖削，见表 6-3 所列。

表 6-3　用剥线钳剖削

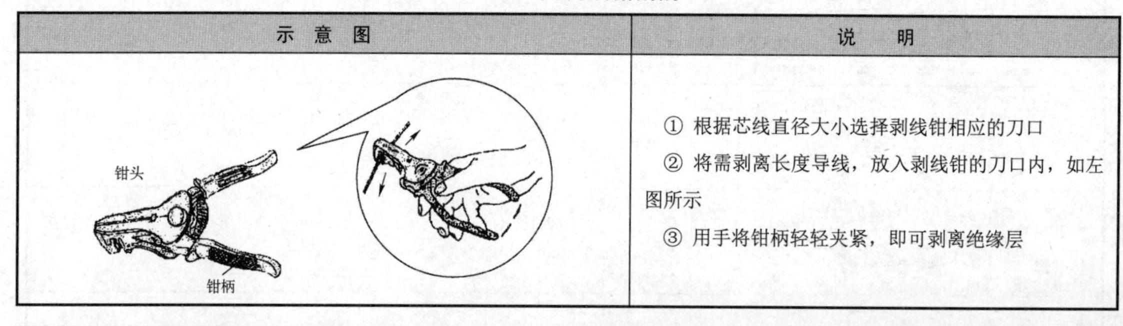

示意图	说　明
	① 根据芯线直径大小选择剥线钳相应的刀口 ② 将需剥离长度导线，放入剥线钳的刀口内，如左图所示 ③ 用手将钳柄轻轻夹紧，即可剥离绝缘层

温馨提示

随课堂教学进程，对导线的绝缘层进行剖削：

① 操练器具：电工刀 1 把、尖嘴钳（或钢丝钳）1 把、剥线钳 1 把；0.2m 长的 BV1/1.13 塑料铜芯线、0.2m 长塑料软导线和 0.5m 塑料护套线各 1 段。

② 操练要求：按表 6–1、表 6–2 和表 6–3 所列的示意图方法，分别对导线的绝缘层进行剖削。

2．导线的连接

在室内布线过程中，常常会遇到线路分支或导线“断”的情况，需要对导线进行连接。通常将线的连接处称为接头。

（1）导线连接的基本要求。

① 导线接触应紧密、美观，接触电阻要小，稳定性好。

② 导线接头的机械强度不小于原导线机械强度的 80%。

③ 导线接头的绝缘强度应与导线的绝缘强度一样。

④ 铝-铝导线连接时，接头处要做好耐腐蚀处理。

（2）导线连接的方法。导线连接的方法有缠绕式连接（又分直线缠绕式、分线缠绕式、多股软线与单股硬线缠绕式和塑料绞型软线缠绕式等）、压板式连接、螺钉压式连接和接线耳式连接等。

① 单股硬导线的连接方法，见表 6-4 所列。

表 6-4 单股硬导线的连接

连接方法与步骤		示 意 图	说 明
直线连接	第 1 步		将两根导线（线头）离芯线端部的 1/3 处呈“×”状交叉，如左图所示
	第 2 步		把两根导线线头如麻花状紧缠绞两圈，如左图所示
	第 3 步		把一根导线线头扳起与另一根处于下边的导线线头保持垂直，如左图所示
	第 4 步		把扳起的线头按顺时针方向在另一根线头上紧绕 6～8 圈，圈与圈之间不应有缝隙，且应垂直排绕，如左图所示。缠绞完毕，切去线芯余端
	第 5 步		另一端头的加工方法，按上述第 3、4 步骤要求操作
分支连接	第 1 步	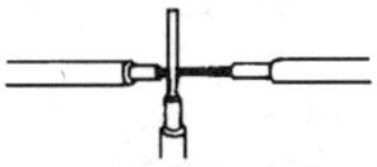	将线芯垂直搭接在另一根已剖削绝缘层的主干线芯上，如左图所示
	第 2 步	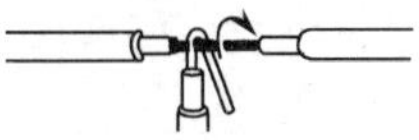	将分支线芯按顺时针方向在主干线芯上紧绕 6～8 圈，圈与圈之间不应有缝隙，如左图所示
	第 3 步		缠绞完毕，切去分支线芯余端，如左图所示

② 多股导线的连接方法，见表 6-5 所列。

表 6-5 多股导线的连接

连接方法与步骤		示 意 图	说 明
直线连接	第 1 步	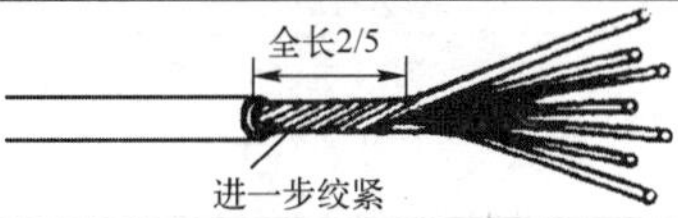 全长2/5 进一步绞紧	在剥离绝缘层切口约全长 2/5 处将线芯进一步绞紧，接着把余下 3/5 的线芯松散呈伞状，如左图所示
	第 2 步		把两伞状线芯隔股对叉，并插到底，如左图所示
	第 3 步	 叉口处应钳紧	捏平叉口处的两侧所有芯线，并理直每股芯线，使每股芯线的间隔均匀；同时用钢丝钳绞紧叉口处，消除空隙，如左图所示
	第 4 步	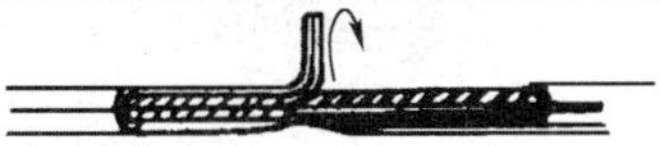	将导线一端距芯线叉口中线的 3 根单股芯线折起，成 90°（垂直于下边多股芯线的轴线），如左图所示

续表

连接方法与步骤		示意图	说明
直线连接	第5步		先按顺时针方向紧绕两圈后，再折回 90°，并平卧在扳起前的轴线位置上，如左图所示
	第6步		将紧挨平卧的另两根芯线折成 90°，再按第 5 步方法进行操作
	第7步		把余下的三根芯线按第5步方法缠绕至第2圈后，在根部剪去多余的芯线，并揿平；接着将余下的芯线缠足三圈，剪去余端，钳平切口，不留毛刺
	第8步		另一侧按步骤第 4～7 步方法进行加工 注意：缠绕的每圈直径均应垂直于下边芯线的轴线，并应使每两圈（或三圈）间紧缠紧挨
分支连接	第1步	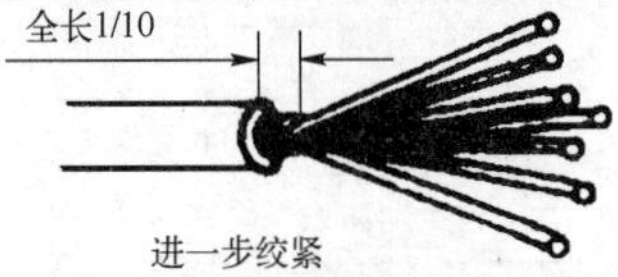 全长1/10 进一步绞紧	把支线线头离绝缘层切口根部约 1/10 的一段芯线作进一步的绞紧，并把余下 9/10 的芯线松散呈伞状，如左图所示
	第2步	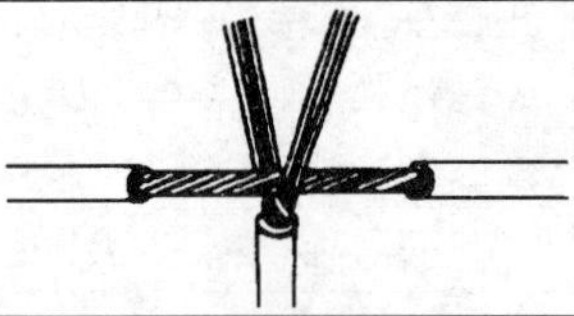	把干线芯线中间用旋具（螺丝刀）插入芯线股间，并将分成均匀两组中的一组芯线插入干线芯线的缝隙中，同时移正位置，如左图所示
	第3步	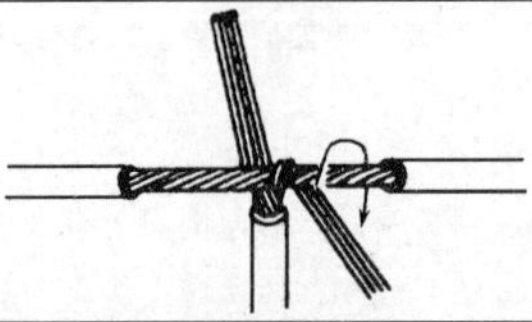	先钳紧干线插入口处，接着将一组芯线在干线芯线上按顺时针方向垂直地紧紧排绕，剪去多余的芯线端头，不留毛刺，如左图所示
	第4步	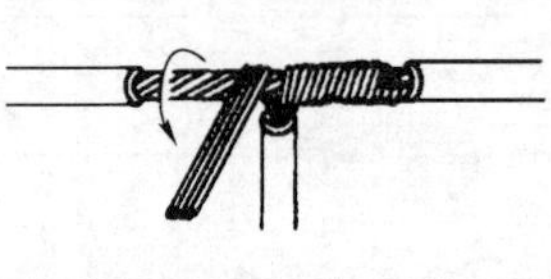	另一组芯线按第 3 步方法紧紧排绕，同样剪去多余的芯线端头，不留毛刺 注意：每组芯线绕至离绝缘层切口处 5mm 左右为止，则可剪去多余的芯线端头

③ 单股与多股导线的连接方法，见表 6-6 所列。

表 6-6　单股与多股导线的连接

步　骤	示意图	说　明
第1步	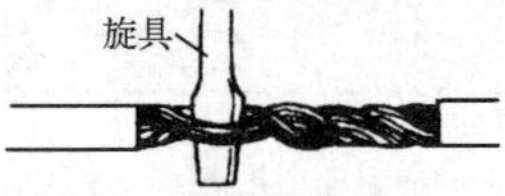 旋具	在离多股线的左端绝缘层切口 3～5mm 处的芯线上，用螺丝刀把多股芯线均匀地分成两组（如 7 股线的芯线分成一组为 3 股，另一组为 4 股），如左图所示
第2步	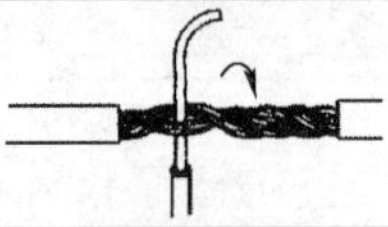	把单股芯线插入多股线的两组芯线中间，但是单股芯线不可插到底，应使绝缘层切口离多股芯线约 5mm 左右，如左图所示
第3步	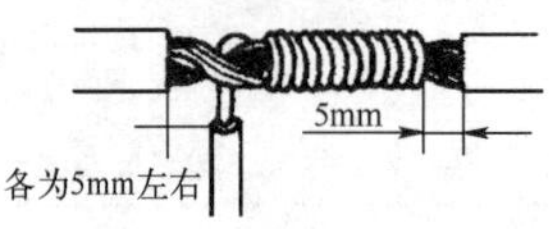 5mm 各为5mm左右	把单股芯线按顺时针方向紧缠在多股芯线上，应绕足 10 圈，然后剪去余端。若绕足 10 圈后另一端多股芯线裸露超出 5mm 时，且单股芯线尚有余端，则可继续缠绕，直至多股芯线裸露约 5mm 为止，如左图所示

④ 导线其他形式的连接方法，见表 6-7 所列。

表 6-7 导线其他形式的连接

导线连接方法	示意图	说明
塑料绞型软线连接	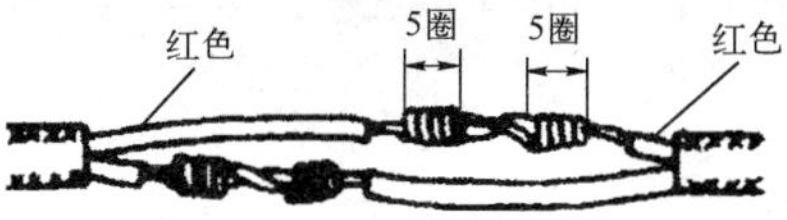 红色 5圈 5圈 红色	将两根多股软线线头理直绞紧，如左图所示 注意：两接线头处的位置应错开，以防短路
多股软线与单股硬线的连接		将多股软线理直绞紧后紧密缠绕 7～10 圈，再用钢丝钳或尖嘴钳把单股硬线翻过压紧，如左图所示
压板式连接	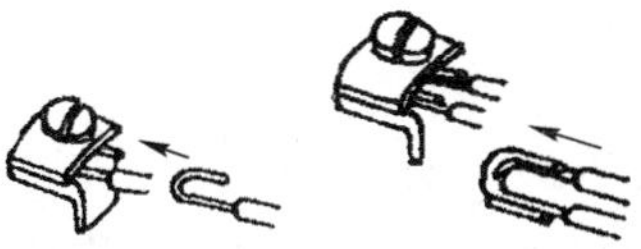	将剥离绝缘层的芯线用尖嘴钳弯成钩，再垫放在压板（瓦楞板或垫片）下。若是多股软导线，应先绞紧再垫放压板下，如左图所示 注意：不要把导线的绝缘层垫压在压板（如瓦楞板、垫片）内
螺钉压接式连接	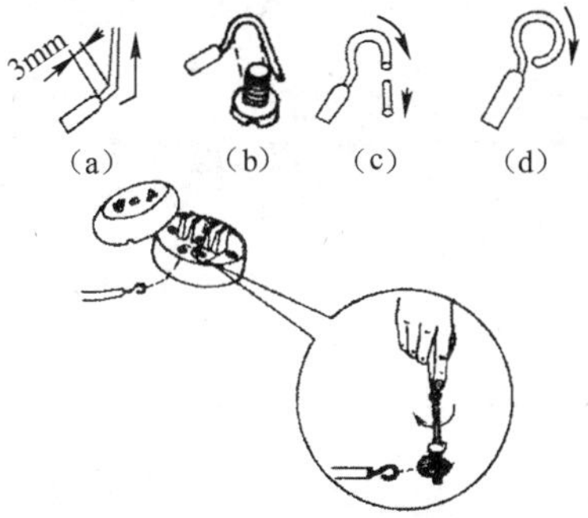 3mm (a) (b) (c) (d)	在连接时，导线长度应视螺钉的大小而定，然后将导线头弯成羊眼圈形式（如左图 a、b、c、d 四步"羊眼圈"的制作示意图）；再将羊眼圈套在螺钉上，进行连接
针孔式连接	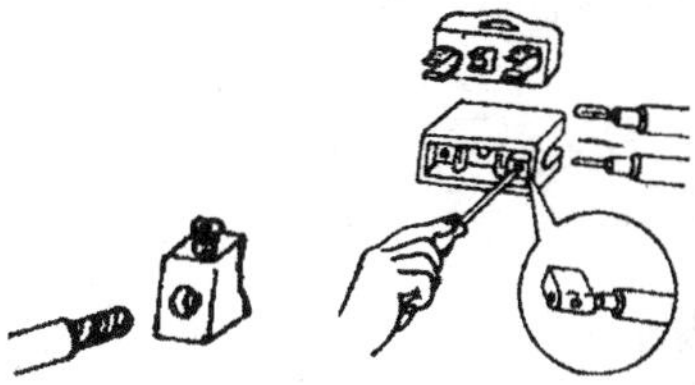	在连接时，将导线按要求剖削，插入针孔，旋紧螺钉，如左图所示
接线耳式连接	 (a) 大载流量用接线耳 (b) 小载流量用接线耳 (c) 接线桩螺钉 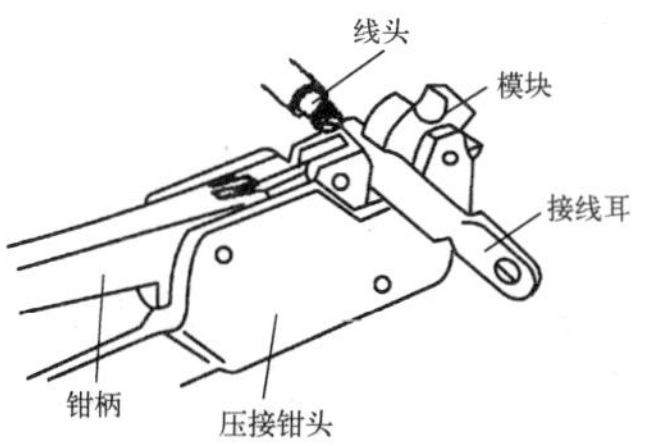 线头 模块 接线耳 钳柄 压接钳头 (d) 导线线头与接线头的压接方法	连接时，应根据导线截面积的大小选择相应接线耳，然后用压接钳将导线与接线耳紧密固定（如左图所示），再进行连接

温馨提示

随课堂教学进程，对导线进行连接操练:

① 操练器具：电工刀 1 把、尖嘴钳（或钢丝钳）1 把，剥线钳 1 把、螺丝刀 1 把；0.2m 长的 BV1/1.13 塑料铜芯线 1 段、0.2m 长的 BV1/1.13 塑料铜芯线 2 段、0.2m 长的 BV7/2.12 塑料铜芯线和橡胶软电缆线各 1 段。

② 操练要求：按表 6–4、表 6–5、表 6–6 和表 6–7 所列的示意图方法，对单股与多股导线进行直线、分支连接，以及其他形式的连接。

6.1.2 导线绝缘的恢复

导线绝缘层被破坏或连接后，必须恢复其绝缘层的绝缘性能。在实际操作中，导线绝缘层的绝缘性能恢复方法通常为包缠法。包缠法的包缠对象分为导线直接点绝缘层、导线分支接点绝缘层和导线并接点绝缘层，其具体操作方法，分别见表 6-8、表 6-9 和表 6-10 所列。

表 6-8　导线直接点绝缘层的包缠法

步　骤	示 意 图	说　明
第 1 步	30 ～ 40mm 约45°	用绝缘带（又称黄腊带或涤纶薄膜带）从左侧完好的绝缘层上开始顺时针包缠，如左图所示
第 2 步	1/2带宽	进行包扎时，绝缘带与导线应保持 45° 的倾斜角并用力拉紧，使得绝缘带半幅相叠压紧，如左图所示
第 3 步	黑胶带应包出绝缘带层 黑胶带接法	绝缘带包至另一端后，接上黑胶带再继续包缠，并使黑胶带包过绝缘带（至少半根带宽，即必须使黑胶带完全包没绝缘带），如左图所示
第 4 步	两端捏住作反方向扭旋（封住端口）	收尾后，应用双手的拇指和食指紧捏黑胶带两端口，进行一正一反方向拧紧，利用黑胶带的黏性，将两端口充分密封起来，如左图所示

温馨提示

“直接点”常出现在因导线不够长需要进行连接的情况时才采用。要求它的连接点机械拉力不得小于原导线机械拉力的 80%，绝缘层的恢复也必须可靠，否则容易发生断路和触电等电气事故。

表 6-9 导线分支接点绝缘层的包缠法

步骤	示意图	说明
第 1 步		采用与导线直接点绝缘层的恢复方法从左端开始包缠，如左图所示
第 2 步	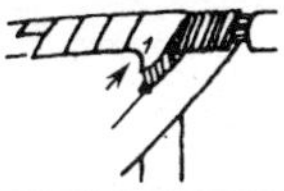	绝缘带（又称黄腊带或涤纶薄膜带）包缠至碰到分支线时，应用左手拇指顶住左侧直角处包上的带面，使它紧贴导线接点的转角处，并应使处于线顶部的绝缘带面尽量向右侧斜压，如左图所示
第 3 步		绕至右侧转角处时，用左手食指顶住右侧直角处带面，并使绝缘带面在干线顶部向左侧斜压，与被压在下边的带面呈“×”状交叉。然后把绝缘带再回绕到导线接点的右侧转角处包缠，如左图所示
第 4 步	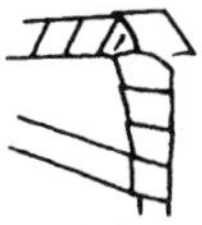	绝缘带应紧贴导线支线连接处的根端开始包缠；当绝缘带包至完好绝缘层上约两根带宽时，原绝缘带折回再包缠至支线连接处根端，并把绝缘带向干线左侧斜压，如左图所示
第 5 步	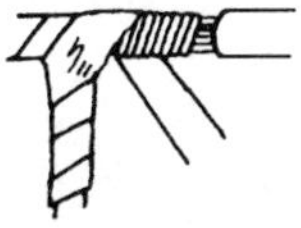	当绝缘带围过干线顶部后，紧贴干线右侧的支线连接处开始在干线右侧芯线上进行包缠，如左图所示
第 6 步	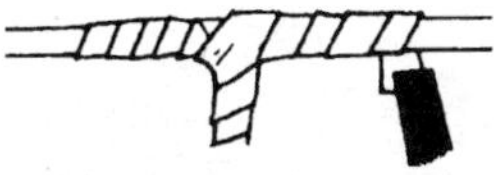	绝缘带包至干线另一端的完好绝缘层上，接上黑胶带包缠后，再按第 2～5 步方法继续包缠黑胶带，如左图所示

温馨提示

分支接点常出现在导线分路的连接点处，要求分支接点连接牢固、绝缘层恢复可靠，否则容易发生断路等电气事故。

表 6-10 导线并接点绝缘层的包缠法

步骤	示意图	说明
第 1 步		用绝缘带（又称黄腊带或涤纶薄膜带）从左侧完好的绝缘层上开始顺时针包缠，如左图所示
第 2 步		由于并接点较短，绝缘带叠压宽度可紧些，间隔可小于 1/2 带宽，如左图所示
第 3 步		包缠到导线端口后，应使带面超出导线端口 1/2～3/4 带宽，然后折回伸出部分的带宽，如左图所示
第 4 步	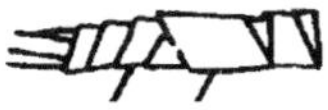	把折回的带面揿平压紧，接着包缠第二层绝缘层，包至下层起始包缠处为止，如左图所示
第 5 步	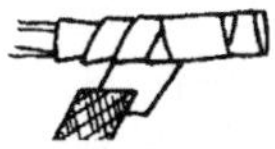	接上黑胶带，并使黑胶带超出绝缘带层至少半根带宽，并完全压没住绝缘带，如左图所示
第 6 步		按第 2 步方法把黑胶带包缠到导线端口，如左图所示
第 7 步		按第 3、4 步方法把黑胶带包缠端口绝缘带层，要完全压没住绝缘带；然后折回，包缠第二层黑胶带，包至下层起始包缠处为止，如左图所示
第 8 步	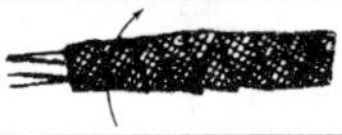	用右手拇、食两指紧捏黑胶带断带口，使端口密封，如左图所示

温馨提示

导线绝缘恢复的基本要求是：绝缘带包缠均匀、紧密，不露铜芯。

6.1.3 导线的封端

所谓导线的"封端"，是指导线与导线两线端（线接头）的连接，如图6-2所示。

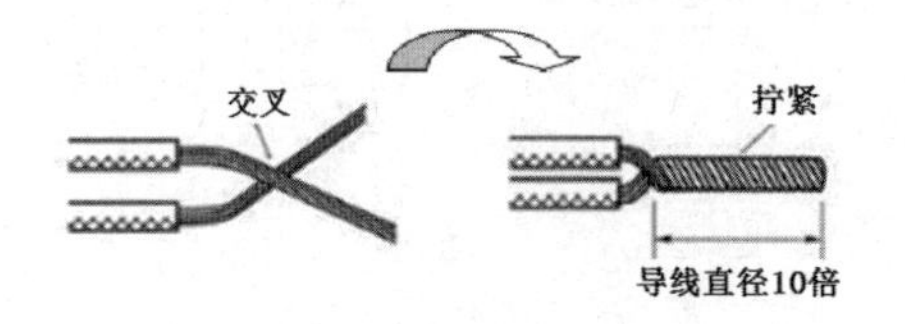

（a）多股导线与多股导线的"封端"

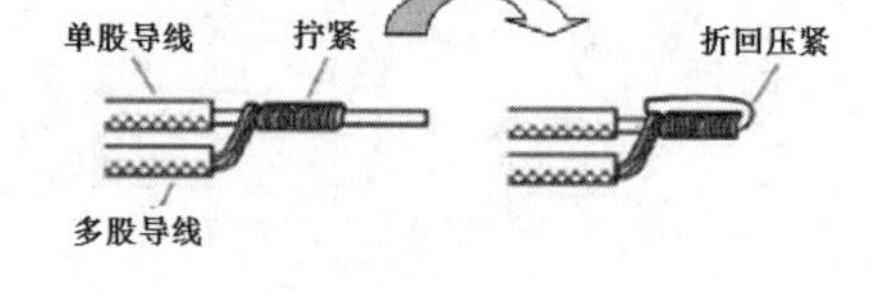

（b）单股导线与多股导线的"封端"

图6-2 小于$10mm^2$的铜芯导线的"封端"

若将大于$10mm^2$的单股铜芯线和铜芯线、大于$2.5mm^2$的多股铜芯线和单股铝芯线进行"封端"，其操作工艺是不同的，见表6-11所列。

表6-11 导线的"封端"

导线材质	选用方法	"封端"工艺
铜	锡焊法	① 除去线头表面、接线端子孔内的污物和氧化物 ② 分别在焊接面上涂上无酸焊剂，线头搪上锡 ③ 将适量焊锡放入接线端子孔内，并用喷灯对其加热至熔化 ④ 将搪锡线头接入端子孔，把熔化的焊锡灌满线头与接线端子孔内 ⑤ 停止加热，使焊锡冷却，线头与接线端子牢固连接
	压接法	① 除去线头表面、压接管内的污物和氧化物 ② 将两根线头相对插入，并穿出压接管（两线端各伸出压接管25～30mm） ③ 用压接钳进行压接
铝	压接法	① 除去线头表面、接线孔内的污物和氧化物 ② 分别在线头、接线孔两接触面涂以中性凡士林 ③ 将线头插入接线孔，用压接钳进行压接

温馨提示

在课堂中，根据教师提供的材料及要求，进行导线绝缘层恢复与封端的操练：

① 操练器具：电工刀1把、尖嘴钳（或钢丝钳）1把，剥线钳1把、螺丝刀1把、黄腊带或涤纶薄膜带、黑胶带；0.2m长的BV1/1.13塑料铜芯线1段、0.2m长的BV1/1.13塑料铜芯线2段、0.2m长的BV7/2.12塑料铜芯线1段。

② 操练要求：参照表6–8、表6–9、表6–10所列示意图方法进行进行直接点、分支接点和并接点的绝缘层恢复工作。

6.2 导线敷设要求和工序

6.2.1 室内布线一般工序及其要求

室内布线应使电能输送安全可靠，线路力求布置合理便利，整齐美观，满足实用、安全、合理、可靠的要求。室内布线分动力布线和照明布线两种，按导线敷设的方式分类有明敷设和暗敷设两种。导线沿墙壁、顶棚、梁、柱等处作明敷设的布线方式，称为明布线；导线穿管埋设于墙壁、地墙、楼板等处内部或装设在顶棚内作暗敷设的布线方式，称为暗布线。常见的明布线有塑料护套线布线，暗布线有管道布线、灰层布线等。室内布线的一般工序流程，见表 6-12 所列。

表 6-12 室内布线的一般工序

序 号	操 作 说 明
1	熟悉施工图，作预埋、敷设准备工作（如确定配电箱柜、灯座、插座、开关、启动设备等的位置）
2	沿建筑物确定导线敷设的路径，穿过墙壁或楼板的位置和所有布线的固定点位置
3	在建筑物上，将布线所有的固定点打好孔眼，预埋螺栓、角钢支架、保护管、木榫等
4	装设绝缘支持物、线夹或管子
5	敷设导线
6	导线连接、分支、恢复绝缘和封端，并将导线出线接头与设备连接
7	检查验收

6.2.2 室内布线一般要求

室内布线的一般技术要求，见表 6-13 所列。

表 6-13 室内布线的一般技术要求

序 号	操 作 说 明
1	要求导线额定电压大于线路工作电压；其绝缘层应符合线路的安装方式和敷设环境的条件；其截面应满足供电的要求和机械强度
2	导线敷设的位置，应便于检查和维修
3	导线连接和分支处，不应受机械力的作用
4	线路中尽量减少线路的接头，以减少故障点
5	导线与电器端子的连接要紧密压实，力求减少接触电阻和防止脱落
6	线路应尽量避开热源且不在发热的表面敷设
7	水平敷设的线路，若距地面低于 2m 或垂直敷设的线路距地面低于 1.8m 的线路，均应装设预防机械损伤的装置
8	为防止漏电，线路的对地电阻不应小于 0.5MΩ

6.3 导线敷设的方法

6.3.1 塑料护套线的敷设

塑料护套线有双层塑料保护层，即线芯外层裹有双芯或多芯绝缘导线，外面再统包一层塑料层，因此具有防潮、耐酸和耐腐蚀等性能，可以直接敷设在室内的空心楼板、墙壁以及建筑物上，用铝片卡或塑料线卡子作为导线的支持物。

明敷塑料护套线施工方法简单，线路整齐美观，造价低廉，被广泛地应用在明线路的布线上。塑料护套线明布线的一般方法，见表6-14所列。

表6-14 塑料护套线明布线的一般方法

操作步骤	操作说明
定位画线	先确定线路起点、终点和线路装置（如灯头、吊线盒、插头、开关等）的位置，以就近建筑面的交接线为标准画出水平和垂直基准线，再根据护套线安装要求，每隔150～300mm画出固定铝片卡或塑料线卡子的位置。距开关、插座、灯具等木台50mm处或导线转弯两边的80mm处，都应确定铝片卡或塑料线卡子固定点，如图6-3所示 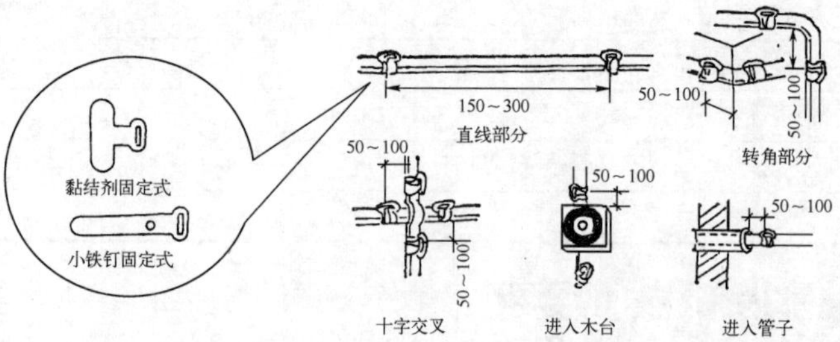 图6-3 铝片卡或塑料线卡子固定点（支持点）的位置
铝片卡或塑料线卡子的固定	在木结构上，铝片卡或塑料线卡子可用钉子直接钉住；在抹灰层的墙壁上，可用短钉固定铝片卡或塑料线卡子；在混凝土结构上，可采用环氧树脂粘接铝片卡 铝片卡粘接前，应将建筑物敷接面用钢丝刷刷净，然后将配制好的黏结剂用毛笔涂在固定点的表面和铝片卡底部的接触面上。黏结剂涂抹要均匀，涂层要薄。操作时，可用手稍加压力，使两个粘接面接触良好。铝片卡粘完后，应养护1～2天，待黏结剂凝固后才可敷线
塑料护套线的敷设	塑料护套线的敷设要做到“横平竖直”，并要逐一夹持好支持点。转角处敷线时，弯曲护套线用力要均匀，其弯曲半径不应小于导线宽度的3倍。在同一墙面上转弯时，次序应从上而下，以便操作，如图6-4所示 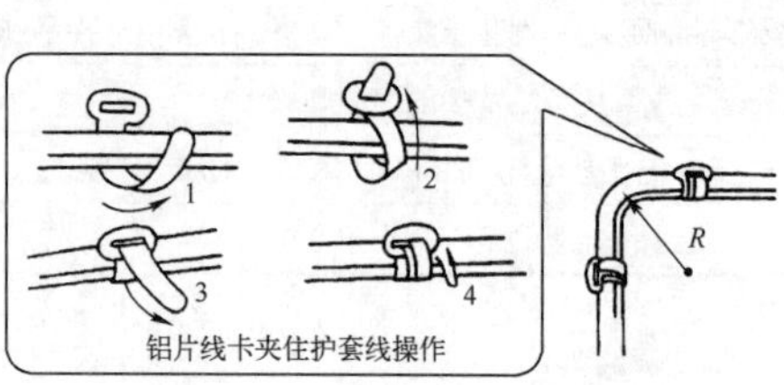 图6-4 塑料护套线的转角要求及铝片卡操作步骤

温馨提示

① 护套线的接头应放在开关、插座和灯头内部，以求整齐美观，如接头不能放入这些地方时，应装设接线盒，将接头放在接线盒内。

② 导线敷设完毕后，需检查所敷设线路是否横平竖直，对不符合要求的导线可用旋具柄轻敲调整，使导线边缘紧靠画线而平整美观。

6.3.2 灰层布线

灰层布线俗称墙敷设，是一种将绝缘导线沿灰墙的线脚、墙角、横梁平行或垂直进行室内暗敷设的方式，这种配线方式（施工）比较简单，能避免导线机械损伤并保持墙面平整清洁，目前常应用于一般家庭线路上。灰层布线的具体操作方法如下。

（1）根据室内线路设计要求，沿灰墙的线脚、墙角、横梁画出线路走向。

（2）按画出线路走线凿制出导线敷设的沟槽。

（3）将导线敷设在凿制的沟槽内，用铁钉和铝片卡或线卡子固定牢固。同时在接线盒孔中预埋好接线盒。如图 6-5 所示的是接线盒与接线盒预埋的示意图。

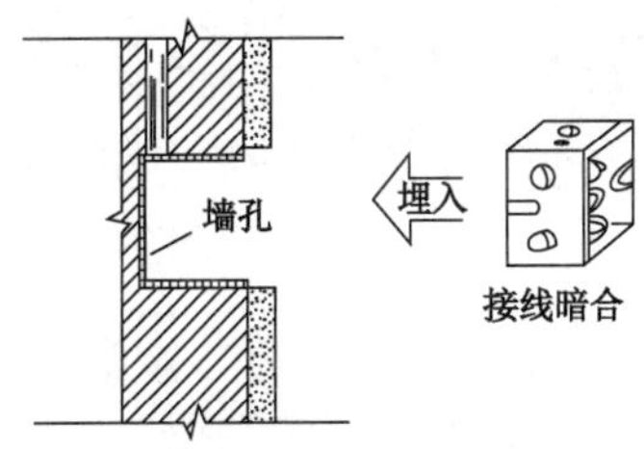

图 6-5 接线盒与接线盒的埋设

（4）待线路敷设完毕后，将预留的导线端头绕入预埋在接线盒内。预留导线端长度一般为 200～300mm，也可根据需要选定。

（5）用石灰或水泥砂浆将线路（导线沟槽、接线盒孔）覆盖，抹平。

（6）待灰浆完全凝固后，即可与开关、插座或配电板等进行连接。

温馨提示

接线暗盒埋设（嵌入）在墙内，用水泥砂浆抹平时，要注意它的平整，不能偏斜，暗盒口面应与墙面粉刷层保持一致。

6.3.3 管配线的敷设

1. 管道布线的基础知识

管道布线又称线管布线，是指将绝缘导线穿入管内的敷设。这种布线方式比较安全可靠，可避免腐蚀和遭受机械损伤，适用于公用建筑和工业厂房的布线装置，以及民用高层建筑的布线。按布线方式可分为：

布线方式
- 明敷设
  - 钢管（焊接钢管、黑铁管） 敷设
  - 塑料管敷设
- 暗敷设
  - 钢管（焊接钢管、黑铁管） 敷设
  - 塑料管敷设

明敷设是指直接将硬质管（金属管

或塑料管）敷设在墙上的布线方式，暗敷设是指将硬质管（金属管或塑料管）埋入墙壁内的布线方式。硬质管（金属管或塑料管）在敷设时要遵循以下要求。

（1）使用钢管及铁附件均应做防腐处理，明敷设时刷防锈漆，暗敷设除刷防锈漆外，还应用混凝土保护。线管敷设要做到“横平竖直”。

（2）钢管连接处及钢管与接线盒连接处应用铁丝作为保护线将钢管与接线盒焊接起来。

（3）钢管内弯曲处其弯曲半径不得小于钢管直径的 6 倍，敷设在混凝土内的弯曲半径不得小于钢管直径的 10 倍，钢管弯曲处的角度不得小于 90°。当管线穿过伸缩缝时，应做补偿处理。

（4）管内所穿导线的总截面（包括绝缘层）不应大于线管内截面的 40%；管内导线不得有接头和扭拧情况，以便检修和换线施工。

（5）布设在混凝土内的钢管，其直径不得超过混凝土板厚的 1/3。

（6）直接敷设在墙内的管线必须使用厚壁钢管，管外壁及焊接接地线处应涂沥青处理。

（7）导线穿线时，同一回路的各相导线不论根数多少，应穿入同一管内，不同回路和不同电压线路的导线不允许穿在同一根管内；直、交流电路导线不得穿在同一管内；单根导线不得穿入钢管。

（8）钢管在墙上固定时，钢管直径在 20mm 以下，管卡支持点间距离不应大于 2.5mm；钢管直径超过 40mm，管卡支持点间距离可增大至 3.5mm。

（9）钢管连成一体后应按保护系统要求接零或接地。塑料管敷设要求与钢管基本相同，但塑料管所用的附件应为塑料制品。塑料管地下敷设时，应用水泥封套保护。塑料管沿墙敷设时其支持点距离应小于钢管的支持点间距。塑料管敷设严禁用铁制附件。

2. 管道布线的基本步骤

硬质管（金属管或塑料管）的敷设工序一般有以下几个步骤：

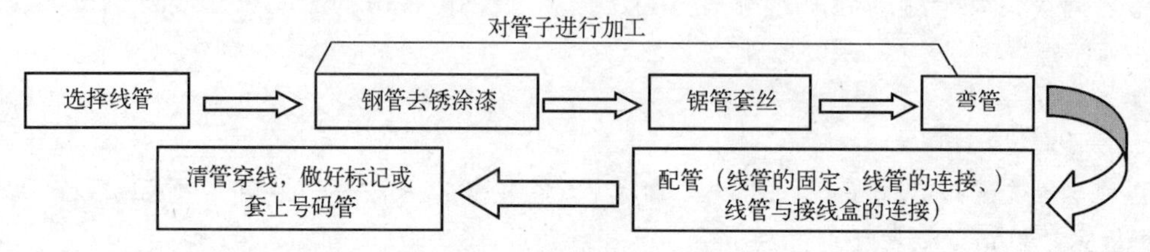

（1）选择线管。常用线管材料的选用，见表 6-15 所列。

表 6-15　几种常用管料

管料名称	说　明
焊接钢管（水煤气管）	管壁厚度约为 2mm，可承受相当压强，因此常用来预埋在水泥建筑物的隐蔽工程内和在有腐蚀气体场所明敷或暗敷
黑铁管（电线管）	管壁厚度为 1.5mm，适用于干燥场所的明敷设或暗敷设
硬质塑料管（硬聚氯乙烯管）	耐腐蚀性较好，但机械强度不及钢管。只适用于腐蚀性较大场所的明敷设或暗敷设

选用的管材确定后，应考虑配管的截面积，以便于穿线。一般要求管内导线的总面积（包括绝缘层），不超过线管内截面积的 40%。线管的直径的选用，分别见表 6-16、表 6-17 和表 6-18 所列。

表 6-16　硬质塑料管的选用

公称直径（mm）	外直径及容差（mm）	轻型管壁厚度（mm）	重型管壁厚度（mm）
15	20 ± 0.7	2.0 ± 0.3	2.5 ± 0.4
20	25 ± 1.0	2.0 ± 0.3	3.0 ± 0.4
25	32 ± 1.0	3.0 ± 0.45	4.0 ± 0.6
32	40 ± 1.2	3.5 ± 0.5	5.0 ± 0.7
40	51 ± 1.7	4.0 ± 0.6	6.0 ± 0.9
50	65 ± 2.0	4.5 ± 0.7	7.0 ± 1.0
65	76 ± 2.3	5.0 ± 0.7	8.0 ± 1.2
80	90 ± 3.0	6.0 ± 1.0	—

表 6-17　焊接钢管的选用

<table>
<tr><th rowspan="2">芯线截面（mm²）</th><th colspan="9">管内穿线根数（根）及管径（mm）</th></tr>
<tr><th>2</th><th>3</th><th>4</th><th>5</th><th>6</th><th>7</th><th>8</th><th>9</th><th>10</th></tr>
<tr><td>1.5</td><td colspan="3">15</td><td colspan="2">20</td><td colspan="4">25</td></tr>
<tr><td>2.5</td><td colspan="2">15</td><td colspan="3">20</td><td colspan="4">25</td></tr>
<tr><td>4.0</td><td>15</td><td colspan="3">20</td><td colspan="3">25</td><td colspan="2">32</td></tr>
<tr><td>6.0</td><td colspan="3">20</td><td colspan="3">25</td><td colspan="3">32</td></tr>
<tr><td>10</td><td>20</td><td colspan="2">25</td><td colspan="2">32</td><td colspan="2">40</td><td colspan="2">50</td></tr>
<tr><td>16</td><td colspan="2">25</td><td colspan="2">32</td><td>40</td><td colspan="4">50</td></tr>
<tr><td>25</td><td colspan="2">32</td><td colspan="2">40</td><td colspan="2">50</td><td colspan="3">70</td></tr>
<tr><td>35</td><td>32</td><td>40</td><td colspan="3">50</td><td colspan="3">70</td><td>80</td></tr>
<tr><td>50</td><td>40</td><td colspan="2">50</td><td colspan="3">70</td><td colspan="3">80</td></tr>
<tr><td>70</td><td colspan="2">50</td><td colspan="2">70</td><td colspan="2">80</td><td colspan="3"></td></tr>
<tr><td>95</td><td>50</td><td colspan="2">70</td><td colspan="2">80</td><td colspan="4"></td></tr>
<tr><td>120</td><td colspan="2">70</td><td></td><td>80</td><td colspan="5"></td></tr>
<tr><td>150</td><td colspan="2">70</td><td>80</td><td colspan="6"></td></tr>
<tr><td>185</td><td>70</td><td>80</td><td colspan="7"></td></tr>
</table>

表 6-18　黑铁管的选用

<table>
<tr><th rowspan="2">芯线截面（mm²）</th><th colspan="9">管内穿线根数（根）及管径（mm）</th></tr>
<tr><th>2</th><th>3</th><th>4</th><th>5</th><th>6</th><th>7</th><th>8</th><th>9</th><th>10</th></tr>
<tr><td>1.5</td><td colspan="3">20</td><td colspan="2">25</td><td colspan="4">32</td></tr>
<tr><td>2.5</td><td colspan="2">20</td><td colspan="3">25</td><td colspan="4">32</td></tr>
<tr><td>4.0</td><td colspan="2">20</td><td colspan="2">25</td><td colspan="5">32</td></tr>
<tr><td>6.0</td><td>20</td><td colspan="2">25</td><td colspan="3">32</td><td colspan="3">40</td></tr>
<tr><td>10</td><td>25</td><td colspan="2">32</td><td colspan="2">40</td><td colspan="4"></td></tr>
<tr><td>16</td><td colspan="2">32</td><td colspan="2">40</td><td colspan="5"></td></tr>
<tr><td>25</td><td>32</td><td>40</td><td colspan="7"></td></tr>
<tr><td>35</td><td colspan="2">40</td><td colspan="7"></td></tr>
</table>

通常在钢管敷穿 3 根电力线时，为便于记忆，工人师傅常采用以下口诀："20 穿 4、6，25 穿 10，40 穿 35"。口诀意思为：20mm 钢管穿 $4mm^2$ 或 $6mm^2$ 导线；25mm 钢管只穿

10mm^2 导线；40mm 钢管穿 35mm^2 导线。

（2）钢管去锈涂漆。为防止钢管年久生锈，在敷管前应对钢管去锈涂漆，如图 6-6 所示。

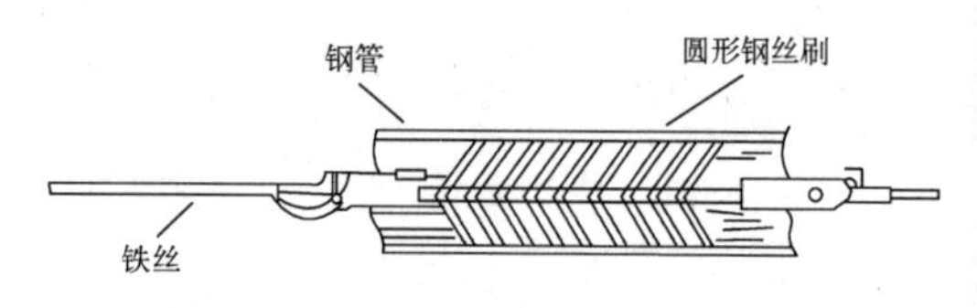

图 6-6　用圆形钢丝刷清除管内锈污

（3）线管套丝。在现场敷管中，因所需线管的长度要求不同，必须进行线管套丝。线管与线管间或线管与接线盒间的连接，应用管接头相连。线管套丝的操作方法，见表 6-19 所列。

表 6-19　线管套丝操作方法

管材	示 意 图	操 作 说 明
钢管	板牙 （管子绞板） 板架 （圆丝绞板）	钢管套丝用管子绞板，如左图所示 ① 将钢管固定在管道的台虎钳上，调整绞板上的活动刻度盘，使板牙符合需要的尺寸，用固定螺钉把它固定，再调整绞板上的三个支持脚，将绞板套入钢管端部，使其紧贴管子 ② 用手握紧绞板的手柄，平稳地向里按顺时针方向转动，并及时注油，以便冷却板牙，保持丝扣光滑 ③ 待绞出的丝扣长度等于管接头长度的 1/2 多 1～2 牙距后，即可松开板牙，退出绞板 ④ 再将尺寸调整到比第一次小一点，用同样的方法再套一次，快结束时，稍微松开板牙，边转边松，使其成锥形丝扣
硬质塑料管		硬质塑料管套丝用圆丝绞板，如左图所示 操作方法：将硬质塑料管固定在台虎钳上后，选用合适的圆丝绞板，并对正管口，平稳地向里推进即可

（4）弯管。在线路敷设中往往碰到管线改变方向需要将管子弯曲。为了便于穿线，弯曲角度一般要求在 90° 以上，见表 6-20 所列。

表 6-20　线管弯管操作方法

管　材	示 意 图	操 作 说 明
钢管	管子直径 D 弯曲角度 θ R 曲率半径	钢管弯管一般采用冷热弯法。使用的工具有手扳弯管器、电动弯管机或液压弯管机。明配管不应小于管子直径 D 的 6 倍，暗配管不应小于管子直径 D 的 10 倍，管子弯头，如左图所示 ① 将钢管需要弯曲的部位的前端放在弯管器内 ② 用脚踩住钢管，手扳弯管器手柄，稍加一定压力，逐点移动弯管器，使钢管弯成所需的弯曲半径
硬质塑料管		硬质塑料管一般采用热弯法 ① 将塑料管放在热源加热，待至柔软状态时，把塑料管放在坯具内弯曲成型 ② 对管径在 50mm 以上的管子，为防止弯曲后变形（弯扁），可在管内填充干砂子，两端用木塞塞住，用同样方法进行局部加热后再进行操作。管子冷却后倒出砂子即可使用

温馨提示

①扳弯管器仅适用直径 50mm 以下的钢管，如能采用电动弯管机或液压弯管机则更好。

②塑料管加热时要掌握好温度，不要把管子烤伤、变形。

（5）配管。配管工作应从配电柜（箱）端开始，逐段配接至用电设备处，也可以从用电设备处开始至配电柜（箱）端，但无论从哪端开始，都必须使管路连接通畅。

① 线管的固定。线管的固定有明线管固定和暗线管固定两种方法，见表 6-21 所列。

表 6-21　线管的固定

线管的固定方法	示 意 图	操 作 说 明
明线管的固定	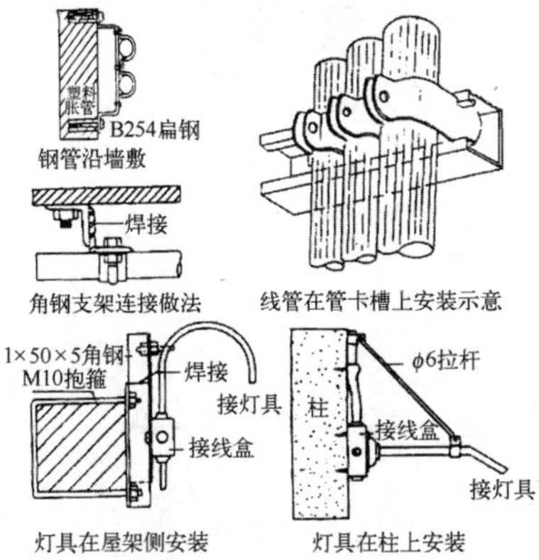 塑料胀管 B254扁钢 钢管沿墙敷 焊接 角钢支架连接做法 线管在管卡槽上安装示意 1×50×5角钢 M10抱箍 焊接 接灯具 接线盒 灯具在屋架侧安装 φ6拉杆 柱 接线盒 接灯具 灯具在柱上安装	一般沿建筑物用管卡或管夹等直接固定在建筑物上，如左图所示
暗线管的固定	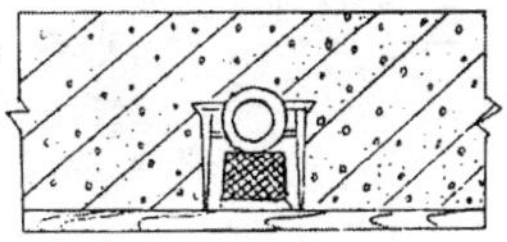	一般应在土建（砖砌）时预埋，如左图所示

② 线管的连接。线管的连接方法有钢管与钢管的连接和硬塑料管与硬塑管的连接两种，见表 6-22 所列。

表 6-22　线管的连接

连 接 方 法	示 意 图	操 作 说 明
钢管与钢管的连接	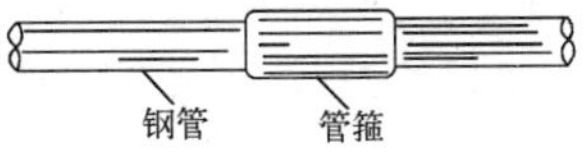 钢管 管箍	采用管接头连接（适宜直径 50mm 及其以下的钢管）或外加套筒焊接（适宜 50mm 以上的钢管） 操作方法：将管子从管接头或套筒两端插入，对准中心线后进行连接或焊接
塑料管与塑料管的连接	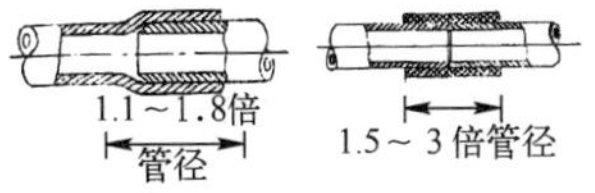 1.1～1.8倍管径 1.5～3倍管径 (a) 插接法　(b) 套接法	插接法（见左图 a 所示）： ① 将管子倒角（外管倒内角、内管倒外角）后，擦净内外管插接段 ② 外管加热至软化状态，内管插入段部分涂上胶合剂后，迅速插入外管 ③ 待内外管吻合一致时，用冷水或湿布冷却，收缩变硬即完成插接连接 套接法（见左图 b 所示）： ① 将需套接的两根塑料管端头倒角，并涂上胶合剂 ② 取长度为 1.3～3 倍管径的套管一段（管径 50mm 及以下者取 1.3 倍；管径 50mm 以上者取 1.5 倍） ③ 加热套管至 130℃ ④ 将被连接的两根塑料管插入套管，并使连接管的对口位于套管中心，待冷却后即完成套接工作

③ 线管与接线盒的安装或连接，见表 6-23 所列。

表 6-23　线管与接线盒的安装或连接

名　称	示 意 图	说　明
灯头盒、接线盒	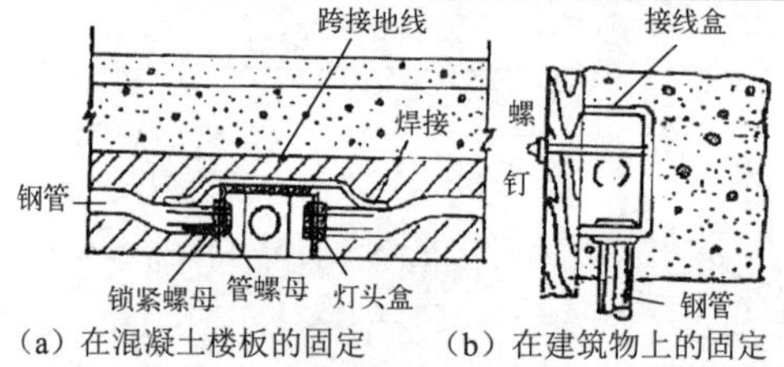 跨接地线　焊接　钢管　锁紧螺母　管螺母　灯头盒　接线盒　螺钉　钢管 （a）在混凝土楼板的固定　（b）在建筑物上的固定	一般采用铁钉固定或铁丝缠绕在铁钉上的固定，固定方法，如左图所示
钢管与接线盒、或钢管与开关盒、灯头盒	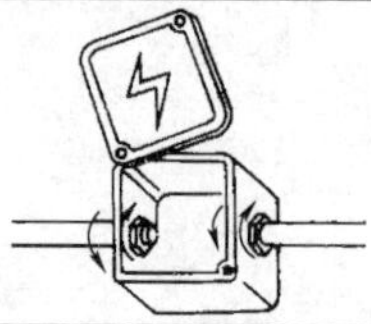	一般采用螺母连接或焊接，如左图所示

④ 清管穿线，见表 6-24 所列。

表 6-24　线管的清管与穿线

名　称	示 意 图	操 作 说 明
清管	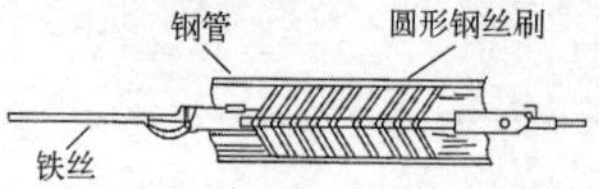 钢管　圆形钢丝刷　铁丝	用圆形钢丝刷清除管内锈圬（如左图所示），并用压力为 0.25 MPa（约 2.5 大气压）的压缩空气吹净管内残留的锈污、灰尘
穿线	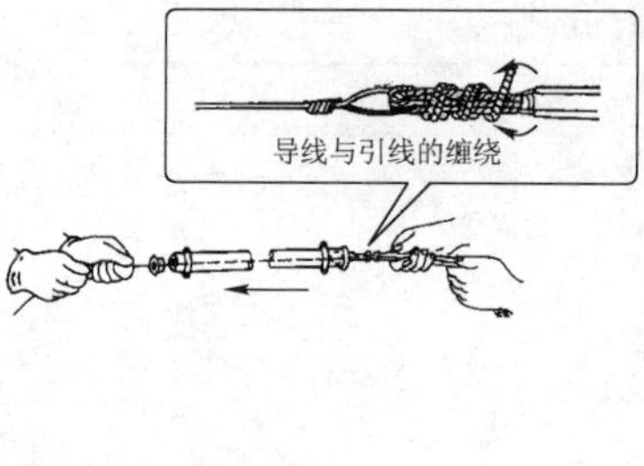 导线与引线的缠绕	需二人配合操作，即先将引入线一头穿入管内，由一人在管口慢慢拉动引入线头；管子的另一端操作者，将导线织扎在引入线尾部并慢慢送入管内，如左图所示。若钢管较长，弯头较多而穿线困难，可将导线外表用滑石粉润滑，但不能用油脂或石墨粉作润滑物 穿线时，为使在管内的线路安全可靠地工作，凡是不同电压和不同回路的导线，不应穿在同一根管内。用金属管保护的交流线路，为避免涡流效应，同一三相交流回路的导线，必须穿在同一根钢管内。穿在管内的导线不能有扭拧情况，不能有接头
剪去余线、做上标记	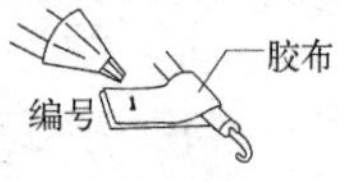 胶布　编号	导线穿好后应剪除多余的线，但要留有余量以便接线。预留长度以绕接线盒一周为宜。为了方便接线时能分辨所穿导线，可在导线端头绝缘层上做好标记或套上号码管（如左图所示），以便于区别

6.3.4　瓷绝缘子线的敷设

瓷绝缘子线敷设是利用瓷绝缘子（俗称瓷瓶）对导线进行固定的一种明线敷设方法。瓷绝缘子敷设有转角、交叉、分支三种基本形式，如图 6-7 所示。

瓷绝缘子线的一般敷设步骤如下。

（1）定位。定位工作应在土建未抹灰前进行。首先按施工图确定灯具、开关、插座和配电柜（箱）等设备的安装地点，然后定导线的敷设位置、穿过墙壁或楼板的位置，最后定中间的位置。瓷绝缘子线敷设线路的固定点和导线之间距离的确定，见表 6-25 所列。

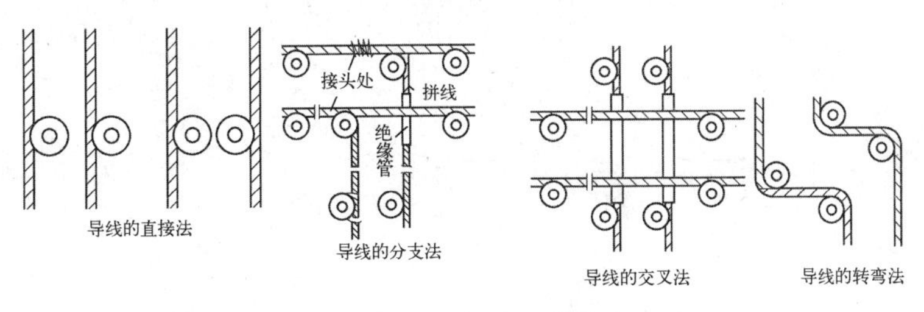

图 6-7　瓷绝缘子线敷设的基本形式

表 6-25　线路的固定点和导线之间的距离

配线方式	导线截面（mm^2）	固定点间最大允许距离（mm）	导线间最小允许距离（mm）
瓷绝缘子	1～2.5	2 000	70
	4～10	2 500	70
	16～25	3 000	100
	35～70	6 000	150
	95～12	6 000	150

（2）画线。画线工作应考虑所配线路实用、整洁与美观，尽可能沿房屋线脚、墙角等处敷设，并与用电设备的进口对正。画线时，沿线确定的瓷绝缘子固定位置以及每个开关、灯具、插座固定的中心处画一个“×”号。如果室内已粉刷，画线时应注意不要弄脏建筑物的表面。

（3）凿眼。凿眼工作应按划定位置进行。在砖墙上可采用钢凿或冲击电钻。凿眼的深度按实际需要确定，尽可能避免损坏建筑物。在用钢凿操作时，钢凿要放直，用铁锤敲击，边敲边转动钢凿，不可用力过猛，以防发生事故。

（4）埋设紧固件。紧固件的埋设应在眼孔凿制后进行，埋设前应在眼孔中洒水淋湿，再装入紧固件（如铁支架或开脚螺栓），用水泥砂浆填充，如图 6-8 所示。待水泥砂浆干硬后，再装上瓷绝缘子。

（5）埋设保护管。对穿墙保护管埋设时其防水弯头应朝下。若在同一穿越点需要排列多根穿墙保护管，应一管一孔，均匀排列，所有穿墙保护管在墙孔内应用水泥封固。

（6）瓷绝缘子的固定。瓷绝缘子的固定，除用上述方法外，还有用膨胀螺丝固定和黏结剂黏结固定等方法。

（7）导线的敷设。导线敷设应从一端开始，将导线一端紧固在瓷绝缘子上，调直导线再逐级敷设，不能有下垂松弛现象，导线间距及固定点距离应均匀。放线时，若线径较粗、线路较长，可用放线架放线，如图 6-9（a）所示；若线径不太粗、线路较短，可用手工直接放线，如图 6-9（b）所示。

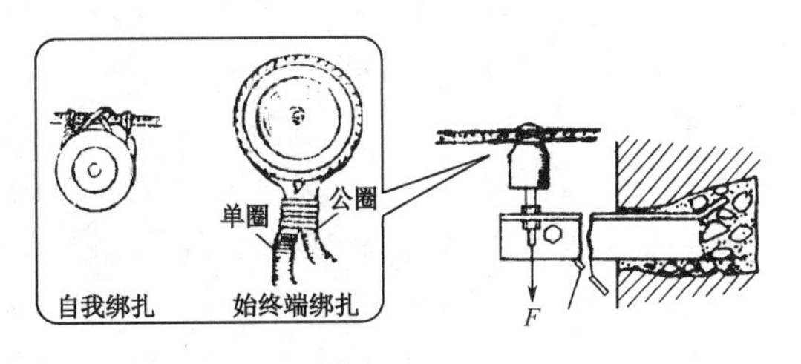

图 6-8　铁支架的埋设与瓷绝缘子的固定

（a）放线架放线

（b）手工放线

图 6-9　放线方法

（8）导线的固定。导线固定在瓷绝缘子上的绑扎方法有直线单花绑扎、双花绑扎和回头花绑扎 3 种方法，如图 6-10 所示。绑扎时，两根导线应放在瓷绝缘子同侧或同时放在瓷绝缘子外侧，不允许放在瓷绝缘子内侧。导线的绑扎圈数，见表 6-26 所列。

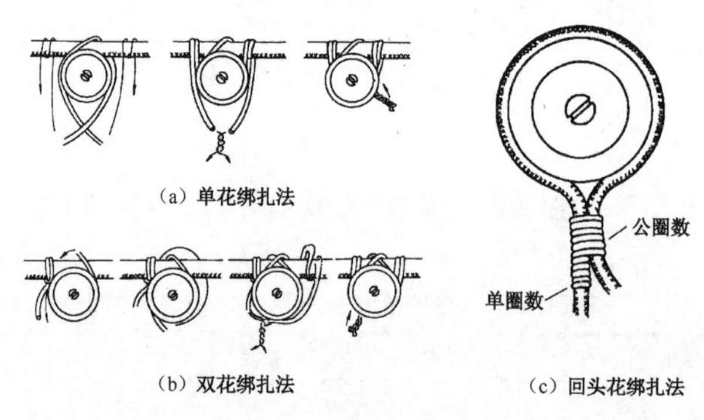

图 6-10　导线的绑扎方法

表 6-26　绑扎圈数

导线截面（mm^2）	1.5～2.5	4～25	35～70	95～120
公圈数	8	12	16	20
单圈数	5	5	5	5

6.4　室内控制、保护设备的安装

6.4.1　配电箱（板）的安装

配电箱（板）是一种连接电源和用电设备的电气装置。它按用途可分为动力配电箱（板）和照明配电箱（板）两种，材料有木制、铁制和塑料制的三种。

1. 盘面板的安装

（1）核对盘面板和配电箱尺寸是否匹配，并使盘面板四周与箱边之间有适当缝隙。

（2）将全部电器、仪表分别排列放在盘面板上。一般仪表置于盘面板上方，各回路的开关和熔断器一一对应，放在便于操作的位置，并应考虑接线、维修方便，排列美观。盘面板上的电器及其排列间距，分别如图 6-11 所示和表 6-27 所列。

（3）按照电器排列的实际位置，画出各种电器的安装孔和出线孔（要求排列间距均匀），然后打孔，并在出线孔上套上瓷接头（适用于木制和塑料盘面板）或橡皮护圈（适用于铁盘面板）。再将全部电器按预定位置摆正，用木螺钉或螺栓固定。

（4）根据电器和仪表的规格、容量及位置选择好导线截面和长度。盘面板各电器所用导线截面积应根据设计的用电负荷确定，但最小截面铜芯导线不得小于 1.5mm^2；铝芯导线不得小于 2.5mm^2。配线应排列整齐，绑扎成束。接入盘面板电器及盘面板后引入和引出导线应留有适当余量，以便检修。

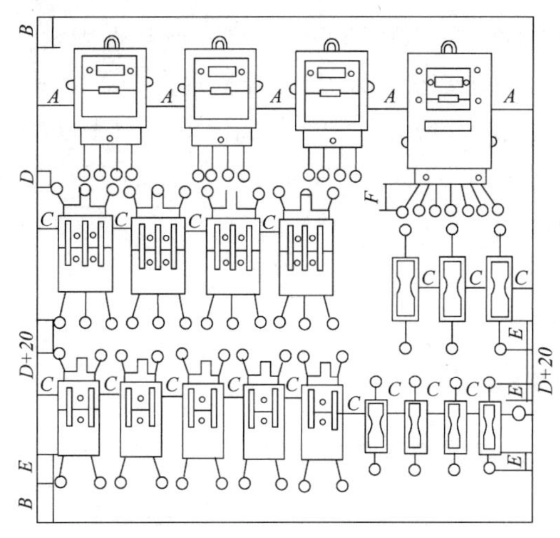

图 6-11　盘面板上的电器排列

表 6-27　盘面板上的电器排列间距

间　　距	最小尺寸（mm）		
A	60		
B	50		
C	30		
D	20		
E	电器规格	10～15A	20
		20～30A	30
		60A	50
F	80		

2．配电箱的安装

（1）配电箱的安装方式分明安装（挂式、落地式）和暗安装（墙孔式）2 种，如图 6-12 所示。不论采用哪种方式，安装场所都应干燥、明亮，不易受震，便于抄表和维护。

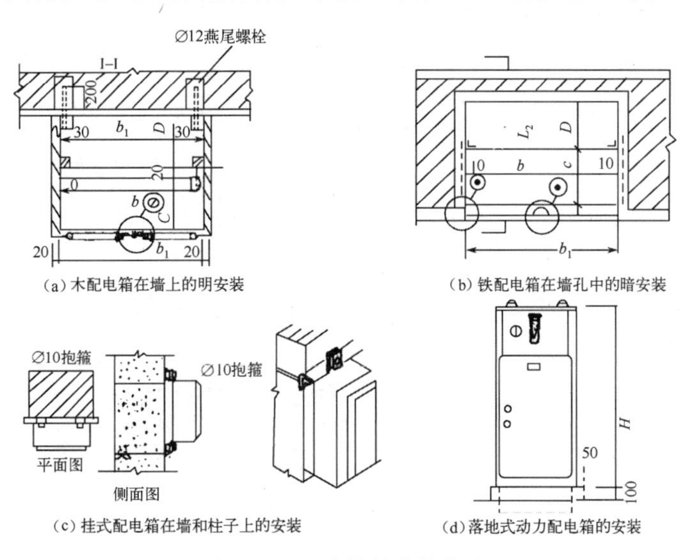

(a) 木配电箱在墙上的明安装　(b) 铁配电箱在墙孔中的暗安装
(c) 挂式配电箱在墙和柱子上的安装　(d) 落地式动力配电箱的安装

图 6-12　配电箱的安装方式

（2）在墙壁明装配电箱时，应先预埋好燕尾螺栓或其他固定件。当采用挂式安装配电箱时，箱底距地面为1.5m（除特殊要求外），箱（板）垂直安装偏差不大于3mm。

当采用落地式安装配电箱时，应先预制一个高出地面约100mm的混凝土空心台，其目的是使配电箱不易进水，进出导线方便。进入落地式配电箱的钢管，排列应整齐，管口应高出基础面50mm以上。

（3）在墙壁暗装配电箱时，其后壁需用10mm厚石棉板衬垫。墙壁内孔预留大小应比配电箱外形尺寸大20mm左右。

6.4.2 漏电保护器的安装

漏电保护器（俗称触电保安器或漏电开关），是用来防止人身触电和设备事故的装置。

1. 漏电保护器的使用

（1）漏电保护器应有合理的灵敏度。灵敏度过高，可能因微小的对地电流而造成保护器频繁动作，使电路无法正常工作；灵敏度过低，又可能发生人体触电后，保护器不动作，从而失去保护作用。一般漏电保护器的启动电流应在15～30mA。

（2）漏电保护器应有必要的动作速度。一般动作时间小于0.1s，以达到保护人身安全的目的。

2. 漏电保护器使用时注意事项

（1）不能以为安装了漏电保护器，就可以麻痹大意。

（2）安装在配电箱上的漏电保护器线路对地要绝缘良好，否则会因对地漏电电流超过启动电流，使漏电保护器经常发生误动作。

（3）漏电保护器动作后，应立即查明原因，待事故排除后，才能恢复送电。

（4）漏电保护器应定期检查，确定其是否能正常工作。

3. 漏电保护器的安装

漏电保护器的安装步骤，见表6-28所列。

表6-28 漏电保护器的安装

示意图	步骤	安装说明
	选型	应根据用户的使用要求来确定保护器的型号、规格。家庭用电一般选用220V、10～16A的单极式漏电保护器，如左图所示
	安装	安装接线应符合产品说明书规定装在干燥、通风、清洁的室内配电盘上。家用漏电保护器安装比较简单，只要将电源两根进线连接于漏电保护器进线两个桩头上，再将漏电保护器两个出线桩头与户内原有两根负荷出线相连即可
	测试	漏电保护器垂直安装好后，应进行试跳，试跳方法即将试跳按钮按一下，如漏电保护器开大跳开，则为正常

温馨提示

当电气设备漏电过大或发生触电时，保护器动作跳闸，这是正常的，绝不能因跳闸而擅自拆除。正确的处理方法是对家庭内部线路设备进行检查，消除漏电故障点，再继续将漏电保护器投入使用。

践行与阅读

——剥线钳、切管工具简介，楼板吊挂螺栓、吊钩的安装

◎ 资料一：剥线钳、切管工具简介

1. 剥线钳

剥线钳是内线电工和电动机修理、仪器仪表电工常用的工具之一，由头部、剥线口、断线口、弯线孔、安全扣、省力弹簧、塑胶手柄等组成（如图 6-13 所示）。适用于塑料、橡胶绝缘电线、电缆芯线的绝缘层剖削。

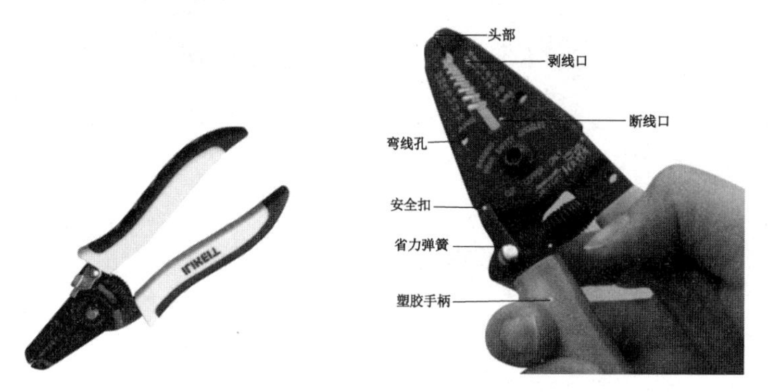

图 6-13　剥线钳及结构

剥线钳的性能标准如下。

（1）剥线钳的钳头能灵活地开合，并在弹簧的作用下开合自如。

（2）刃口在闭合状态下，其刃口间隙不大于 0.3mm。

（3）剥线钳的钳口硬度不低于 HRA56 或不低于 HRC30。

（4）剥线钳能够顺利剥离线芯直径为 0.5～2.5mm 导线外部的塑料或橡胶绝缘层。

（5）剥线钳的钳柄有足够的抗弯强度，可调式端面剥线钳在承受 20N·m 载荷试验后，柄的永久变形量不大于 1mm。

2. 切管工具

电工在施工中对 PVC 管进行切割的工具，常用的是钢锯或 PVC 管剪刀两种，如图 6-14 所示。

钢锯，又称手锯是用来锯割金属和非金属材料的常用工具，由钢锯架、钢锯手柄、元宝螺母、锯条等组成，如图 6.14（a）所示；PVC 管剪刀是剪切 PVC 管材的专用工具，由手柄、特殊刀片等组成，如图 6.14（b）所示。

（a）钢锯　　（b）PVC 管剪刀

图 6-14　钢锯和 PVC 管剪刀的结构

使用钢锯时，左手自然地轻轻把扶钢锯架前端，右手握稳钢锯的手柄。锯割时，左手压力不宜过大，右手向前推进施力，进行锯割，左手协助右手扶正弓架，锯割在一个平面内，保持锯缝平直，直至锯下 PVC 管。钢锯的握持，如图 6-15（a）所示。

使用 PVC 管剪刀时，左手轻扶 PVC 管，并将管子放入特殊刀口凹槽内；右手握稳 PVC 管剪刀的手柄，剪切 PVC 管材时左手用力夹压，直至剪下 PVC 管。PVC 管剪刀的握持，如图 6-15（b）所示。

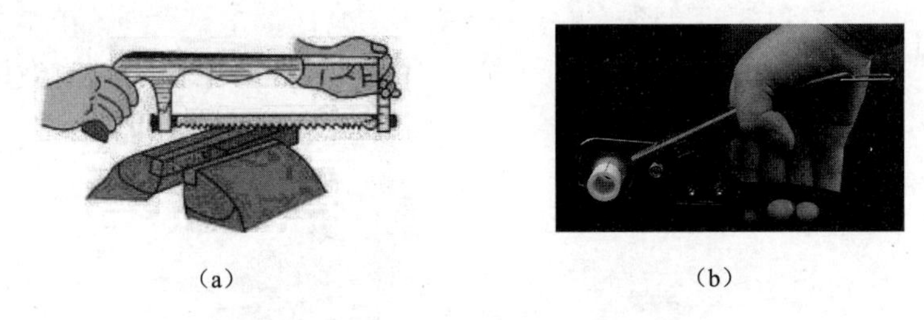

（a）　　（b）

图 6-15　钢锯、PVC 管剪刀的握持

◎ 资料二：楼板吊挂螺栓、吊钩的安装

1. 吊挂螺栓在楼板上的安装

预制楼板或现浇楼板内预埋吊挂螺栓的方式，见表 6-29 所列。

表 6-29　预制楼板或现浇楼板内预埋吊挂螺栓的方式

楼板结构	示　意　图	说　　明
预制楼板	圆钢套螺纹	吊挂螺栓应选用 ϕ8mm 圆钢，经套螺纹、弯折后，在预制空心楼板上安装，其形状见左示意图
	圆钢套螺纹	吊挂螺栓应选用 ϕ8mm 圆钢，经套螺纹、弯折加工后，沿预制楼板缝安装，其形状见左示意图

续表

楼板结构	示意图	说明
现浇楼板	50 50 圆钢	现浇楼板吊钩应选用 ϕ8mm 圆钢，经弯折，预埋（套钩）在准备浇注的楼板钢筋上，浇注成一体，其形状见左示意图
	圆钢套螺纹	现浇楼板单螺栓应选用 ϕ8mm 圆钢，经套螺纹、弯折，直接预埋在准备浇注的楼板模具内，浇注成一体，其形状见左示意图
	套螺纹 圆钢	现浇楼板双螺栓应选用 ϕ8mm 圆钢，经套螺纹、弯折，直接预埋在准备浇注的楼板内，浇注成一体，其形状见左示意图

2. 吊钩在空心楼板上的安装

① 轻型吊钩的安装方式。轻型吊钩用来悬吊小型吊灯或轻型吊扇之类电器。其安装方式，见表 6-30 所列。

表 6-30　轻型吊钩在空心楼板上的安装方式

示意图	说明
120~150mm 钩攀 钩环 钩柄 60~80mm	吊钩用 ϕ8mm 圆钢按左图标注尺寸制作，钩外径控制在 ϕ15mm 以内，见左所示图
ϕ20~25mm	先在灯具悬吊位置找出空心楼板的内孔中心部位。然后凿打吊钩孔，孔径一般控制在 ϕ20~25mm 范围内，不宜过大，见左所示图
	先把钩柄向一边钩攀，然后插入孔内，见左所示图
	当钩攀完全入孔后，即应拉动钩柄朝反向移动，见左所示图
	移至钩柄垂直时即可，见左所示图
	悬吊荧光灯的两吊钩时，必须注意钩口方向。如两吊钩口处于横向平行状态，两钩口朝向必须一左一右，不可以置于一个方向。如果两吊钩口处于纵向直线状态，两钩口朝向必须背背相反，切不可置一前一后的排列状态，见左所示图

② 中型吊钩的安装方式。中型吊钩用来悬吊单层及其以下的装饰吊灯或中小型吊扇，质量不超过7kg。其安装方式，见表6-31所列。

表6-31 中型吊钩在空心楼板上的安装方式

示 意 图	说 明
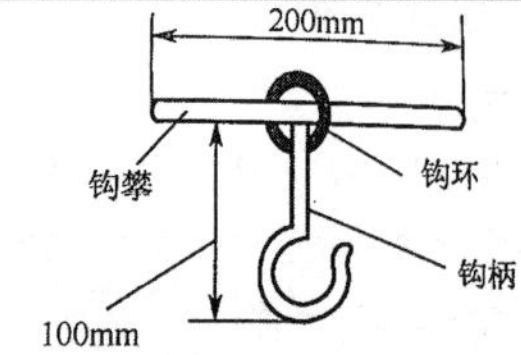 200mm 钩攀 钩环 钩柄 100mm	吊钩用 ϕ8mm 圆钢按左图标注尺寸制作，钩外径控制在 ϕ20mm 以内，见左所示图
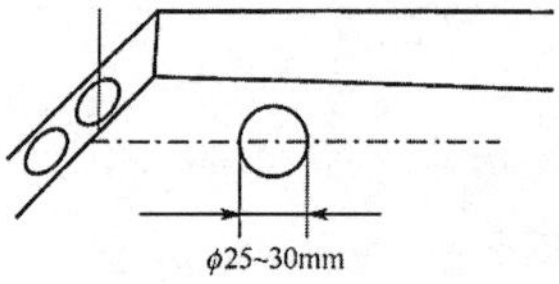 ϕ25~30mm	先在灯具悬吊位置找出空心楼板的内孔中心部位。然后凿打吊钩孔，孔径一般控制在 ϕ25~30mm 范围内，不宜过大，见左所示图
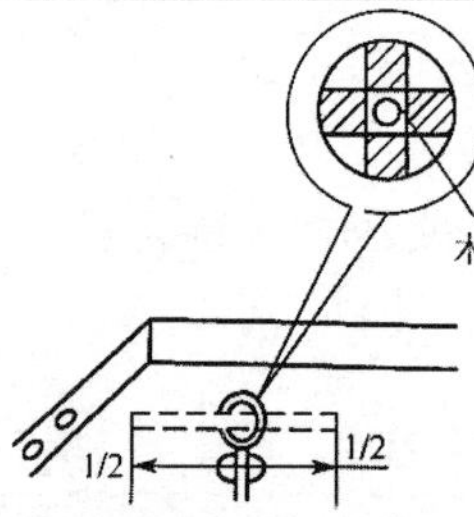 木榫 1/2 1/2	先把钩攀插入孔内，然后装上吊钩，并使钩环处于钩攀的中心部位，固定好钩柄，使其不会因摇晃而移位，见左所示图

③ 重型吊钩的安装方式。重型吊钩用来悬吊较大型的装饰吊灯或大型吊扇。其安装方式，见表6-32所列。

表6-32 重型吊钩在楼板上的安装方式

示 意 图	说 明
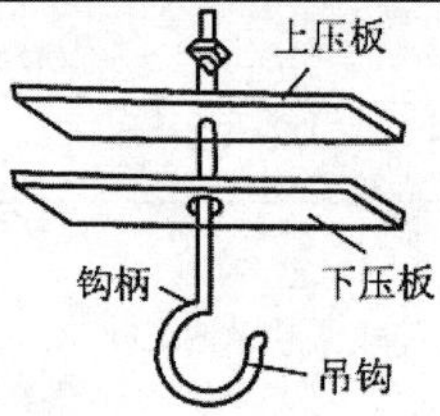 上压板 钩柄 下压板 吊钩	吊钩用 ϕ10mm 或 ϕ12mm 圆钢制作，钩长度（连柄）为250~400mm；用40mm×4mm或30mm×4mm扁钢板制成压板，长度为150mm左右，见左所示图
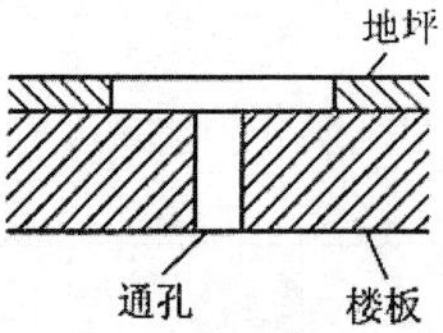 地坪 通孔 楼板	先在楼板的悬吊位置凿打吊钩孔，并在楼板地坪按压板尺寸凿去通孔周围地坪的混凝土。楼板通孔直径比钩柄直径大5mm即可，见左所示图
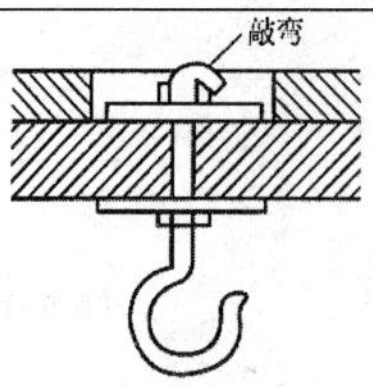 敲弯	在钩柄上装入螺母后，钩柄从下压板穿过，再装入上压板和螺母，并拧紧，然后敲弯钩柄余端，最后用1:2水泥砂浆补平地坪，见左所示图

——控制与保护设备的装配

根据教学实际，在如图 6-16 所示的家用配电板（箱）上配置 4～5 个用电回路。其具体要求：空调器用电回路（单独设置、导线截面积以 2.5mm² 以上为宜）、照明用电回路（导线截面积为 1.5mm²）、厨房用电回路（导线截面积为 1.5mm²）、卫生间用电回路（导线截面积以 1.5mm² 以上为宜），以及精密电器用电回路（导线截面积为 1.5mm²），并完成表 6-33 所列的填写、评议和学分给定工作。

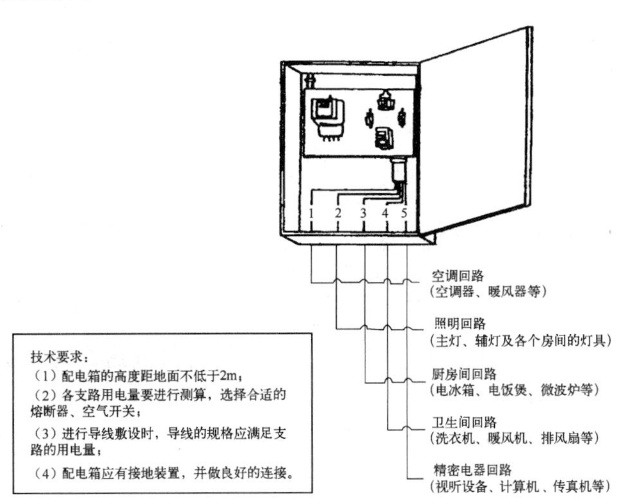

图 6-16　家用配电板（箱）的配置要求

表 6-33　配电板（箱）组装记录表

<table>
<tr><td>班　级</td><td></td><td>姓　名</td><td></td><td>学 号</td><td></td><td>日　期</td><td></td></tr>
<tr><td>收获
与体会</td><td colspan="7"></td></tr>
<tr><td rowspan="9">所需
器材</td><td rowspan="9">工具材料
及
电气元件</td><td>名　称</td><td>用　　途</td><td rowspan="7">电气元件</td><td>名　称</td><td colspan="2">用　　途</td></tr>
<tr><td></td><td></td><td></td><td colspan="2"></td></tr>
<tr><td></td><td></td><td></td><td colspan="2"></td></tr>
<tr><td></td><td></td><td></td><td colspan="2"></td></tr>
<tr><td></td><td></td><td></td><td colspan="2"></td></tr>
<tr><td></td><td></td><td></td><td colspan="2"></td></tr>
<tr><td></td><td></td><td></td><td colspan="2"></td></tr>
<tr><td></td><td></td><td rowspan="2">导　线</td><td></td><td colspan="2"></td></tr>
<tr><td></td><td></td><td></td><td colspan="2"></td></tr>
<tr><td rowspan="4">评价意见</td><td>评定人</td><td colspan="3">评价、评议、评定意见</td><td>等　级</td><td colspan="2">签　名</td></tr>
<tr><td>自己评价</td><td colspan="3"></td><td></td><td colspan="2"></td></tr>
<tr><td>同学评议</td><td colspan="3"></td><td></td><td colspan="2"></td></tr>
<tr><td>老师评定</td><td colspan="3"></td><td></td><td colspan="2"></td></tr>
</table>

注：①实训要求：说配电板（箱）线路中常用的所需器材的名称、用途；学会家用配电板（箱）的安装与检测技能。
　　②该践行学分为 10 分，记入本课程总学分（150 分）中，若结算分为总学分的 95%以上者，则评定为考核“合格”。

练习与交流

完成下列填空题、判断题和问答题，并与同学进行交流。

1．填空题

（1）导线绝缘层的剥离方法有______、______和______等。
（2）导线线头连接的方法一般有______、______、______和______等。
（3）导线连接的基本要求是：①______；②______；③______；④______。
（4）室内布线应做到：______________________________________等要求。
（5）漏电保护器是用来______________________________________的装置。

2．是非题（对打"√"，错打"×"）

（1）配电箱的安装场所应干燥、明亮，不易受振动，便于抄表和维护。（　）

（2）分支接点常出现在导线分路的连接点处，要求分支接点连接牢固、绝缘层恢复可靠，否则容易发生断路等电气事故。（　）

（3）安装扳把开关时，开关的扳把应向上为"分"，即电路接通；扳把向下为"合"，即电路断开。（　）

（4）单相二孔插座：二孔垂直排列时，相线接在上孔，零线接在下孔；水平排列时，相线接在左孔，零线接在右孔。（　）

（5）安装单相三孔插座的接线孔排列顺序是：保护线接在上孔，相线接在右孔，零线接在左孔。（　）

（6）螺口灯座安装时应将相（火）线接顶芯极，零线接螺纹极，否则容易发生触电事故。（　）

3．问答题

（1）怎样正确包扎绝缘胶布（带），才能确保导线的绝缘性能？
（2）羊眼圈一般用在什么地方？具体如何操作？
（3）室内布线一般有哪些具体的技术要求？

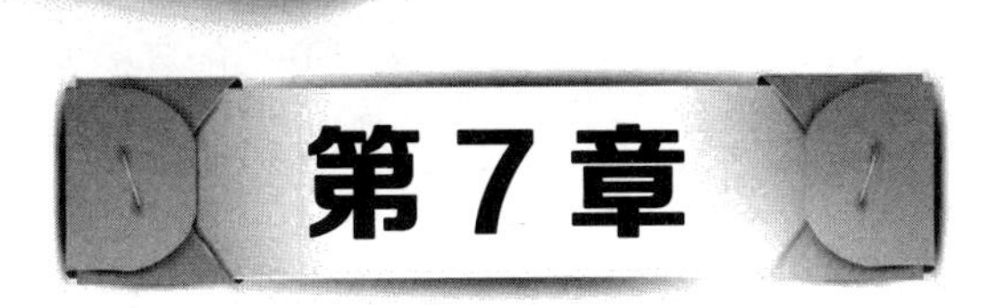

第 7 章

电气照明安装和故障检修

学习目标

- 掌握基本照明电器的正确安装方法
- 熟悉室内照明控制线路的施工技能
- 会分析、处理常见照明线路的故障

电气照明安装和故障检修，是电工工作中又一项基本操作技能（如图 7-1 所示），它的操作质量直接影响电气照明安装的安全、美观和故障检修的便捷等，因此必须熟悉和掌握它们。

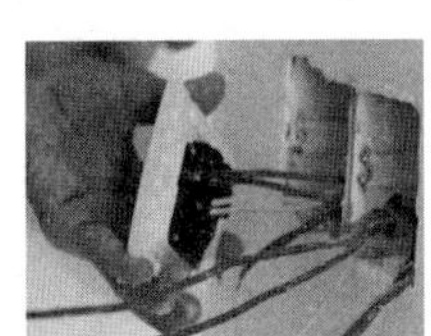

图 7-1　电气照明安装和故障检修技能

7.1　室内照明电器的安装

室内照明电器的安装有开关的安装、插座的安装、灯具的安装，以及控制线路的施工等。图 7-2 所示是开关、插座的接线暗盒安装示意图。

图 7-2　接线暗盒安装示意图

7.1.1　开关的安装

开关是用来控制灯具等电器电源通断的器件。根据它的使用和安装，大致可分明装式、暗装式和组装式几大类。明装式开关有扳把式、翘板式、揿钮式和双联或多联式；暗装式（即嵌入式）开关有揿钮式和翘板式；组合式即根据不同要求组装而成的多功能开关，有节能钥匙开关、“请勿打扰”的门铃按钮、调光开关、带指示灯的开关和集控开关（板）等。一些常见的开关，如图7-3所示。开关的具体安装范例，见表7-1所列。

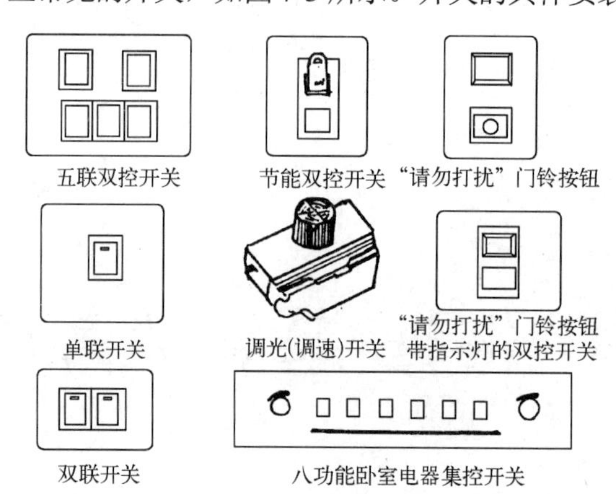

图7-3　几种常见开关

表7-1　开关的安装

安装形式	步骤	示意图	安装说明
明装	第1步	灯头与开关的连接线；相线；塞上木枕	在墙上准备安装开关的地方，居中钻1个小孔，塞上木枕，如左图所示。一般要求倒板式、翘板式或揿钮式开关距地面高度为1.3 m，距门框为150～200 mm；拉线开关距地面1.8 m，距门框150～200 mm
	第2步	在木台上钻孔	把待安装的开关在木台上放正，打开盖子，用铅笔或多用电工刀对准开关穿线孔在木台板上画出印记，然后用多用电工刀在木台钻3个孔（2个为穿线孔，另1个为木螺丝安装孔）。把开关的两根线分别从木台板孔中穿出，并将木台固定在木枕上，如左图所示
	第3步	K；a_1；a_2	卸下开关盖，把2根电源线的线头分别穿入底座上的两个穿线孔，如左图所示，并分别接入开关的a_1，a_2接线柱上，最后用木螺丝把开关底座固定在木台上 对于扳把开关，按常规装法：开关扳把向上时电路接通，向下时电路断开
暗装	第1步	墙孔；埋入；接线暗盒	将接线暗盒按定位要求埋设（嵌入）在墙内，埋设时用水泥砂浆填充，但要注意埋设平整，不能偏斜，暗盒口面应与墙的粉刷层面保持一致，如左图所示

续表

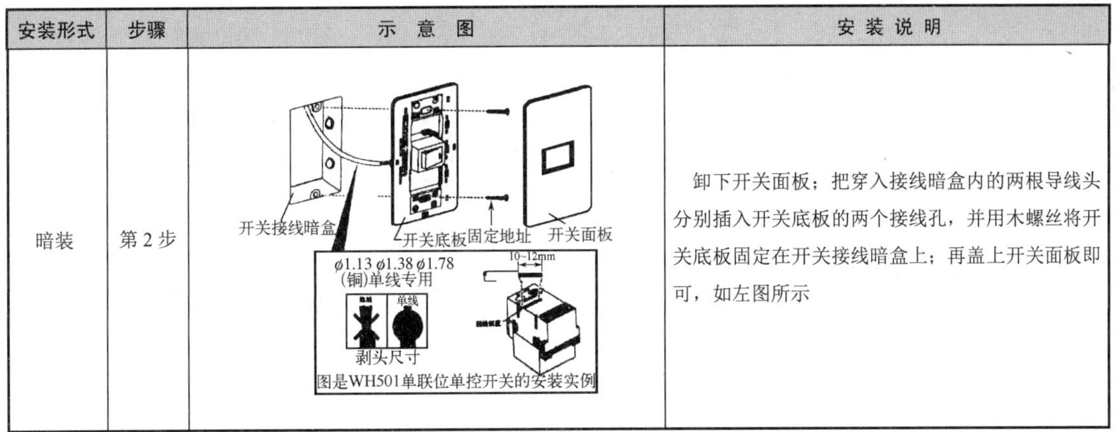

安装形式	步骤	示意图	安装说明
暗装	第 2 步	开关接线暗盒　开关底板　固定地址　开关面板　ϕ1.13 ϕ1.38 ϕ1.78 (铜)单线专用　单线　10~12mm　剥头尺寸　图是WH501单联位单控开关的安装实例	卸下开关面板；把穿入接线暗盒内的两根导线头分别插入开关底板的两个接线孔，并用木螺丝将开关底板固定在开关接线暗盒上；再盖上开关面板即可，如左图所示

温馨提示

①开关安装要牢固，位置要准确。

②安装扳把开关时，其扳把方向应一致：扳把向上为“合”，即电路接通；扳把向下为“分”，即电路断开。

7.1.2　插座的安装

插座是供电气设备（如台灯、电风扇、电视机、洗衣机及电动机等）与电源作良好连接用的，它分固定式和移动式两类。如图 7-4 所示，是常见的固定式插座，又分明装和暗装两种。插座的具体安装范例，见表 7-2 所列。

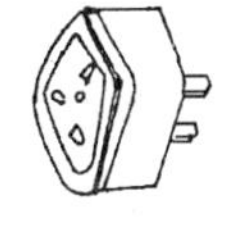

（a）明装插座

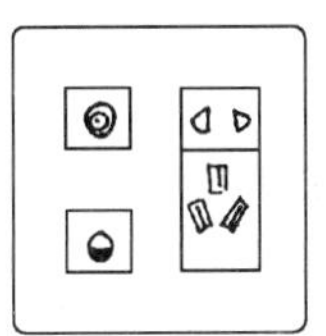

（b）暗装插座

图 7-4　几种常见的固定式插座

表 7-2　插座的安装

安装形式	步骤	示意图	安装说明
明装	第 1 步	灯头与开关的连接线　相线　塞上木枕	在墙上准备安装插座的地方居中打 1 个小孔，塞上木枕，如左图所示 低位置插座木塞安装距地面 0.3m，高位置插座木塞安装距地面为 1.8m
	第 2 步	在木台上钻孔	对准插座上穿线孔的位置，在木台上钻 3 个穿线孔和 1 个木螺丝孔，再把电源线穿入木台后，用木螺丝固定在木枕上，如左图所示

续表

安装形式	步 骤	示 意 图	安装说明
明装	第3步	E(保护接地) N L	卸下插座盖，把3根电源线分别穿入木台上的3个穿线孔中。然后，将3根电源线分别接到插座的接线柱上，如左图所示
暗装	第1步	墙孔 埋入 接线暗盒	将接线暗盒按定位要求埋设（嵌入）在墙内，如左图所示。埋设时用水泥砂浆填充，但要注意埋设平整，不能偏斜，暗装插座盒口面应与墙的粉刷层面保持一致
	第2步	E（保护接地） N L	卸下暗装插座面板；把穿过接线暗盒的导线线头分别插入暗装插座底板的3个接线孔内，如左图所示。检查无误后，再固定插座，并盖上面板

温馨提示

① 安装插座接线孔的排列、连接线路顺序要一致。

② 单相二孔插座的排列位置：二孔垂直排列时，相线L接在上孔，零线N接在下孔；水平排列时，相线L接在右孔，零线N接在左孔。

③ 单相三孔插座排列位置：保护接地线E接在上孔，相线L接在右孔，零线N接在左孔。

④ 三相四孔插座排列位置：保护接地线 E 接在上孔，其他三孔按左、下、右接 A，B，C 三相线。

7.1.3 白炽灯的安装

白炽灯的安装常见的有吊挂式（软线吊挂灯、链条吊挂灯、钢管吊挂灯）和矮脚式等，每一类又分卡口式灯头和螺口式灯头两种。为了不使接头处承受灯具的重力，吊灯电源线在进入挂线盒后，在离接线端头 50mm 处打一个保险结（即电工结），其打制方法，如图 7-5 所示。也可以加链条或钢管进行吊挂式安装。

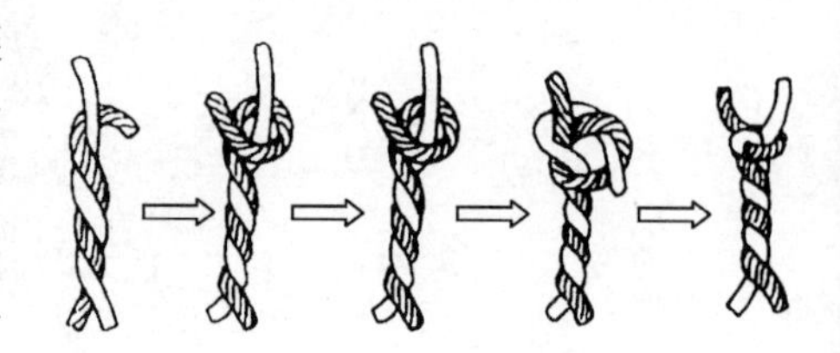

图 7-5　电工结的打制

（1）吊挂式灯头（以软线吊挂灯为例）的安装，见表 7-3 所列。

表 7-3　吊挂式灯头的安装

安装步骤	示 意 图	安装说明
第1步		木枕的安装：在准备安装吊线盒的地方居中钻 1 个孔，塞上木枕，如左图所示

续表

安装步骤	示意图	安装说明
第 2 步	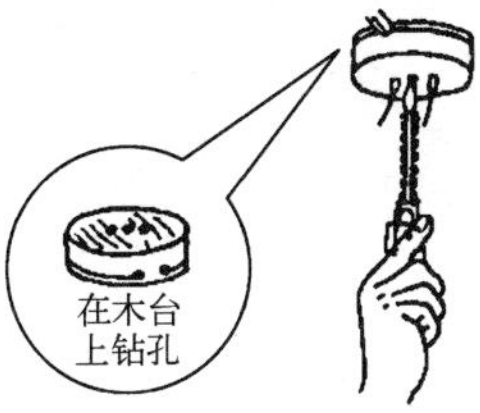 在木台上钻孔	木台的钻孔、开槽与固定：用三角钻在木台上钻 3 个小孔（中间是木螺丝孔，两旁的是穿线孔），再在木台一侧开一条进线槽。把零线线头和灯头与开关的连接线头分别穿入木台的穿线孔后，用木螺丝把木台连同底座一起紧固在木枕上，如左图所示。木台有木制和塑料制的两种
第 3 步	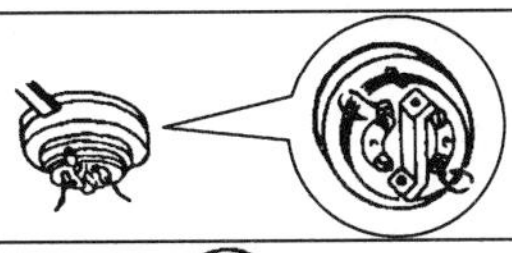	吊线盒底座的安装：将两根线头分别穿入吊线盒底座，并用木螺丝固定在木台上。然后，再把两根线头分别接到底座穿线孔的接线柱上，如左图所示
第 4 步	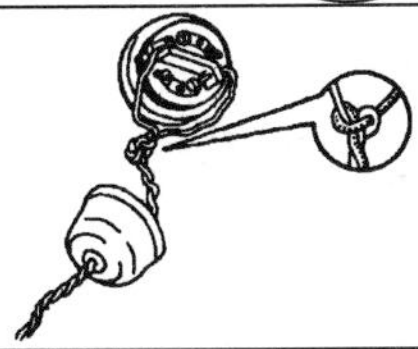	吊线盒的接线：取一段适当长度的胶合软线，在离顶约 50 mm 的地方打上电工结。然后，再把两根软线头穿入底座正中凸起部分的两个侧孔里，分别接到小孔旁的接线柱上，罩上吊线盒盖，如左图所示
第 5 步	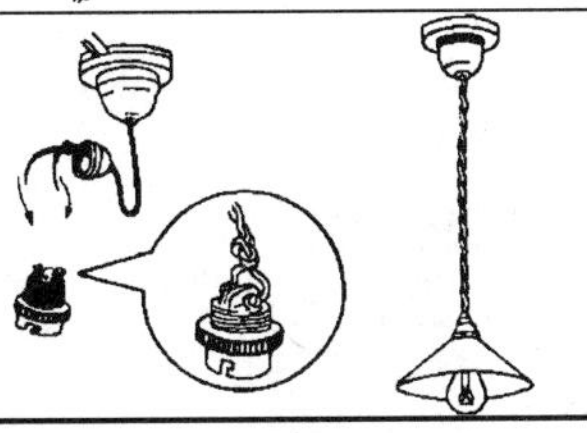	灯头的接线：卸下卡口式或螺口式灯头的灯头盖，穿入软线，并离线端部约 30 mm 的地方打个电工结。然后，把软线的线头分别接到灯头的接线柱上，罩上灯头盖，如左图所示

温馨提示

① 为保证人身安全，灯头线不能装得太低，灯头距地面的高度不应小于 2.5m。在特殊情况下可以降到 1.5m，但应有安全防护措施。

② 采用螺口灯座时，应将相（火）线接在螺口灯座的中心金属极上、零线接在螺口灯座的螺旋圈上，不能接反，否则在装卸灯泡时容易发生触电事故。

③ 吊线灯具重量不超过 1kg 时，可用电灯引线自身作为电灯吊线；灯具重量超过 1kg 时，应采用吊链或钢管吊装。

（2）矮脚式灯头的安装，见表 7-4 所列。

表 7-4　矮脚式灯头的安装

安装步骤	示意图	安装说明
第 1 步	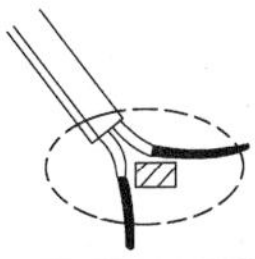	木枕的安装：在准备安装矮脚式灯头的地方居中钻 1 个孔，再塞上木枕，如左图所示
第 2 步	 在木台上钻孔	木台的钻孔、开槽与固定：对准灯头穿线孔的位置，在木台上钻 2 个穿线孔和 1 个木螺丝孔，再在木台侧边开一道进线槽。然后，将已剖削的线头从木台的 2 个穿线孔中穿出，并用木螺丝固定木台，如左图所示

续表

安装步骤	示意图	安装说明
第3步	灯头与开关的连接线 螺旋圈	矮脚式灯头的接线：把2根线头分别接到灯头的2个接线柱上，如左图所示
第4步		矮脚式灯头的底座安装：装上卡口式或螺口式灯头的底座，如左图所示

7.1.4 荧光灯的安装

1. 基本配件及控制线路

荧光灯的主要配件技术数据及其控制线路，分别见表7-5和表7-6所列。

表7-5 荧光灯主要配件技术数据

荧光灯管							
灯管型号	额定参数					外形尺寸	
	功率（W）	启动电流（mA）	工作电流（mA）	灯管压降（V）	电源电压（V）	长度（mm）	直径（mm）
RR-6	6	180	140	55	110/220	226	15
RR-8	8	195	150	65		301	15
RR-15	15	440	320	52		451	38
RR-20	20	460	350	60		604	38
RR-30	30	560	360	95		909	38
RR-40	40	650	410	108		1215	38

镇流器						
镇流器型号	配用灯管功率（W）	工作电压（V）	启动电流（A）	工作电流（A）	线圈数据	
					导线直径（mm）	匝数（mm）
PYZ-6	6	208	0.10	0.14	0.19	1 000×2
PYZ-8	8	206	0.195～0.2	0.15～0.16	0.19	1 000×2
PYZ-10	10	204		0.25	0.21	1 000×2
PYZ-15	15	202	0.41～0.44	0.3～0.32	0.21	980×2
PYZ-20	20	198	0.46	0.35	0.25	760×2
PYZ-30	30	182	0.56	0.36	0.25	760×2
PYZ-40	40	165	0.65	0.41	0.31	750×2

续表

启辉器								
启辉器型号	配用灯管功率（W）	电压（V）	启动速度		欠压启动		启辉电压（V）	使用寿命（次）
			电压（V）	时间（s）	电压（V）	时间（s）		
PYJ4-8	4～8	220	220	1～4	180	＜15	＞135	5 000
PYJ4-20	15～20							
PYJ4-40	30～40							

表 7-6 荧光灯控制线路

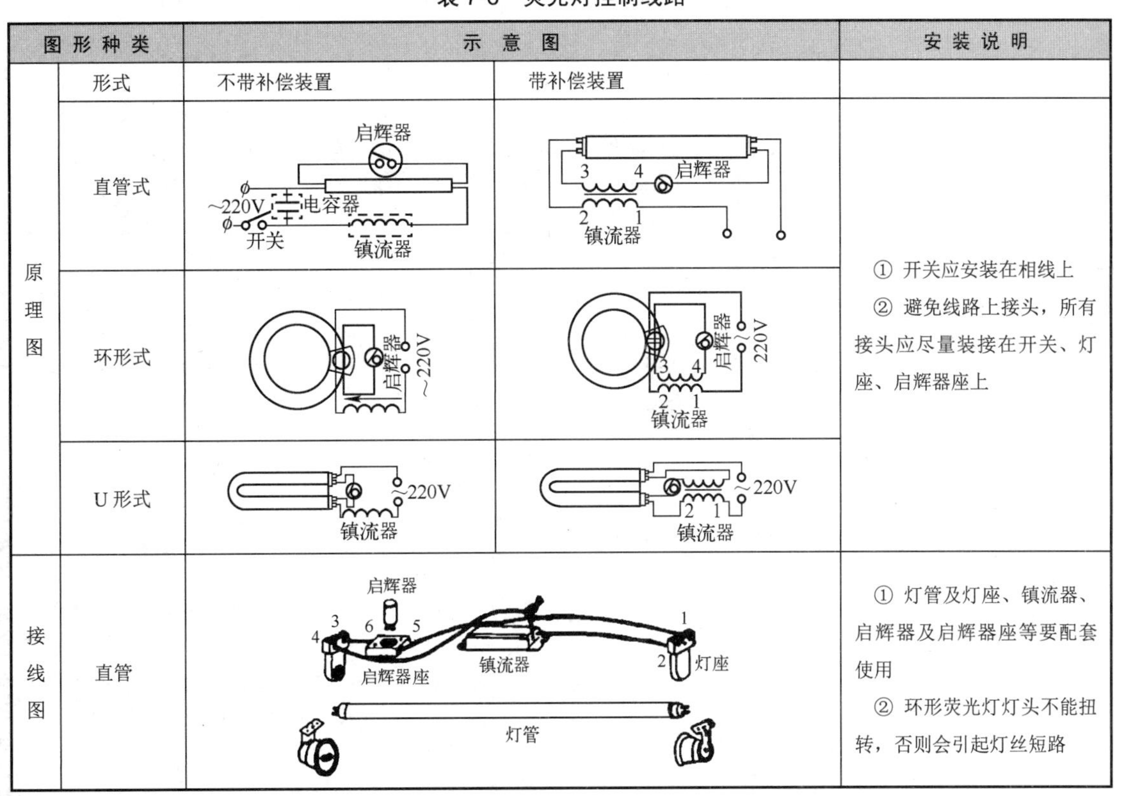

图形种类		示意图		安装说明
原理图	形式	不带补偿装置	带补偿装置	
	直管式	启辉器 电容器 ~220V 开关 镇流器	3 4 启辉器 2 1 镇流器	① 开关应安装在相线上 ② 避免线路上接头，所有接头应尽量装接在开关、灯座、启辉器座上
	环形式	启辉器 ~220V	启辉器 ~220V 3 4 2 1 镇流器	
	U 形式	~220V 镇流器	~220V 2 1 镇流器	
接线图	直管	启辉器 3 6 5 4 启辉器座 镇流器 1 2 灯座 灯管		① 灯管及灯座、镇流器、启辉器及启辉器座等要配套使用 ② 环形荧光灯灯头不能扭转，否则会引起灯丝短路

温馨提示

看一看表 7–6 中荧光灯控制线路有何区别?

2. 荧光灯的安装

荧光灯的安装包括荧光灯管及灯座、镇流器、启辉器及启辉器座等，安装方式有吊挂式、吸顶式和钢管式三种。现以吊挂式直管荧光灯的安装为例介绍其安装和接线的步骤，见表 7-7 所列。

表 7-7 吊挂式直管荧光灯的安装

安装步骤	示意图	安装说明
第1步 (灯座和启辉器座的安装)	启辉器座 灯座	把两只灯座固定在灯架左右两侧的适当位置(以灯管长度为标准),再把启辉器座安装在灯架上,如左图所示
第2步 (灯座与启辉器接线)	3 单根电线 启辉器座 1 6 5 4 2	用单导线(花线或塑料软线)连接灯座大脚上的接线柱 3 与启辉器的接线柱 6,启辉器座的另一个接线柱 5 与灯座的接线柱 1 也用单导线连接,如左图所示
第3步 (镇流器接线)	3 1 镇流器 6 5 4 2	将镇流器的任一根引出线与灯座的接线柱 4 连接,如左图所示
第4步 (电源线的连接)	3 1 镇流器 6 5 4 电源线 2	将电源线的零线与灯座的接线柱 2 连接,如左图所示
第5步 (安装启辉器)	启辉器的装法 启辉器 3 1 镇流器 6 5 4 电源线 2	把启辉器装入启辉器座中,如左图所示
第6步 (安装灯管和悬挂荧光灯)	天花板 圆木 吊线盒 拉线开关 把木架挂于预定的地方 把灯管装于灯座 用白线把灯管系好 灯管的装法!	将灯管装入灯座中,保证它们的良好接触,并装好链条,将荧光灯悬挂在天花板上,如左图所示。最后通过开关将两根引接线分别与相线、零线接好,即完成荧光灯的安装工作

温馨提示

想一想荧光灯除直管式、环形式、U 形式外还有哪些形式,它们的控制线路是否相同?

7.2 电气照明线路的施工

室内电气线路施工是一项应用性很广的技能,它要求输电的安全,布线的合理,能满足

使用者的不同需要。

7.2.1　电气照明线路施工的步骤

1. 照明设计的目的要求

（1）照明设计的目的。电气照明设计的目的：在充分利用自然光的基础上，运用现代人工照明的手段，为人们的工作、生活、娱乐等场所创造出一个优美舒适的灯光环境。也就是说电气照明设计是通过对建筑环境的分析，结合室内装饰设计的要求，在经济合理的基础上，选择光源和灯具，确定照明设计方案，并通过适当的控制，使灯光环境符合人们在工作、生活、娱乐等方面的要求，从而在生理和心理两方面满足人们的需求。

影响室内照明设计的因素：主要有建筑环境和灯光 2 个方面。建筑环境因素主要是指建筑规模、房间使用性质、室内装饰的风格等；灯光因素主要是指照明方式、光源的种类、灯具的形式等。建筑环境是创造灯光环境的基础和前提；灯光因素是满足照明要求的关键，两者是相辅相成的。建筑环境影响和灯光的运用又对室内环境气氛的创造提供条件，起到强化和补充作用。

（2）照明设计的原则。照明设计要符合使用性、安全性、美观性和经济性 4 个原则。

① 使用性原则。使用是设计的出发点和基本条件。设计应分析使用对象对照度、灯具、光色等方面的需求，选择合适的光源、灯具及布置方式。在照度上要保证规定的最低值；在灯具的形式与光色的变换上，要符合室内设计的要求。

使用性还包括照明系统的施工安装、运行及维修的方便，及对未来照明发展变化留有一定的空间等方面的内容。

② 安全性原则。在设计中要遵循规范的规定和要求，严格按规范设计；在选择电气设备及电器材料时，应慎重，要选用一些信誉好、质量有保证的厂家或品牌，同时还应充分考虑环境条件（如温度、湿度、有害气体等）对电器的影响。

③ 美观性原则。灯光照明还应具有装饰空间、烘托气氛、美化环境的功能。对于装饰要求较高的房间，装饰设计往往会对光源、灯具、光色的变换及局部照明等提出一些要求。因此，照明设计要尽可能地配合室内设计，满足室内装饰的要求。对于一般性房间的照明设计，也应该从美观的角度选择、布置灯具，使之符合人们的审美习惯。

④ 经济性原则。经济性原则包含节能和节约两方面：节能是指照明光源和系统应该符合节能有关规定和要求，优先选用节能光源和高效率灯具等；节约是指照明设计应从实际出发，尽可能减少一些不必要的设施，同时，还要积极地采用先进技术和先进设施。

2. 电气照明线路施工的工作

电气照明线路施工一般要经过前期准备、敷设路径确定、线路的预埋、支持物与配电箱（盒）的装设、导线的敷设、电源的连接和检查验收等 7 个方面的工作。

（1）施工前的准备工作

施工人员在室内照明施工时，首先要看懂电气图，明确施工要求，做好施工前的一切准备工作（如了解房间的分布、房间用电情况，导线、器件等材料的选定等）。现以某单元三住户用房和用电情况为例来说明，如图 7-6 所示。

用电情况如下：

① 各住户用房情况。甲住户有 5 间用房，即卧室、厅堂、厨房、浴室、厕所各一间。乙住户有 6 间用房，即卧室、厅堂、厨房、浴室、厕所、储藏室各一间。丙住户有 6 间用房，即卧室 2 间，厅堂、厨房、浴室、厕所各一间。

② 各住户用电情况。卧室中各设白炽灯 2 盏、插座 1 只，厅堂中各设白炽灯 1 盏、荧光灯 1 盏、插座 1 只，厨房中各设白炽灯 2 盏、插座 1 只，浴室、厕所、储藏室各设白炽灯 1 盏，公用走廊共有路灯 5 盏，包括门灯 1 盏，私用走廊共有路灯 4 盏。

公用走廊的路灯由总电能表引线，其余分别由各住户自行分计用电量。

③ 各住户用灯情况。甲住户用白炽灯 7 盏、荧光灯 1 盏、插座 3 只，乙住户用白炽灯 8 盏、荧光灯 1 盏、插座 3 只，丙住户用白炽灯 9 盏、荧光灯 1 盏、插座 3 只。

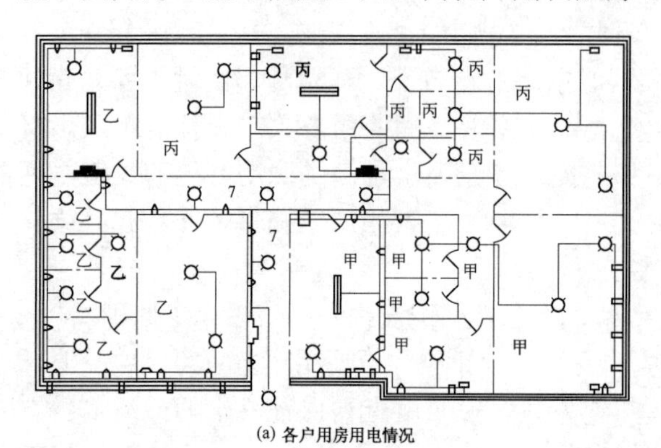

(a) 各户用房用电情况

符号	名称	符号	名称	符号	名称
甲	甲户		储藏室		插座
乙	乙户	7	公用走廊		绝缘支持物
丙	丙户		总配电板		总线
			分配电板		分支线
			白炽灯		门
			日光灯		单壁

(b) 电气符号说明

图 7-6 某单元三住户用房和用电情况

线路负载计算如下：

① 每条支路（每户一条支路）。每条支路以 10 盏灯（每盏灯 60 W）和 3 只插座（每只 120 W）计算。

耗电量 $W_1 = 60\times10+120\times3 = 960\ \text{W}$

载流量 $I_1 = \dfrac{960}{220} = 4.36\ \text{A}$

② 总线路。总负载除 3 条支路外，还有 5 盏公用灯。

公用灯耗电量 $W_2 = 60\times5 = 300\ \text{W}$

公用灯载流量 $I_2 = \dfrac{300}{220} = 1.36\ \text{A}$

总载流量 $I = 3I_1+I_2 = 3\times4.36+1.36 = 14.44\ \text{A}$

器材的选用如下：

① 总线路。总电能表用单相 15A 电能表；总开关用 15A 的胶木刀开关；总熔丝用直径 1.98mm 的铅锡合金丝（最高安全工作电流 15A，熔断电流 30A），装于 15A 的瓷插式保险盒内。总线用铜芯，截面积为 2.5mm^2 的单根橡皮包线。

② 支（分）线路。各支路电能表用 5A 的电能表。各支路开关用 10A 的胶木刀开关。各支路熔丝用直径 0.98mm 的铝锡合金丝（最高安全工作电流 5A，熔断电流 10A），装于 10A 的瓷插式保险盒内。各支路线用铜芯，截面积为 1.5mm^2 的橡皮包线或塑料护套线。

③ 用电设备。门灯配用 40W 白炽灯，路灯配用 25W 的白炽灯，荧光灯配用 40W 的灯管，室内灯具配用 40W 的白炽灯。

④ 其他零件。圆木、开关（暗装式）、插座（单相三孔插座），厕所及厨房灯头（瓷矮脚式）、接线盒。

（2）确定敷设路径的工作。确定敷设路径的内容包括：开关、插座、接线盒、灯头等位置。定位时，在每个开关、插座、接线盒、灯头等固定点的中心处画“×”号，并用粉袋弹线（画线）。如在选定房间入口（高度为 1.4m）处画一个“×”；在沿墙壁暗装插座处也画一个“×”等。

（3）做好线路预埋工作。预埋工作的主要内容有电源的引入方式及位置，电源引入配电箱的路径，垂直引上、引下及穿越梁柱、墙等位置和预埋保护管。

（4）装设支持物、线夹、线管及配电箱（盒）工作。根据确定敷设的路径，在走线固定点上安装支持物、线夹；线管安装应有一定的倾斜度，以免水倒灌；配电箱（盒）安装应平整、贴墙。

（5）敷设导线工作。导线敷设自上而下，做到横平竖直、尽量减少线路中的接头。所有接头应接设在开关、插座或接线盒中。

（6）电气连接工作。电气连接尽可能采用螺钉压接法；对直接或分支连接的导线一定要做绝缘层的处理工作。

（7）检查验收工作。室内施工完成交付使用前，要认识检查，做好线路的“验电”等工作。“验电”可以用验电笔或校验灯。

温馨提示

一般来说，空调器回路的施工，无论安装一台还是两台空调器，甚至多台空调器，都必须单独设置用电回路，其导线截面积以 2.5mm^2 以上为宜；厨房、卫生间电源插座回路（包括电饭煲、微波炉、电烤箱、电炒锅、洗衣机、暖风机、排风扇、电热淋浴器等）的导线截面积以 1.5mm^2 以上为宜；其他电源回路的导线截面积为 1.5mm^2 即可。

7.2.2　几种控制线路的接线方式

1. 基本照明控制电路的接线方式

在日常接线中，常会遇到一只单联开关控制一盏灯的接线方法。为了用电安全，一定要牢记“相线 L（俗称‘火线’）进开关，零线 N（俗称‘地线’）进灯头”的法则，见表 7-8 所列。

表 7-8　一只单联开关控制一盏灯线路的接线方法

接线步骤	示意图	接线说明
第 1 步 （灯头线的连接）	N　d_1　d_2　K　A　a_1　a_2	连接灯头线：把电源线的零线 N 接到灯头 A 的接线柱 d_2 上，如左图所示

续表

接线步骤	示意图	接线说明
第2步 （开关线的连接）	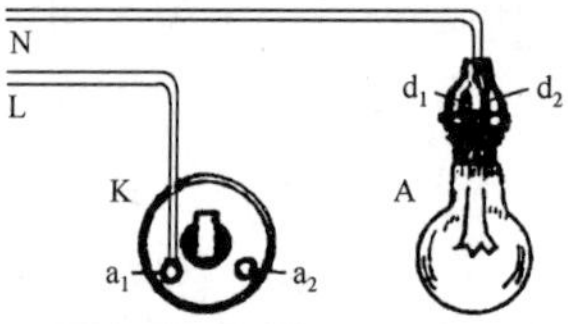	连接开关线：把电源线的相线 L 接到开关 K 的接线柱 a_1 上，如左图所示
第3步 （开关与灯头的连接）	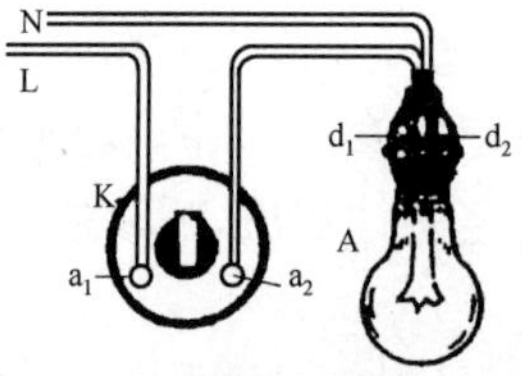	连接开关与灯头：用导线连接灯头 A 的接线柱 d_1 和开关 K 的接线柱 a_2，如左图所示

图中 K 表示单联开关，a_1、a_2 分别是 K 的单联开关接线柱；A 表示灯头，d_1、d_2 分别是 A 的灯头接线柱。

同理，两只单联开关在不同的地方分别控制两盏不同的灯（即两盏灯各自由一只单联开关控制）的连接方法，见表 7-9 所列。

表 7-9　两只单联开关分别控制两盏灯的接线方法

接线步骤	示意图	接线说明
第1步 （灯头线的连接）	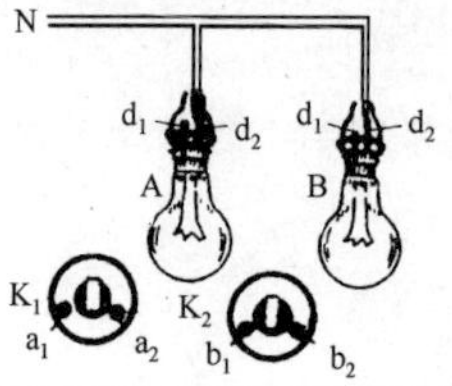	连接灯头线：先把零线 N 从电源上引接到灯头 A 的接线柱 d_2 上，然后用另一段导线也接在灯头 A 的 d_2 上，接妥后，引接到灯头 B 的接线柱 d_2 上旋紧，如左图所示。这就是电工师傅们习惯上说的“灯头线始终进灯头”
第2步 （开关线的连接）	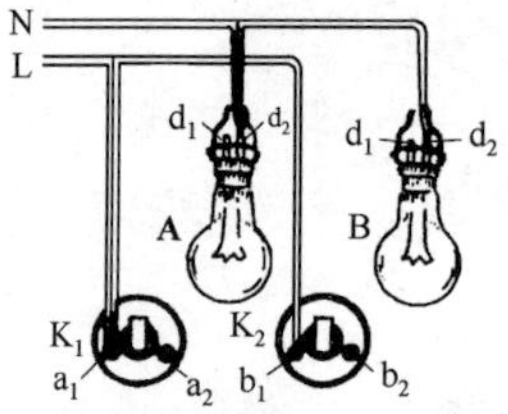	连接开关线：把相线 L 自电源上引来接在开关 K_1 的接线柱 a_1 上，然后用另一段线接在开关 K_1 的 a_1 上，再引接到开关 K_2 的接线柱 b_1 上旋紧，如左图所示 即：电工师傅们习惯上说的“开关线始终进开关”
第3步 （灯头与开关的连接）	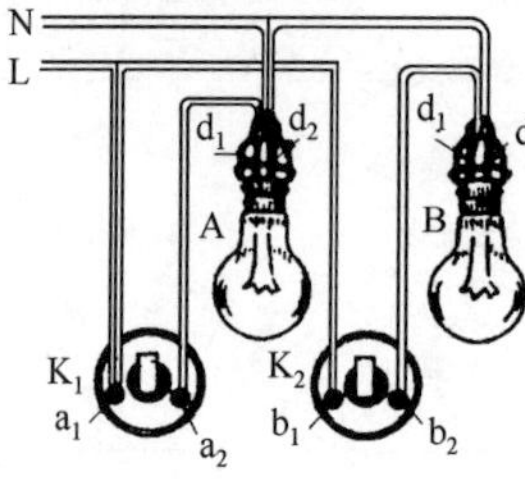	连接灯头与开关：方法是先丈量开关和灯头的距离，截取两段导线，然后把一段导线自开关 K_1 的 a_2 接线柱引到灯头 A 的 d_1 接线柱上。另一段导线自开关 K_2 的接线柱 b_2 引到灯头 B 的接线柱 d_1 上即可

温馨提示

图中 K_1、K_2 分别表示单联开关，a_1、a_2 和 b_1、b_2 分别是单联开关 K_1、K_2 的接线柱；A 和 B 分别表示灯头，d_1 与 d_2 是灯头 A 的接线柱。

2．其他照明控制电路的接线方式

在实际应用中，除最基本的照明控制线路外，还会碰到其他各种控制形式的照明电路，例如，一只单联开关连带控制两盏或多盏灯的电路、双联开关在不同地方控制一盏灯的电路、电源插座与一盏灯的控制电路、电源插座与两盏（及两盏以上）灯的控制电路等。

（1）单联开关控制两盏或多盏灯的接线方法。一只单联开关连带控制两盏或多盏灯的接线方法，见表 7-10 所列。

表 7-10　一只单联开关同时控制两盏灯的接线方法

接线步骤	示意图	接线说明
第 1 步（灯头线的连接）	把电源线的零线 N 连续接到 A 灯头的接线柱 d_2 与 B 灯头的接线柱 d_2 上	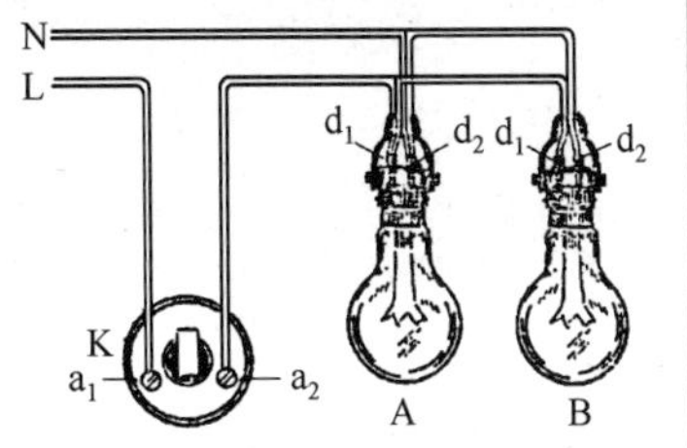
第 2 步（开关线的连接）	把电源线的相线 L 接到开关 K 的接线柱 a_1 上	
第 3 步（开关与开关的连接）	用导线从开关 K 的接线柱 a_2 按灯头的顺序连接 A 灯头的接线柱 d_1，再连接到 B 灯头的接线柱 d_1 上	

温馨提示

一只单联开关同时控制多盏（两盏以上）灯的接法，也可照此法进行，就是将要连带控制的灯都和 A 灯并联即可。

（2）两只双联开关在不同地方控制一盏灯的接线方法。安装这种控制线路需要一种特殊的开关——双联开关，如图 7-7 所示，它比单联开关多两个接线柱，共有 4 个接线柱，其中 2 个接线柱是用铜片连接的。两只双联开关在不同地方控制一盏灯的安装，见表 7-11 所列。

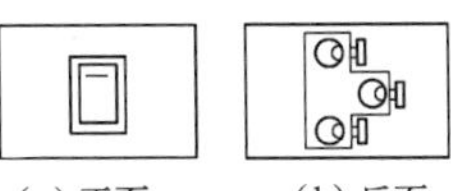

（a）正面　　（b）反面

图 7-7　双联开关

表 7-11　两只双联开关在不同地方控制一盏灯的接线方法

接线步骤	示意图	接线说明
第 1 步（灯头线的连接）	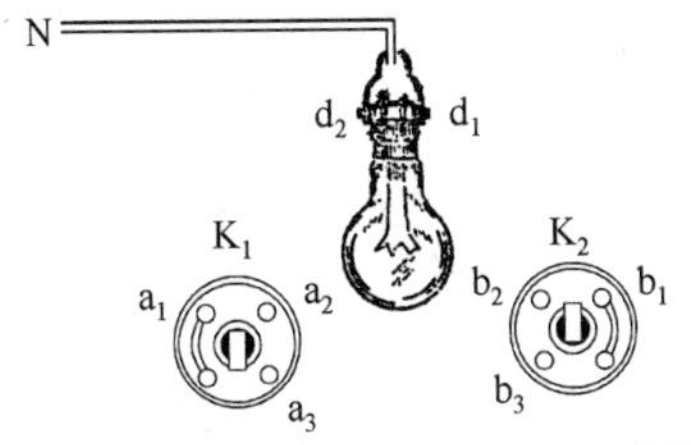	将电源线的零线 N 接灯头的接线柱 d_2，如左图所示

续表

接线步骤	示意图	接线说明
第2步 （开关线的连接）	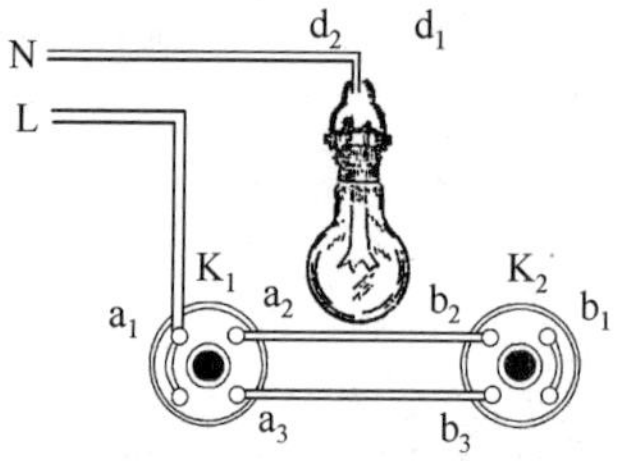	将电源相线 L 接在开关 K_1 的连铜片接线柱 a_1 上，然后用导线分别将开关 K_1 的接线柱 a_2 与开关 K_2 的接线柱 b_2 连接，开关 K_1 的接线柱 a_3 与开关 K_2 的接线柱 b_3 相连接，如左图所示
第3步 （开关与灯头的连接）	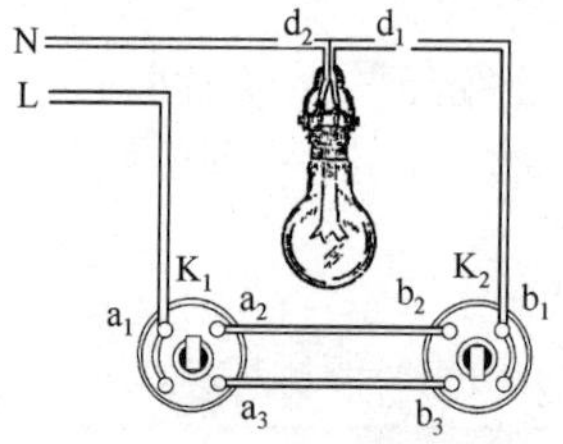	用导线将灯头的接线柱 d_1 与开关 K_2 的连铜片接线柱 b_1 连接上即可，如左图所示

温馨提示

图中双联开关 K_1 可连铜片接线柱 a_1 和接线柱 a_2、a_3，双联开关 K_2 可连铜片接线柱 b_1 和接线柱 b_2、b_3；灯头接线柱为 d_1、d_2。

（3）电源插座与一盏灯的接线方法。电源插座与一盏灯的控制，即一只电源插座与一盏灯的接线方法，见表 7-12 所列。

表 7-12　一只电源插座与一盏灯的接线方法

步　骤	示意图	安装说明
第1步	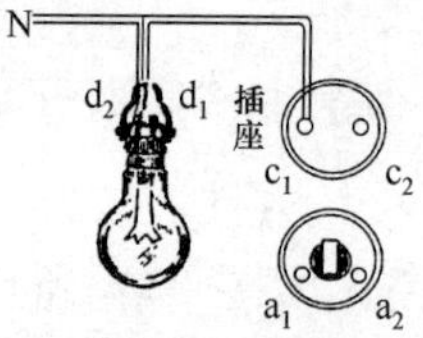	将电源线的零线 N 分别接在灯头的接线柱 d_2 和插座接线柱 c_1 上，如左图所示
第2步	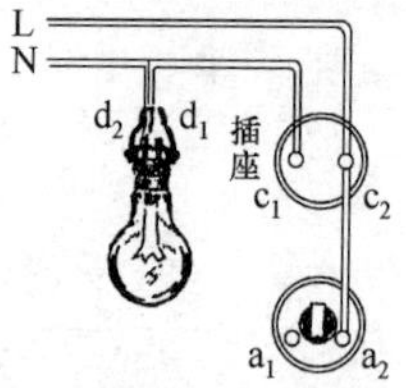	将电源线的相线 L 连接到插座的接线柱 c_2 和开关的接线柱 a_2 上，如左图所示
第3步	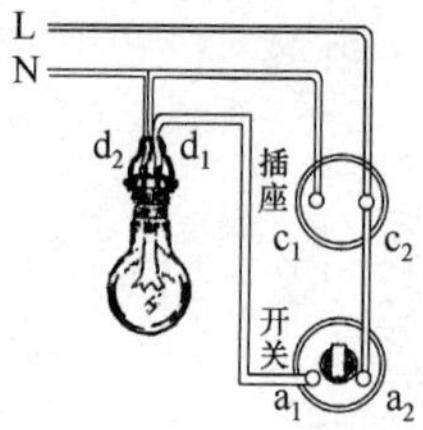	连接开关接线柱 a_1 与灯头接线柱 d_1，如左图所示

温馨提示

图中 c_1、c_2 表示电源插座接线柱；a_1、a_2 表示单联开关接线柱；d_1、d_2 为灯头 A 的接线柱。

（4）电源插座与两盏（及两盏以上）灯的接线方法。电源插座与两盏（及两盏以上）灯的接线方法，见表 7-13 所列。

表 7-13 电源插座与两盏（及两盏以上）灯的接线方法

名　称	接线示意图	说　明
电源插座与两盏灯的接线方法	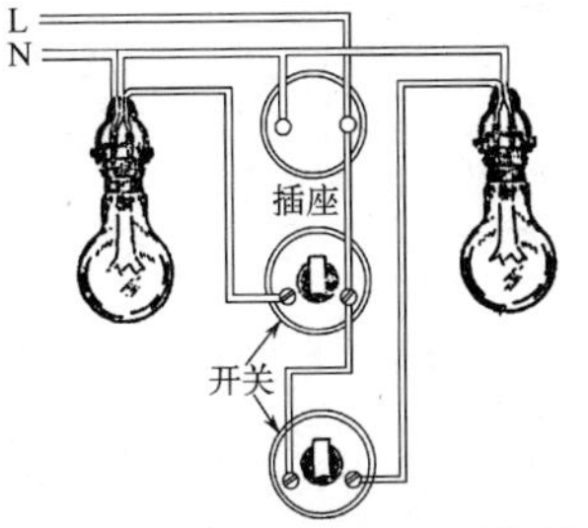	左图是一个电源插座和两只开关各控制一盏电灯的电路图。一般来说，图中的接线方法是安全、经济而又便于使用的 电源插座与两盏灯的接线方法，参照上述方法进行
电源插座与两盏以上灯的接线方法	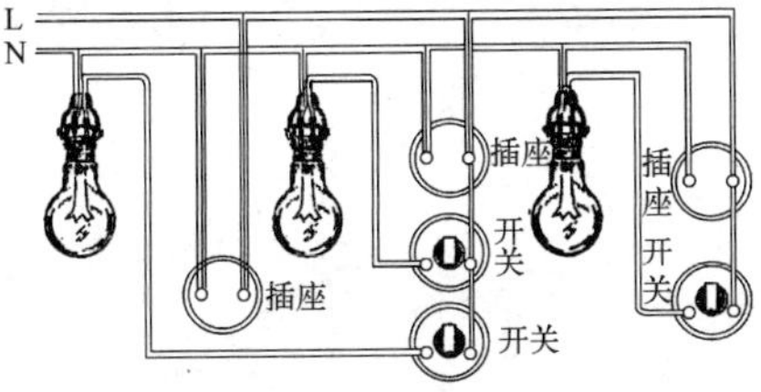	左图是三个电源插座和三只开关各自控制一盏电灯的电路图。接线的要点和电源插座与两盏灯的安装（连接）相同 这种接线方法可应用在装置更多的插座和电灯的场合

温馨提示

① 插座的安装位置要适当，避免儿童误碰或玩弄而发生危险。

② 插座在并联接法时，一个接线孔的接线柱接零线 N，另一个接线孔的接线柱接相线 L，即做到“插座左插孔接零线 N，右插孔接相线 L”。

7.2.3 电气线路施工范例

1. 明线敷设范例

室内电气线路的明敷设有塑料线槽敷设、塑料护套线敷设和明管敷设等，而塑料线槽敷设、塑料护套线敷设又是常用的两种。

（1）塑料线槽敷设范例。塑料线槽敷设是利用沿建筑物墙、柱、顶边角走向的塑料线槽，将导线固定在线槽内的敷设，具有导线不外露，整齐美观的特点，常用于用电量比较小的屋内干燥场所，例如，住宅、办公室等室内的电气线路敷设。塑料线槽分为槽底和槽盖两部分，施工时先把槽底固定在墙面上，放入导线后再盖上槽盖。VXC-20 线槽尺寸为 20mm×12.5mm，每根长 2m。

如图7-8所示是采用VXC-20塑料线槽敷设的施工示意图，如图7-9所示为塑料线槽及附件的序号。塑料线槽施工方法，见表7-14所列。

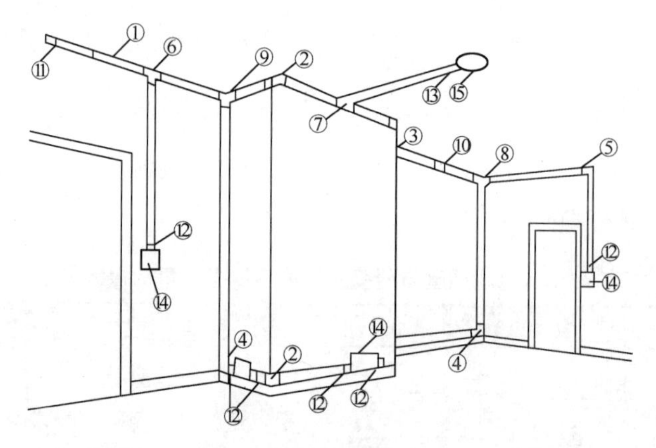

图7-8　VXC-20塑料线槽敷设的施工示意图

型号		规格尺寸 (mm)				编号
		A	*B*	*H*	*D*	
接线盒	SM51	86	86	40	60.3	HS1151
	SM52	116	86	40	90	HS1152
	SM53	146	86	40	121	HS1153
盖板	SM61	86	86	—	60.3	HS1161
	SM62	116	86	—	90	HS1162
	SM63	146	86	—	121	HS1163

图7-9　塑料线槽及附件

表7-14　VXC-20塑料线槽敷设的方法

序　号	施工步骤	说　明
1	定位画线	线槽一般沿建筑物墙、柱、顶的边角处定位。定位时，要注意避开不易打孔的混凝土梁、柱。用粉袋弹线（画线）时，要做到横平竖直。在每个开关、灯具和插座等固定点的中心处画一个“×”号

续表

序　号	施 工 步 骤	说　　明
2	槽底下料	根据所画线位置截取合适长度的槽底，转角处槽底要锯成斜角。有接线盒的位置，线槽要到盒边为止
3	固定槽底和明装盒	用钉固定好线槽槽底和明装盒等附件。槽底的固定位置，直线段不大于 0.5mm，短线段距两端 10cm。在明装盒下部适当位置开孔，用于进线
4	下线、盖槽盖	把导线放入线槽，槽内不准接线头，导线接头在接线盒内进行。在放线的同时把槽盖盖上，以免导线掉落

（2）塑料护套线敷设范例。塑料护套线敷设是利用铝片卡或塑料线卡将塑料护套线直接固定在墙壁、楼板及建筑物上的敷设，具有抗腐蚀能力强、耐潮性能好、线路美观、敷线费用少等特点，只是导线的截面积较小。这种敷设方法可用于敷设在潮湿和有腐蚀的场所。塑料护套线敷设方法，见表 7-15 所列。

表 7-15　塑料护套线敷设方法

序号	施工步骤	示 意 图	说　　明
1	定位画线	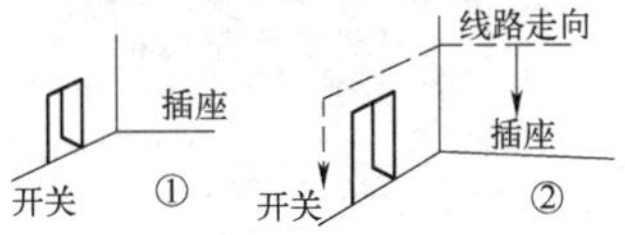 插座　开关　①　线路走向　插座　开关　②	线槽一般沿建筑物墙、柱、顶的边角处定位。定位时，用粉袋弹线（画线），做到横平竖直。在每个开关、灯具和插座等固定点的中心处画一个“×”号
2	凿孔		根据定位画线要求，在走线固定点上凿打预埋件孔
3	埋设预埋件	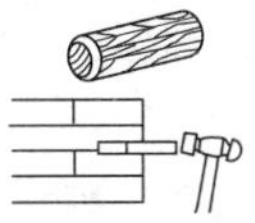	在凿打预埋件孔中埋设预埋件（如木榫等）
4	固定线卡	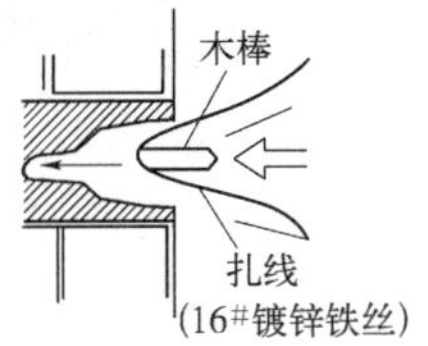 木棒　扎线（16#镀锌铁丝）	用铁钉把线卡固定在木榫上
5	导线敷设	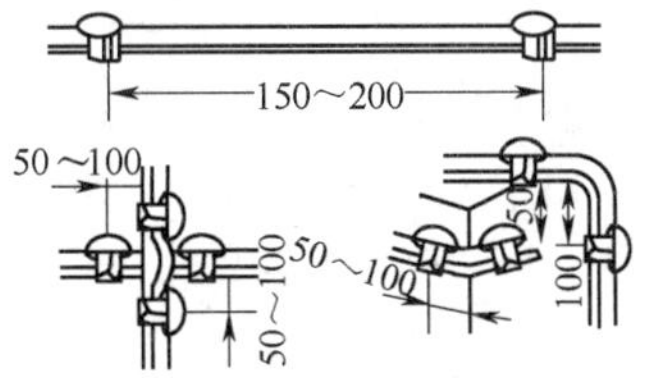 150～200　50～100　50～100　50～100　50　100	导线敷设应自上而下进行，做到导线平直、贴墙。塑料护套线夹持的位置，如左图所示

2. 暗线敷设范例

随着家庭住宅条件的改善，暗敷设已经逐渐普及，新的住宅也都采用暗线施工。暗线敷设的特点是房间布置整洁，也无电线磕碰，安全可靠。

（1）二室一厅标准层单元住宅暗线施工范例。住宅线路的暗敷设分为预埋设和现埋设两种，而现埋设施工是最常用的。如图 7-10 所示的是二室一厅标准层单元住宅 6 路配置的供电施工图。其电气线路现埋设的步骤和方法，见表 7-16 所列。

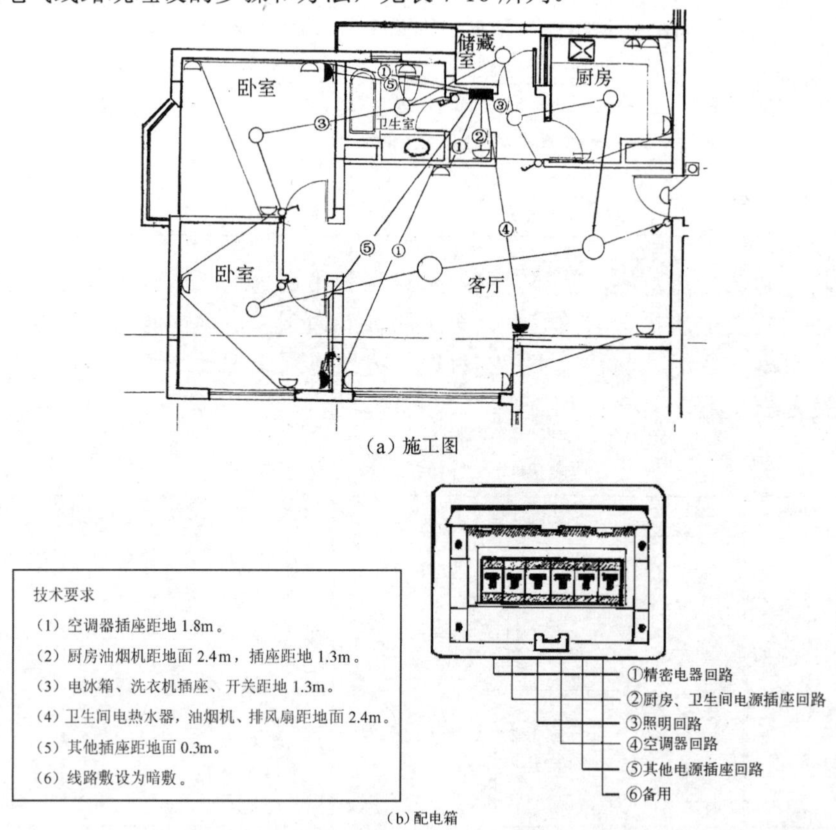
储藏室
厨房
卧室
卫生室
卧室
客厅
（a）施工图
技术要求
（1）空调器插座距地 1.8m。
（2）厨房油烟机距地面 2.4m，插座距地 1.3m。
（3）电冰箱、洗衣机插座、开关距地 1.3m。
（4）卫生间电热水器，油烟机、排风扇距地面 2.4m。
（5）其他插座距地面 0.3m。
（6）线路敷设为暗敷。
①精密电器回路
②厨房、卫生间电源插座回路
③照明回路
④空调器回路
⑤其他电源插座回路
⑥备用
（b）配电箱

图 7-10　二室一厅单元住宅电气线路施工（平面）图

表 7-16　住宅线路电气线路现埋设的步骤和方法

序号	示 意 图	说　明
1		根据施工图纸，了解二室一厅单元住宅电气线路平面图和技术要求
2	走向线 线盒埋位	根据电源引入位置和房间布置要求确定配电板开关、灯具、插座等位置，并在建筑物上画出它们的走向线，同时应考虑合理走向，尽量避开混凝土结构部分
3	砖角	按走向线凿打埋管槽和接线盒孔，槽孔深度应能放进塑料管，并要使墙面外侧至管外侧（或接线盒外沿至墙面）至少距离 6mm 以上，否则补槽后墙面容易开裂 用凿子凿打的开关、插座等位置按各自线盒的外形尺寸大小确定

续表

序号	示 意 图	说 明
4	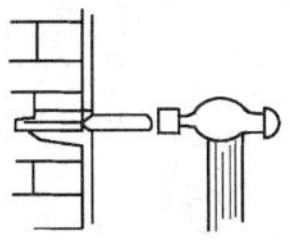	参照技术要求，在应埋设的线管固定点凿打木榫孔
5	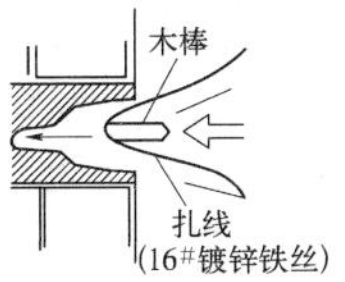 木棒 扎线 (16#镀锌铁丝)	把 16#镀锌铁丝缠绕在榫头上一起钉入榫孔内，用以固定线管
6	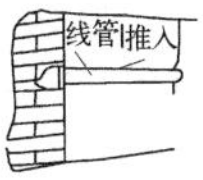 线管 推入	将塑料管按需要截取，并埋设在管槽内，要求使塑料管不松动为宜
7	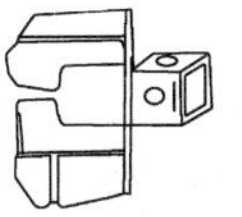	在接线盒孔内埋装线盒，要求线盒平整，以不松动为宜
8		用水泥砂浆填封线管和接线盒的空隙，填封应与砖砌面齐平
9	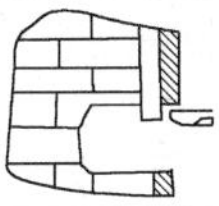	待水泥砂浆凝固后，应将线管内的多余部分截去，管口伸出盒内壁 2～3 mm 为宜
10	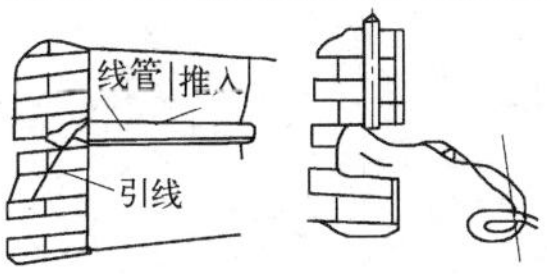 线管 推入 引线	对塑料管进行穿线，要求按线段穿线，并做好标记，以方便接线
11		在每个线盒内并头，安装灯开关或插座等。接线时要求接头牢固可靠，并头处先用塑料绝缘带包好，再用黑胶布扎紧，以防止潮湿，保证安全。最后将接好线的开关板或插座板各自固定在相应的线盒上
12	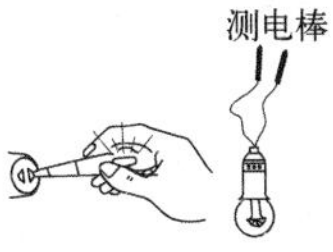 测电棒	根据电气图对照实际线路，检查安装是否符合要求，线路是否有错接、漏接、误接等现象。在确认接线完全正确后，方可将线路与电源接通，进行通电试验。此时可用验电笔或校验灯逐一检查，做到准确无误

（2）三室一厅标准层单元住宅暗线施工范例。某三室一厅标准层的单元电气施工图，如图 7-11 所示。

三室一厅标准层单元住宅暗线施工步骤如下。

① 熟悉设计施工图。熟悉准备施工的三室一厅标准层的单元电气系统图和平面位置图。明确该单元有客厅 1 间、卧室 3 间、卫生间 2 间和厨房、储藏室各 1 间等，共计 8 间。在门厅过道有配电箱一只，分 8 路（其中 1 路在配电箱内备用）引出；室内天棚灯座 10 只、插座 24 只、开关 10 只及连接这些灯具（电器）的线路。所有的开关和线路为暗敷设，并在线路上标出 1、2、3、4、5、6、7 字样，与图 7-11（a）系统图一一对应。此外，还有门厅墙壁座灯一盏。

BV−2×16+1×16−T32 C45N/2P50A

P=11.5kW

回路	开关	导线	功率	用途
①	C45N/1P 16A	BV−3×2.5−T20	2.5kW	空调器插座
②	C45N/1P 16A	BV−3×2.5−T20	1.5kW	厨房
③	C45N/1P 16A	BV−3×2.5−T20	1.1kW	照明
④	C45N/1P 16A	BV−3×2.5−T20	2.0kW	插座
⑤	C45N/1P 16A	BV−3×2.5−T20	1.0kW	洗衣机插座
⑥	C45N/1P 16A	BV−3×2.5−T20	1.5kW	插座
⑦	C45N/2P 16A	BV−3×2.5−T20	3.0kW	热水器插座
⑧	C45N/IP 16A			备用

注：① 空调插座距地面1.8m； ② 冰箱、洗衣机、厨房插座距地面1.3m；
③ 开关距地面1.3m； ④ 卫生间电热水器、排风扇距地面2.4m；
⑤ 油烟机距地面2.4m； ⑥ 其他插座距地面0.3m。

（a）三室一厅标准层单元电气系统图

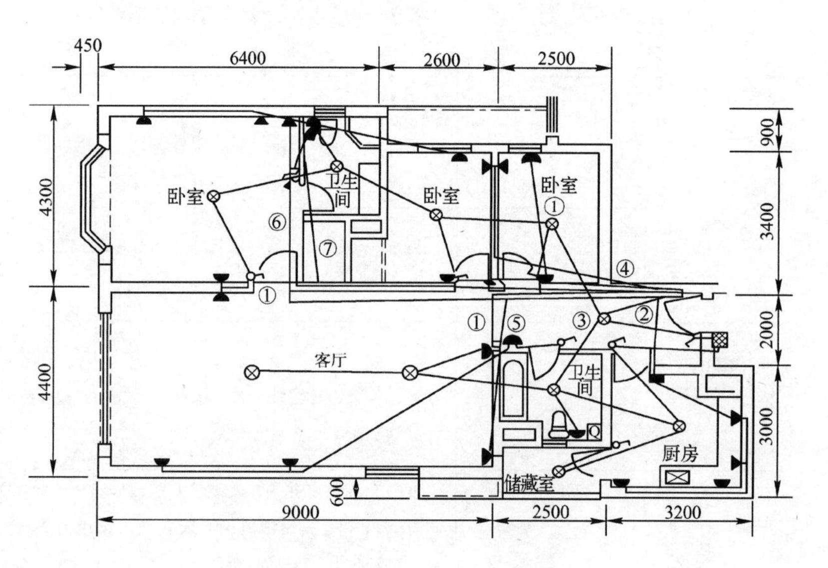

（b）三室一厅标准层单元平面位置图

图 7-11　三室一厅标准层单元住宅施工图

单元配电箱的总线用 2 根 16mm^2 加 1 根 6mm^2 的 BV 型铜芯电线接入电源。设计使用功率为 11.5kW，经型号为 45N/2P50A 的空气开关控制，安装管道（暗装）直径为 32mm。电气分 8 路控制（其中一只在配电箱内，备用），各由型号为 C45N/1P16A 的空气开关控制一路。每条支路有 2.5mm^2 的 BV 型铜芯线 3 根，穿线管直径为 20mm。各支路设计使用功率分别为 2.5kW、1.5kW、1.1kW、2kW、1kW、1.5kW、3kW。

空调器插座、厨房冰箱、洗衣机用插座及开关等电器距地面的安装技术数据，分别规定为：空调插座距地面 1.8m，冰箱、洗衣机、厨房插座距地面 1.3m，开关距地面 1.3m，卫生间电热水器、排风扇距地面 2.4m，油烟机距地面 2.4m，其他插座距地面 0.3m。

在熟悉设计施工图的前提下，再根据图中的具体要求，准备好材料。

② 确定灯具位置和敷设路径。即根据每个房间、过道的要求，确定好开关、插座、接线盒、灯头等位置；路径确定后，凿制好墙孔、预埋好保护管。

③ 装设支持物、线夹线管及配电箱（盒）。装设好配电箱支持物，连接导线的线夹、线管及其接线盒。

④ 敷设导线。注意在导线敷设时，要将所有接线头编上“线号”，以便正确接线，做到与图纸上标出线路字号相符合。

⑤ 安装电气设备。包括开关、插座、接线盒、灯头的安装与连接，配电箱的安装以及室内线路与连接。

⑥ 检查验收。即对三室一厅的电气进行逐一检查验收，做到各种装置安装牢固可靠，电气设备安装高度符合设计要求，暗装开关的盖板端正、严密并与墙面平齐，开关位置与灯具一一对应，所有的开关扳把接通或断开的上下位置一致等。

7.3　电气照明故障分析与排除

7.3.1　常见照明故障原因与检修思路

常见照明故障一般可分为：短路、断路和漏电 3 大类。

1．短路故障原因与检修思路

短路是指电源及通向负载的两根导线不经过负载而相互接通的现象。

（1）故障的原因。电气线路出现短路故障的原因，见表 7-17 所列。

表 7-17　电气线路出现短路故障的原因

短 路 原 因	示 意 图	举　例
线路短路		导线陈旧，绝缘层包皮破损，支持物松脱或其他原因使两根导线的金属裸露部分相碰
灯具线头短路		灯座、灯头、吊线盒、开关内的接线柱螺钉松脱或没有把绞合线拧紧，致使铜丝散开，线头相碰
家用电器内、外部线路的短路		家用电器内部的线圈绝缘层损坏，灯泡的玻璃部分与铜头脱胶，旋转灯泡时使铜头部分的导线相碰
违章作业，造成线路短路		未用插头就直接把导线线头插入插座，造成线路短路

（2）检修思路。短路故障检修思路图，如图 7-12 所示。

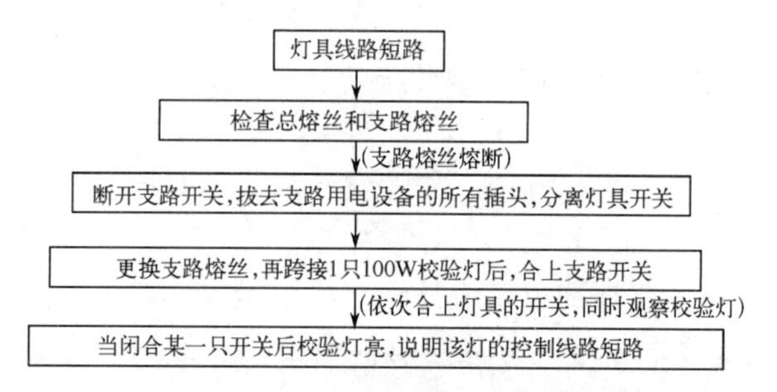

图 7-12　灯具线路短路故障检修流程

2. 断路故障原因与检修思路

断路是指电路中某一部分断开，使电流不能导通（通过）的现象。

（1）故障的原因。灯具线路出现断路故障的主要原因，见表 7-18 所列。

表 7-18　电气线路出现断路故障的原因

断 路 原 因	示 意 图	举　例
灯头线脱出		灯头线未拧紧，脱离接线柱
灯泡断丝或接合稍损坏	良好　损坏	灯泡钨丝烧断、接合梢损坏，造成不能与灯座的电触点良好接触
开关接触不良		开关触点烧蚀或弹簧弹性下降，致使开关接触不良
熔丝熔断		小截面导线因严重过载而损坏，或线路发生短路而熔断熔丝

（2）检修思路。断路故障检修思路图，如图 7-13 所示。

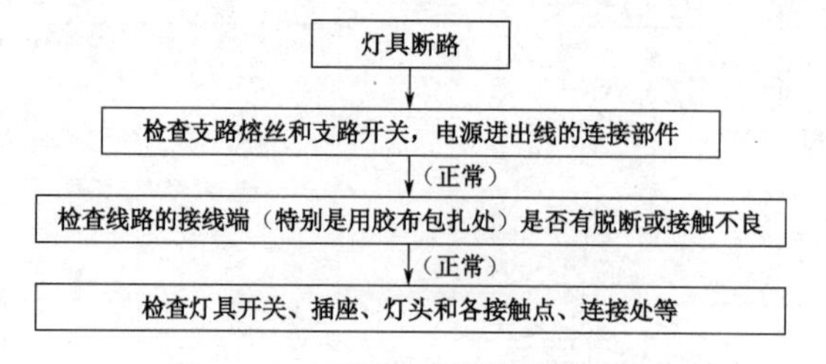

图 7-13　灯具断路故障检修流程

3. 漏电故障原因与检修思路

漏电是指部分电流没有经过用电设备而白白漏掉的现象。

（1）故障的原因。发生漏电时，往往会出现耗电量有不同程度的增加，并且随着漏电程度的增大，还可能出现类似过载和短路的故障，例如，熔丝经常熔断、漏电保护器频繁动作及导线、用电设备过热等现象。

灯具线路出现漏电故障的原因主要有以下几点。

① 线路及设备的绝缘层老化或破损，引起接地或搭壳漏电。

② 线路安装不符合电气安全技术要求，导线接头绝缘处理不合理。

③ 线路或设备受潮、受热或遭受化学腐蚀，致使绝缘性能严重下降等，如图 7-14 所示。

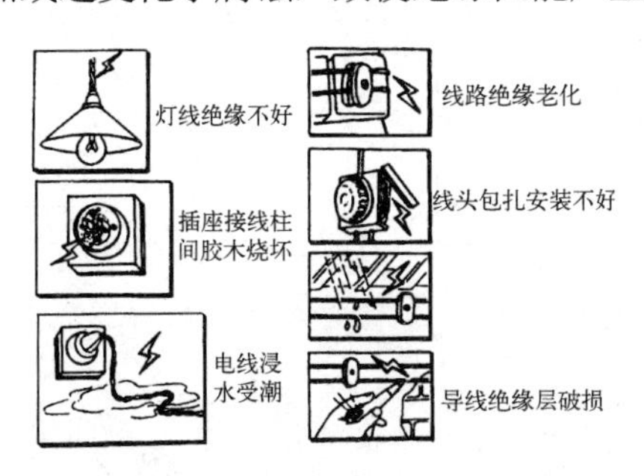

图 7-14　灯具线路漏电故障原因

（2）检修思路。漏电故障检修思路图，如图 7-15 所示。

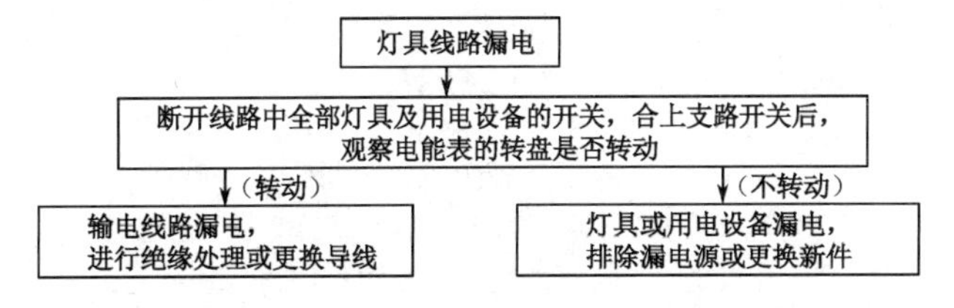

图 7-15　灯具漏电故障检修流程

7.3.2　电气照明故障寻迹图

在施工检查（使用）或验收过程中，常会出现这样或那样的故障，这时，应仔细观察、认真分析，及时排除。如图 7-16 所示的是灯具线路故障寻迹图。如图 7-17 所示的是灯具故障寻迹图。

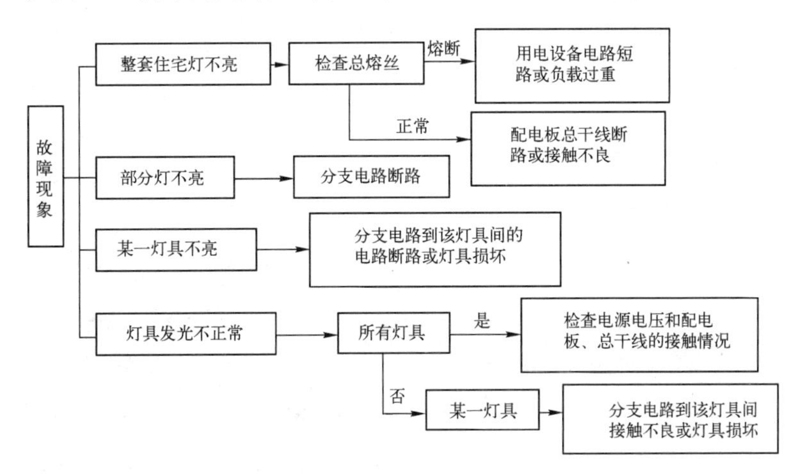

图 7-16　灯具线路故障寻迹图

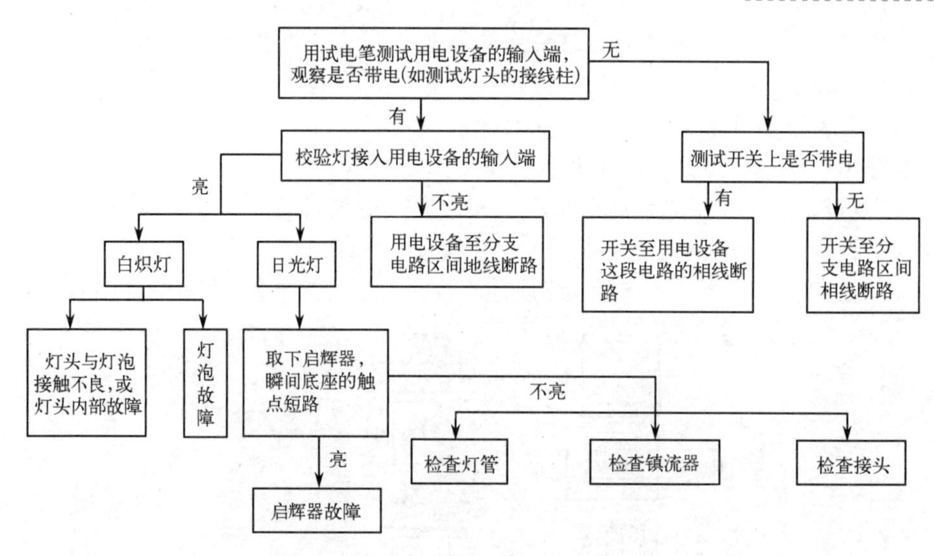

图 7-17　灯具故障寻迹图

7.3.3　灯具故障检修范例

1. 白炽灯具的故障分析与排除方法

白炽灯具常见故障和排除方法，见表 7-19 所列。

表 7-19　白炽灯具的故障和排除速查表

故障现象	原　因	排除方法
灯不亮	① 灯泡损坏或灯头引线断线 ② 开关、灯座（灯头）接线松动或接触不良 ③ 电源熔丝熔断 ④ 线路断路或灯座（灯头）导线绝缘损坏而短路	① 更换灯泡或检修灯头引线 ② 查清原因，加以紧固 ③ 检查熔丝熔断原因，更换熔丝 ④ 检查线路，在断路或短路处重接或更换新线
灯泡忽亮忽暗或忽亮忽熄	① 开关处接线松动 ② 熔丝接触不良 ③ 灯丝与灯泡内的电极虚焊 ④ 电源电压不正常或有大电流、大功率的设备接入电源电路	① 查清原因，加以紧固 ② 同上 ③ 更换灯泡 ④ 采取相应措施
灯光强白	① 灯泡断丝后灯丝搭接，电阻减小引起电流增大 ② 灯泡额定电压与电源线路电压不相符	① 更换灯泡 ②更换灯泡
灯泡暗淡	① 灯泡使用寿命终止 ② 灯泡陈旧，灯丝蒸发后变细，电流减小 ③ 电源电压过低	① 更换灯泡 ② 更换灯泡 ③ 采取相应措施，例如，加装稳压电源或待电源电压正常后再使用

2. 荧光灯具的故障分析与排除方法

（1）荧光灯具不发光。荧光灯具接入电路，启辉器不跳动，灯管两端和中间都不亮，说明荧光灯管没有工作，其故障原因及检查步骤见表 7-20 所列。

表 7-20 荧光灯具的故障分析与排除方法

原 因	检 查 方 法	示 意 图
供电部门因故停电，电源电压太低或线路压降过大	用万用表的交流 250V 挡位检查电源电压	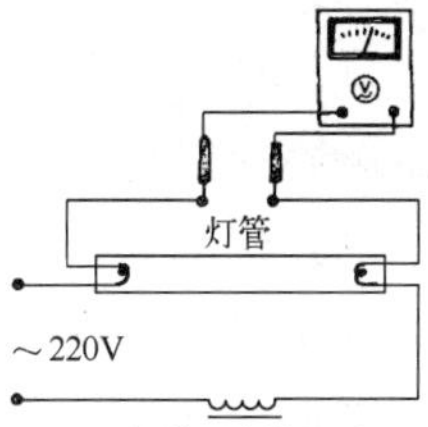 灯管 ～220V 灯管压降的测试
电路中有断路或灯座与灯脚接触不良	检查启辉器两端的电压，如右图所示，如果没有万用表，也可以用 220V 串灯检查。用万用表检测时，先将启辉器从启辉器座中取出（逆时针转动为取出，顺时针转动为装入），此时万用表的读数即为电源电压。用串灯检查时，灯泡能发光说明电路没有断路而是启辉器故障，应更换启辉器	
灯管断丝或灯脚与灯丝脱焊	如果用万用表测不出电压，或串灯检查时灯泡不发光，故障可能是荧光灯座与灯脚接触不良。转动荧光灯管，如果仍不能使荧光灯发光，应将灯管取下，进一步检查两端的灯丝是否完好 灯丝通断的检查如右图所示，可用万用表测量，也可用串灯法进行检查。如果万用表低阻挡的读数接近表 7-21 中的对应数值，或串灯能发光，说明荧光灯管灯丝完好，可能另有问题	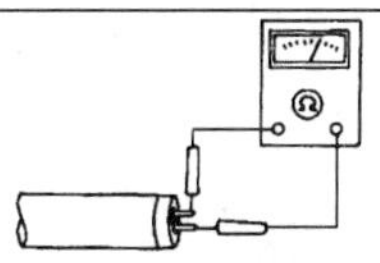 (a) 表测法 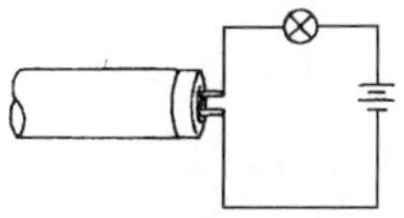 (b) 电珠法 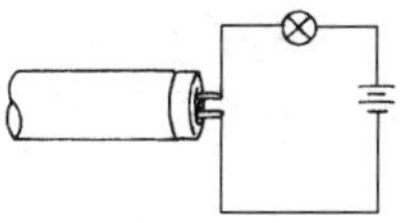 (c) 电珠法
启辉器与启辉器座接触不良	用导线搭接启辉器座上的两个触点，如果能使荧光灯管发光，说明启辉器有故障或启辉器与启辉器座接触不良。如果故障是启辉器引起的，可打开启辉器外罩进行检查。观察启辉器氖泡的外接线是否脱焊（如发现脱焊，要重新焊牢），或氖泡是否烧毁（如发现烧毁，要更换）。如果更换启辉器后仍不能使荧光灯发光，说明启辉器与启辉器座接触不良，加以紧固即可。如果用导线搭接后灯管仍不能发光，就需要检查镇流器	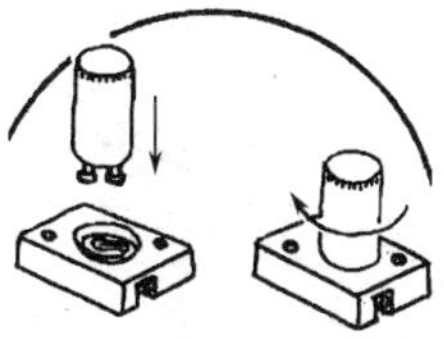

表 7-21 常用规格灯管灯丝的冷态直流电阻值

灯管功率（W）	6～8	15～40
冷态直流电阻（Ω）	15～18	3.5～5

温馨提示

由于各生产厂的设计、用料不完全相同，表中所列灯管灯丝的阻值范围仅供参考，不作为质量标准。

（2）荧光灯管两头发亮中间不亮。这种故障通常有两种现象：一是合上开关后，灯管两端发出像白炽灯似的红光，中间不亮，灯丝部分也没有闪烁现象，启辉器不起作用，灯管不能正常点亮。这种现象说明灯管已慢性漏气，应更换灯管；另一种现象是灯管两端发亮，而中间不亮，在灯丝部位可以看到闪烁现象。其故障原因可能有以下几点。

① 启辉器座或连接导线有故障。

② 启辉器本身有问题，需进一步检查。如果取出启辉器后仍只有灯管两端发亮，则可能是连接导线或启辉器座有短路故障，应进行检修，如果取出启辉器后，用导线搭接启辉器座的两个触点时灯管能正常点亮，说明是启辉器故障。此时，可把启辉器的外罩打开，用万用表的电阻挡位测量小电容器是否短路。测量时，先烫开 1 个焊点，若表针指到零位，说明小电容器已击穿，需换上 1 只 0.005μF 的纸介质电容器。如果一时没有替换的电容器，可除去小电容器，启辉器还能暂时使用。若小电容器是完好的，而氖泡内双金属片黏连（搭接），应更换启辉器。

（3）启辉器跳动，而荧光灯管不亮。灯管接上电源后，如果启辉器中的氖泡一直在跳动，而灯管不能正常发光或者很久才能点亮。其故障原因可能有以下几点。

① 电源电压低于荧光灯管的启动电压（额定电压 220V，规定最低的启动电压为 180V）。

② 灯管衰老。

③ 镇流器与灯管不配套。

④ 启辉器故障。

⑤ 环境温度太低，管内气体难以电离。

检修时可按以下步骤进行：

先用万用表测量电源电压是否低于荧光灯管的额定电压。如果故障不是由于电源电压或气温过低等原因造成的，那么就要考虑灯管及其主要附件的质量问题。若灯管使用时间较长，灯丝发射电子的能力就会降低，因而难以启动。如果换上新灯管后仍不能正常点亮，就要进一步检查镇流器是否与灯管配套。

温馨提示

如果启辉器的质量不好，使得断开瞬间所产生的脉冲电动势不够高，或启辉电压低于灯管的工作电压，灯管也难点亮，或者点亮后也不能稳定发光。此时，可将启辉器的两个触点调换方向后插入座内（等于改变了双金属片的接线位置），如果灯管仍不能点亮，就要更换启辉器。

温馨提示

当启辉器长时间跳动而荧光灯不能正常工作时，应迅速检修排除，否则会影响荧光灯管的使用寿命。

（4）荧光灯管出现螺旋形光带。荧光灯正常启动点亮时，如果灯管内出现螺旋形光带（打滚），故障原因可能有以下几点。

① 灯管本身有问题。

② 镇流器工作电流过高。

温馨提示

在检修时要注意以下两个方面：

当出现螺旋形光带，说明灯管内的气体不纯或出厂前对产品通电老化处理不够，通常只要在反复启动几次后即可消除。

当新灯管工作数小时后才出现螺旋形光带，而且反复启动也不能消除，说明灯管质量不好，应更换灯管。如果更换新灯管后仍出现这种现象，说明镇流器可能有故障，需要检修或更换镇流器。

（5）荧光灯管有霎光。荧光灯接入 50Hz 的单相交流电源时，流经灯管的电流在 1s 内要波动 100 次，而光能的输出是随电流周期性变化而变化的，这就引起了霎光。荧光灯的霎光现象与镇流器的参数有关，因此要选用质量较好的镇流器。

温馨提示

新灯管的霎光现象是暂时的，一般多启动几次或使用一段时间后，就会自动消除。

如果需要多支荧光灯同时使用，通常是把灯管分别接在不同的相线上，利用交流电的相位差来减弱霎光。

（6）电源切断后，荧光灯管两端仍有微光电源切断后灯管两端仍有微光，故障原因可能有以下几点。

① 接线错误。

② 开关漏电。

③ 新灯管的余辉现象。

温馨提示

在检修时要注意以下几点：

① 如果开关接在零线上，即使开关没有闭合，灯管一端仍与相线接通。由于灯管与墙壁间存在电容效应，在中性点接地的供电系统中，灯管会出现微光，这时只要将开关改接在相线上就可以消除。

② 如果接线正确，要检查开关是否漏电，并加以更换或修复，否则会严重影响灯管的使用寿命。

③ 如果接线正确，在断开电源后仍有微光，但不久便能自动消失，这是灯管内壁的荧光粉在高温工作后的余辉现象，不会影响灯管的正常使用。

（7）镇流器的蜂音过大。荧光灯在使用中，如果镇流器的蜂音（噪声）很大，故障原因可能有以下几点。

① 电源电压过高。

② 安装位置不当。

③ 镇流器质量较差或长期使用后，内部松动。

温馨提示

在检修时只要采取相应的措施，例如，降压、改变安装位置、夹紧镇流器铁芯钢片等就可以减弱噪声。此外，也可以考虑更换镇流器。

（8）镇流器过热。荧光灯的镇流器在使用中如出现过热或绝缘物外溢，故障原因可能有以下几点。

① 镇流器质量较差。

② 电源电压过高。

③ 启辉器故障。

温馨提示

检修时，用万用表检查荧光灯电路的电流（即镇流器的工作电流）。例如，镇流器阻抗发生变化或线圈有短路，会造成电流过高，应调换镇流器；镇流器阻抗符合标准，电源电压也正常，则应检查启辉器。当启辉器中的小电容器短路或氖泡内部搭接时，电路中流过的电流就为荧光灯的预热电流，长时间处于这种状态也会造成镇流器过热而烧毁线圈。

（9）灯管寿命短。如果荧光灯管的使用寿命低于额定时间（正常寿命为 2 500h 以上），故障原因可能有以下几点。

① 电源电压不适合。

② 开关频繁而引起过多闪光。

③ 接触不良。

温馨提示

在维修时，首先检查镇流器上所标明的额定电压是否与电源电压相等，然后检查线路，注意灯座、灯管、启辉器等安装是否牢固，接触是否良好，同时，还要尽量减少荧光灯的开关次数。

（10）荧光灯亮度减低。如果荧光灯管使用一段时间后，亮度明显减低，故障原因有以下几点。

① 灯管使用时间过长或灯管外积尘太多。

② 环境温度过低或过高。

③ 电源电压偏低。

温馨提示

在维修时要注意以下几点：

① 如果荧光灯管使用已久，可以更换灯管。

② 如果灯管上积尘很多，应用干毛巾或掸子擦净。

③ 环境温度很低时，应设法对灯管加以保护，注意避免冷风直吹；如外界温度过高，则应设法改善灯架的通风，防止灯管过热；如果电源电压过低，应加装升压器。

践行与阅读

——灯具的选购、典型灯具的安装、LED 灯的制作

◎ 资料一：灯具的选购

1. 灯具的选购技巧

① 尽可能选购国内或国外的知名厂商生产的产品。

② 是否有相应检验合格证书，是否有产品的厂家、厂址、联系电话等，不选三无产品。

③ 很多灯饰造型复杂，常有多个部分组成，购买时一定要检查各个部件是否齐全。另外，还应细心检查灯具有无损坏等。

④ 选购时询问价钱一定要问明灯具是否含光源，同样的灯具，有的售价低，却不含光源，需要另行选购。

2. 灯具质量的鉴别

① 看灯具上标记是否符合自己的使用要求。如一个总负荷量设计为 40W 的灯具，由于未标记额定功率，安装了 100W 的灯，有可能造成外壳变形，绝缘损坏，甚至造成触电或火灾。

② 有无防触电保护。如果买的是白炽灯，灯带电体不能外露，灯装入灯座后，手指不能触及到带电的金属灯头。

③ 看导线截面积。标准导线的截面积是 0.75mm^2，有的厂家为了降低成本，改变导线的截面积，造成导线过细、承载电流的能力变小，引起导线发热，绝缘性能降低，严重时发生短路故障。

④ 从灯具的机构鉴别。质量优良的灯具导线经过的金属管出入口应无锐边。台灯、落地灯等可移式灯具在电源入口应有导线固定架。

◎ 资料二：典型灯具的安装

1. 壁灯的安装

壁灯如图 7-18 所示，其安装的步骤及注意事项，见表 7-21 所列。

图 7-18 壁灯

表 7-21　壁灯的安装步骤及说明

步　骤	示 意 图	说　明
第 1 步		在选定的壁灯位置上，沿壁灯座画出其固定螺孔位置。用钢凿或 M6 冲击钻钻头打出与膨胀管长度相等的膨胀管安装孔
第 2 步		用手锤将膨胀管敲入膨胀管安装孔内
第 3 步	图 7-19　壁灯安装（架）示意图	将木螺钉穿过安装座（架）的固定孔，并用螺丝刀将木螺钉拧紧，如图 7-19 所示
第 4 步	95～400 1140～1850 单位：mm	壁灯电源引入灯座后，剖削出导线线头，接入壁灯灯头，注意壁灯的安装高度，一般要求如图 7-20 所示
第 5 步		检查安装完毕后，将灯泡安装入灯座、灯罩固定在灯架上
第 6 步	图 7-20　壁灯的安装高度	合闸通电试验

温馨提示

壁灯安装时，应注意以下几点：

① 自觉遵守实训纪律，注意安全操作。

② 灯座装入固定孔时，要将灯座放正。

③ 在固定灯罩时，固定螺丝不能拧得过紧或过松，以防螺丝损坏灯罩。

2．吸顶灯的安装

吸顶灯如图 7-21 所示，其安装的步骤及注意事项，见表 7-22 所列。

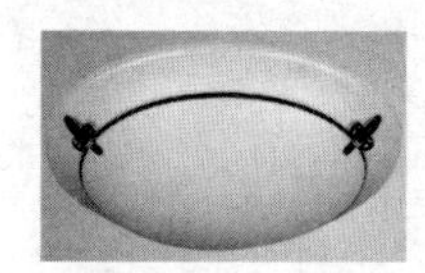

图 7-21　吸顶灯

表 7-22　吸顶灯的安装步骤及说明

步　骤	示 意 图	说　明
第 1 步	预制板孔　小木块	先找出孔洞部位，用钢凿或冲击钻在孔洞部位打一个直径为 40mm 的小孔，将多孔板中的电源线引出孔外
第 2 步	预制板　细铁丝 图 7-22　固定小木块	在小木块中心用木螺钉旋出一个孔，并在木块中心部位扎上一根细铁丝，如图 7-22 所示。斜插入凿好的多孔板内，将木块上的细铁丝引出孔外，木块不要压住电源线

续表

步　骤	示 意 图	说　明
第 3 步	图 7-23　安装吸顶灯金属架	用木螺钉穿过吸顶灯金属架固定孔，导线穿过吸顶灯金属架线孔，右手拉住木块上细铁丝和吸顶灯金属架，左手用螺丝刀将木螺钉对准木块上的螺丝钉拧紧，如图 7-23 所示
第 4 步		剖削导线并接入吸顶灯金属架的灯座，装好灯泡和吸顶灯罩
第 5 步		检查安装完毕后，合闸通电试验

温馨提示

吸顶灯安装时，应注意以下几点：

① 固定小木块时，应防止木块压住电源的绝缘层，以防发生短路事故。

② 安装吸顶灯灯罩时，灯罩固定螺丝不能拧得过紧或过松，以防螺丝顶破灯罩。

③ 高处安装时，应注意安全操作，站的位置要牢固平稳。

3．吊灯的安装

吊灯如图 7-24 所示，其安装的步骤及注意事项，见表 7-23 所列。

图 7-24　吊灯

表 7-23　吊灯的安装步骤及说明

步　骤	示 意 图	说　明
第 1 步	图 7-25　安装吊钩	确定吊灯的安装位置
第 2 步		用钢凿或冲击钻在孔洞部位打一个直径为 23mm 左右的小圆孔，将吊灯电源线引出孔外
第 3 步		将吊钩撑片插入孔内，用手轻轻一拉，使撑片与吊钩面垂直，或成“T”字形，并沿着多孔板的横截面放置。在安装时，吊钩不要压住导线
第 4 步		将垫片、弹簧片、螺母从吊钩末端套入并拧紧，如图 7-25 所示

续表

步　骤	示 意 图	说　明
第5步	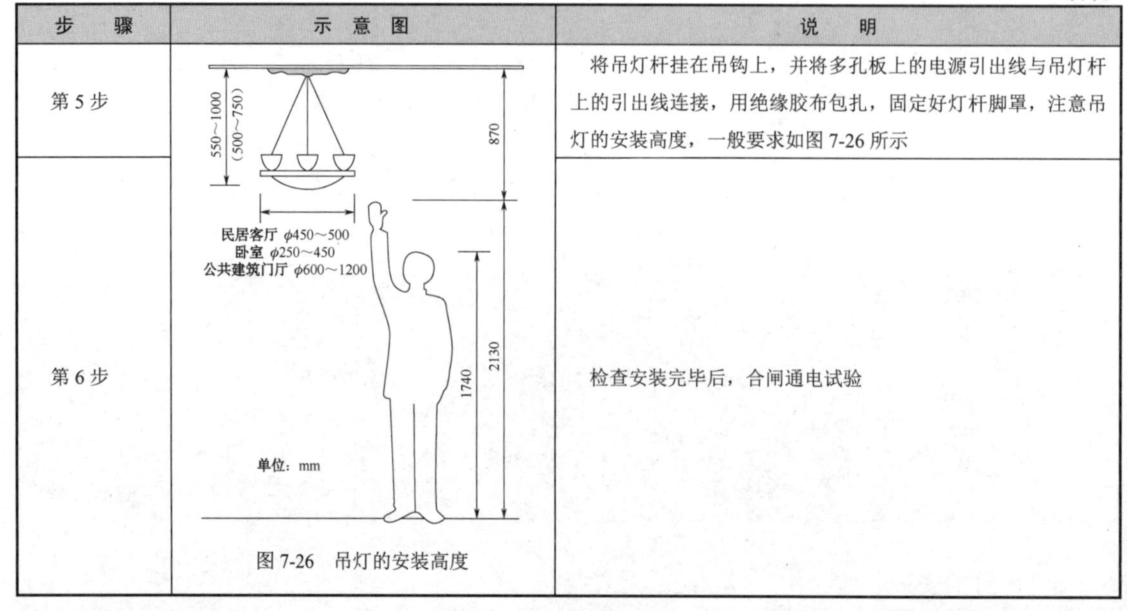	将吊灯杆挂在吊钩上，并将多孔板上的电源引出线与吊灯杆上的引出线连接，用绝缘胶布包扎，固定好灯杆脚罩，注意吊灯的安装高度，一般要求如图7-26所示
第6步	图7-26　吊灯的安装高度	检查安装完毕后，合闸通电试验

温馨提示

吊灯安装时，应注意以下几点：

① 吊灯应装有挂线盒。吊灯线的绝缘必须良好，并不得有接头。

② 在挂线盒内的接线应采取措施，防止接头处受力使灯具跌落。超过 1kg 的灯具须用金属链条吊装或用其他方法支持，使吊灯线不承力。吊灯灯具超过3kg时，应预埋吊钩或螺栓。

③ 在高处安装吊钩、吊灯，应注意安全，以免掉下。

◎ 资料三：LED灯的制作

利用电子半导体成品制作 LED 灯，是一件非常有意义的举动。它不仅宣传了低碳环保、变废为宝的意识，而且通过制作可以提高自己的动手能力和对电光源（LED灯）的认识。

（1）制作材料。用电子半成品制作38珠LED节能灯所需材料，见表7-24所列。

表7-24　38珠LED节能灯制作材料表

名称	38珠LED节能灯E27灯壳	38珠LED环氧树脂板	发光二极管	电烙铁	焊锡
图片					
名称	二极管1N4007	5环0.25W电阻	电源板	CBB22电容	铝电解电容
图片					

（2）制作样图。38 珠 LED 节能灯的制作样图，如图 7-27 所示。

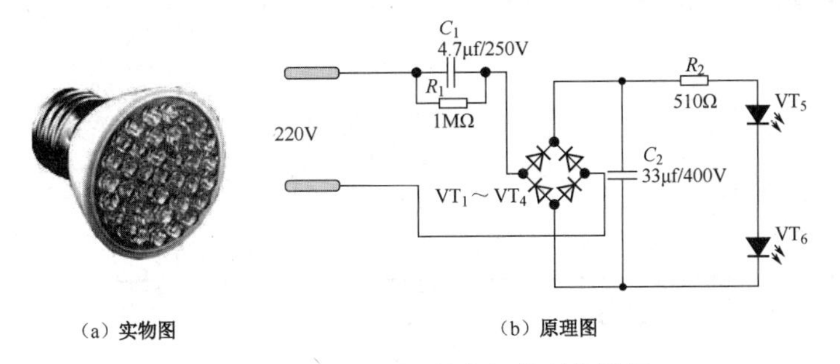

（a）实物图　　（b）原理图

图 7-27　38 珠 LED 节能灯的制作样图

（3）制作步骤。用电子半成品制作 38 珠 LED 节能灯步骤，见表 7-25 所列。

表 7-25　38 珠 LED 节能灯制作步骤

步骤	名　称	示　图	说　明
第①步	焊接灯珠		38 颗 5mm 的高亮度 LED 发光二极管（如 F4.8 高亮草帽白光）全部串联，注意珠孔的正、负极方向，焊接时的焊点要扎实均匀，否则电路不通 电烙铁最大功率 50W，焊接最长时间 3 秒
第②步	焊接导线		38 珠 LED 发光二极管焊接好后，再接出正、负极两根导线，用作连接电源
第③步	焊二极管		注意整流二极管的极性，与电路上的方向一致
第④步	检查效果		按照步骤焊接电阻、电容，并检查焊接效果，注意节省空间，便于后面的操作
第⑤步	连接导线		电源板上标有“IN”的两个电源孔作为灯壳 220V 交流电的输入孔，没有先后之分。标有“OUT”的一端连接二极管板的负极，标有“+”的一端连接二极管板的正极。注意方向，否则电路不通
第⑥步	检测照明		线路安装好后，将电源板、灯珠印刷板安装在灯壳内，接在 220V 交流电灯头上，再通电检测 LED 灯的工作情况。若 LED 灯亮，则表示安装成功；若 LED 灯不亮，要检查导线连接是否正确，或者灯珠的串接是否可靠，是否是假焊

温馨提示

制作 LED 节能灯时，应注意：灯珠串接方向要一致，工具使用要正确；导线连接要仔细。

——灯具线路故障分析与排除

根据教师的教学要求，在现场进行灯具线路故障分析与排除，并完成表 7-26 所示的评议和学分给定工作。

表 7-26　灯具线路故障分析与排除记录表

班　级		姓　名		学 号		日　期	
故障部位现象分析解决方法							
所需器材	工具、材料	名　称	用　　途	电器件	名　称	用　　途	
收获与体会							
评价意见	评定人	评价、评议、评定意见			等　级	签　名	
	自己评价						
	同学评议						
	老师评定						

注：①实训要求：想一想容易产生故障的部位（点）及可能产生的原因。确定故障部位（点）后，采用有针对性方法对故障部位（点）进行排除。

②该践行学分为 15 分，记入本课程总学分（150 分）中，若结算分为总学分的 95%以上者，则评定为考核“合格”。

练习与交流

完成下列填空题、判断题和问答题，并与同学进行交流。

1. 填空题

（1）短路是指：____。

（2）断路是指：____。

（3）漏电是指：____。

（4）白炽灯具不亮的原因一般有：①______；②______；③______；④______等。

（5）接上电源后，荧光灯管不亮的原因有：①________；②________；③________；④_______；⑤_______等。

2．判断题（对打“√”，错打“×”）

（1）我国一般的照明电压为 210V。（　　）

（2）电气操作或检修，都应该做到“无电当成有电操作”，不能马虎。（　　）

（3）陈旧的导线或绝缘层已破损的导线，绝对不能使用。（　　）

（4）线路及设备的绝缘层老化或破损，会引起断路。（　　）

（5）为保证人身安全，灯头线不能装得太低。（　　）

3．问答题

（1）怎样检修线路故障？

（2）怎样检修灯具故障？

（3）一只单联开关控制一盏灯，应该怎样进行操作？

第 8 章

三相异步电动机的拆卸与检修

学习目标

- 了解三相异步电动机的结构原理
- 能正确使用三相异步电动机
- 掌握三相异步电动机基本检修操作技能

三相异步电动机是一种将电能转变为机械能的交流电动机。由于三相异步电动机结构简单，制造、使用和维修方便，运行可靠，以及重量较轻、成本较低，能适应各种不同使用条件的需要等一系列优点，因此在生产机械中得到广泛的应用。一种常用的三相异步电动机的外形，如图 8-1 所示。

图 8-1　三相异步电动机

8.1　三相异步电动机的结构原理

8.1.1　三相异步电动机的结构

三相异步电动机与同步电动机及直流电动机的区别，是它的转子绕组不需要与电源相连接，定子电流直接取自交流电网。

三相异步电动机由固定不动的定子（定子铁芯、定子绕组、机壳和端盖）和转动的转子（转子铁芯、转子绕组和转轴）两个基本部分组成。三相异步电动机的基本结构，见表 8-1 所列。

表 8-1　三相异步电动机的结构

基本结构		示意图	说明
定子	定子铁芯		铁芯是由互相绝缘的 0.35～0.5mm 厚的硅钢片叠压而成。硅钢片内圆冲有均匀分布的槽，常见的有 24 槽、36 槽
	定子绕组		定子绕组是电路部分，由 3 个完全相同的绕组构成，并按一定规律嵌设在叠成铁芯后的槽内。 定子中的 3 个（三相）绕组是对称的，共有 6 个出线端，绕组的首端分别用 U_1、V_1、W_1 表示，末端分别用 U_2、V_2、W_2 表示，通常将它们接在接线盒内
	机壳和端盖		机壳和端盖一般由铸铁制成。机壳表面铸有凸筋，称为散热片，起发散热量、降低电动机温升的作用。端盖分前端盖和后端盖，安装在机壳的前后两端，以保证转子与定子之间有一定的空气间隙（称为气隙）
转子			转子主要由转轴、铁芯和绕组等组成。转子铁芯是一个圆柱体，也是由互相绝缘的 0.35～0.5mm 厚的硅钢片叠压而成。硅钢片的外圆冲有均匀分布的槽，叠成铁芯后在槽内放转子绕组。为了节省铜材，现在中小型异步电动机一般都采用铸铝的鼠笼型转子，即把熔化的铝液浇铸在转子铁芯的槽内，两个端环和风叶也一并铸成。采用铸铝转子简化了工艺，降低了成本
电动机部件图			电动机除定子、转子外，还有轴承、风扇、风罩和接线盒等部件

8.1.2　三相异步电动机的工作原理

当在电动机定子绕组内通入三相交流电时，即产生一个同步转速（旋转磁场的转速）为

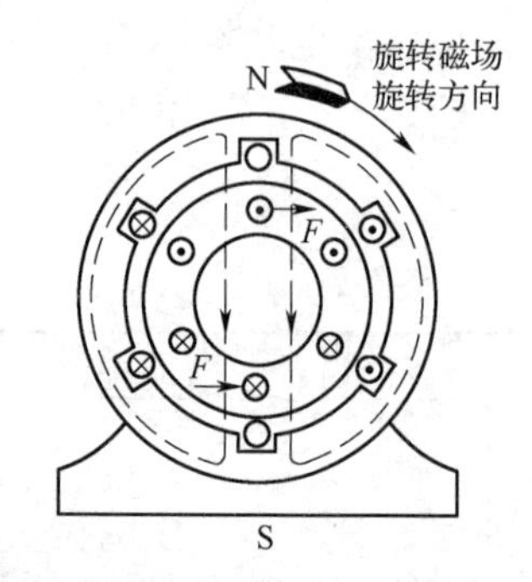

图 8-2　三相异步电动机的工作原理

n_0的旋转磁场，在 t_0瞬时其磁场分布，如图 8-2 所示。当磁场以 n_0速度顺时针方向旋转时，由于转子导体与旋转磁场间存在着相对运动，转子导体切割旋转磁场，从而产生感应电势。其方向可用右手定则判定。在应用右手定则时应注意，右手定则指的磁场是静止的，导体去切割磁力线的运动，而异步电动机却相反，因此要把磁场看作不动，导体以逆时针（即反向运动）去切割磁力线。这样，用右手定则可判断转子导体上半部分的感应电势方向是由里向外的，导体下半部分的感应电势方向是由外向里的。由于转子导体是被短路环短路的，在感应电势的作用下转子导体内将产生与感应电势方向基本一致的感应电流（由于转子导体中有感抗，故两者将相差一个ϕ角）。这些载有电流的导体在旋转磁场中又会受到作用力，其方向可用左手定则来判定。这些作用于转子导体上的电磁力，在转子的轴上形成转矩，称为电磁转矩，其作用方向与旋转磁场方向一致。因此，转子就顺着旋转磁场的方向转动起来。

转子的转速 n 永远小于旋转磁场的转速 n_0，若 $n=n_0$，转子导体也就不切割磁力线，因此就不会产生感应电动势、感应电流和电磁转矩。可见转子的转速 n 总是紧跟着旋转磁场以小于同步转速 n_0 的转速旋转。所以，这类交流电动机称为异步电动机，又因这类电动机的转子是由电磁感应产生的，所以亦称感应电动机。

通常把同步转速 n_0与转子转速 n 之差与同步转速 n_0之比值，称为异步电动机的转差率，其表达式为

$$S=\frac{n_0-n}{n_0}$$

转差率 S 是异步电动机的一个重要参数，当转子刚启动时，$n=0$，此时转差率 $S=1$。理想空载下 $n\approx n_0$，此时转差率 $S=0$。所以，转差率的变化范围为 0～1。转子转速越高，转差率就越小。异步电动机在正常使用时，其转差率约为 0.02～0.08。

8.1.3　三相异步电动机变磁极对数的调速原理

目前三相异步电动机转速 n 的改变方法，主要是变定子绕组极对数，即在定子绕组上设置两套互相独立的绕组。这种电动机定子绕组有六个出线端，若将电动机定子绕组三个出线端 U_1、V_1、W_1分别接三相电源 L_1、L_2、L_3，而将 U_2、V_2、W_2三个出线端子悬空，如图 8-3（a）所示，则三相定子绕组构成了三角形（△）连接，此时每相绕组的①、②线圈串联，电流方向如图中的虚线箭头所示，磁极为 4 极，同步转速 1500 r/min。若是将电动机定子绕组的三个出线端 U_2、V_2、W_2分别接三相电源 L_1、L_3、L_2，而 U_1、V_1、W_1三个出线端连接在一起，如图 8-3（b）所示，这时电动机的三相定子绕组构成双星形（Y/Y）连接，此时每相绕组中的①、②线圈相互并联，电流方向如图中的实线箭头所示，磁极为两极，同步转速 3000 r/min。

双速电动机定子接线方法除上述绕组由三角形改接成双星形以外，另一种接线方法为绕组由单星形改接成双星形，如图 8-4 所示。

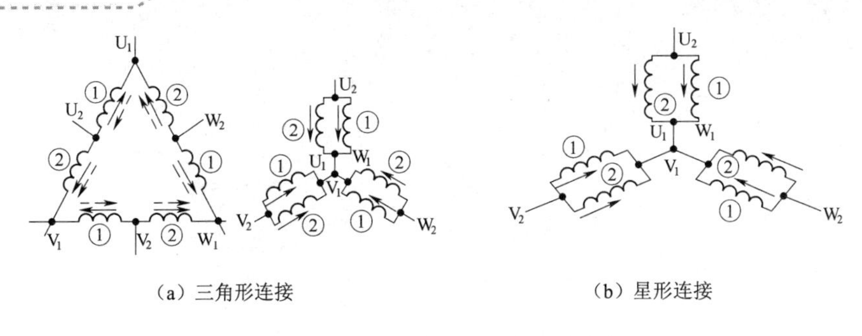

（a）三角形连接　　　　　　（b）星形连接

图 8-3　双速电动机定子绕组的接线

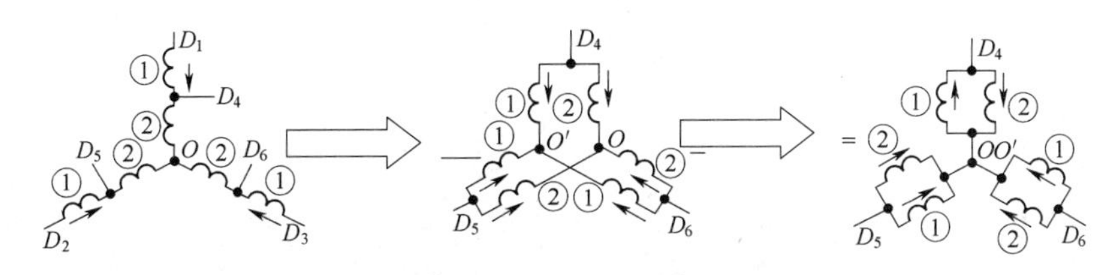

图 8-4　双速电动机定子绕组星形/双星形接线

温馨提示

① 双速电动机的定子绕组必须特制。

② 这种调速方法只能使电动机获得两个或两个以上的转速，却不可能实现连续可调。

8.2　三相异步电动机的使用

8.2.1　三相异步电动机的铭牌

每台电动机的机壳上都有一块铭牌，上面标有型号、规格和有关技术数据，如图 8-5 所示。

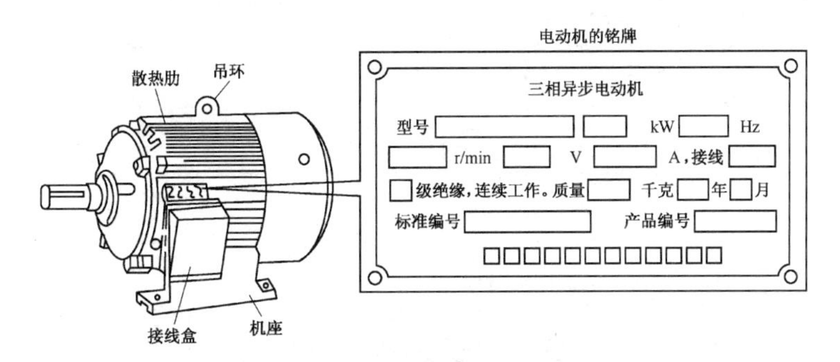

图 8-5　三相异步电动机的铭牌

1．型号

型号是表示电动机品种形式的代号，由产品代号、规格代号和特殊环境代号组成。型号的具体编制方法如下：

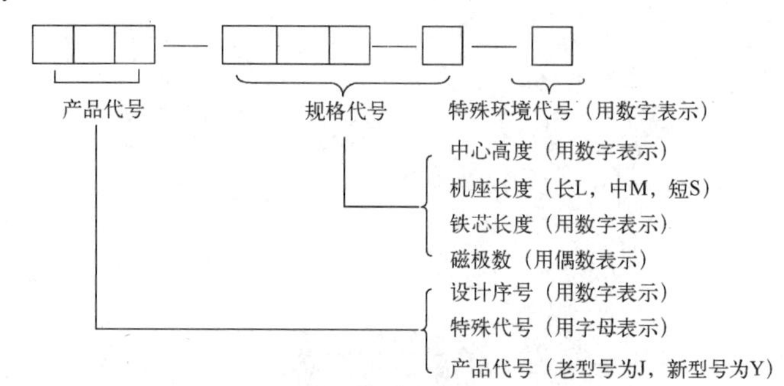

例如：

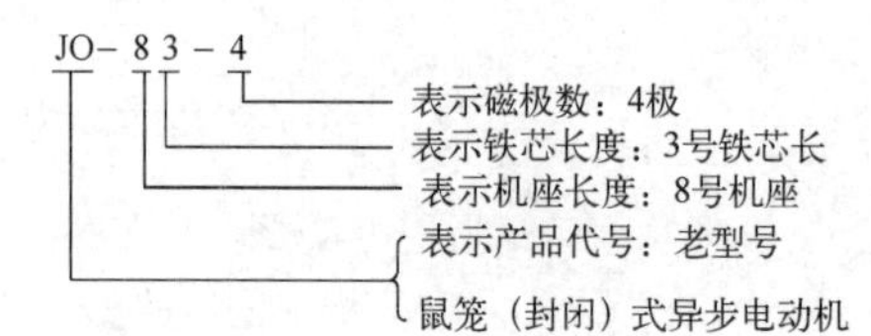

又如：

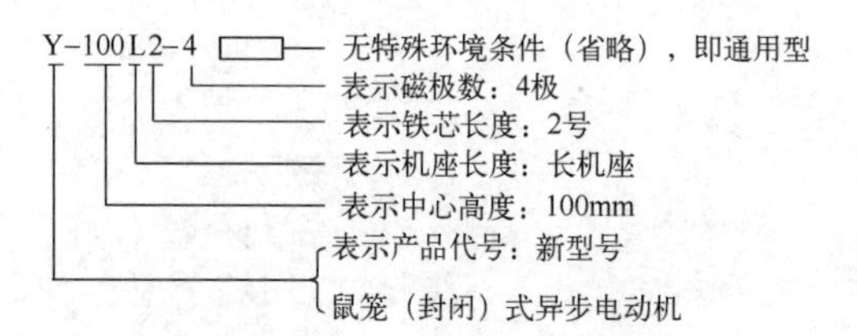

2．额定值

三相异步电动机铭牌上标注的主要额定值，见表 8-2 所列。

表 8-2　电动机铭牌上的主要额定值

额　定　值	说　　明
额定功率（P_N）	电动机在额定工作状态下运行时转轴上输出的机械功率，单位是 kW 或 W
额定频率（f）	电动机的交流电源频率，单位是 Hz
额定转速（n_N）	电动机在额定电压、额定频率和额定负载下工作时的转速，单位是 r/min
额定电压（U_N）	在额定负载下电动机定子绕组的线电压。通常铭牌上标有两种电压（如 220/380V），与定子绕组的不同接法一一对应
额定电流（I_N）	电动机在额定电压、额定频率和额定负载下定子绕组的线电流。对应的接法不同，额定电流也有两种额定值
绝缘等级	电动机所采用的绝缘材料的耐热能力，表明电动机允许的最高工作温度

3．工作方式

电动机的工作方式有 3 种，见表 8-3 所列。

表 8-3　电动机的工作方式

工 作 方 式	说　　明
连续	电动机在额定负载范围内，允许长期连续使用，但不允许多次断续重复使用
短时	电动机不能连续不停使用，只能在规定的负载下作短时间的使用
断续	电动机在规定的负载下，可作多次断续重复使用

4．编号

编号表示电动机所执行的技术标准编号。其中“GB”为国家标准，“JB”为机械部标准，后面数字是标准文件的编号。如 JO2 系列三相异步电动机执行 JB 742—1966 标准，Y 系列三相异步电动机执行 JB 3074—1982 标准等。而 Y 系列三相异步电动机性能比旧系列电动机更先进，具有启动转矩大、噪声低、震动小、防护性能好、安全可靠、维护方便和外形美观等优点，符合国际电工委员会（IEC）标准。

8.2.2　三相异步电动机的选择

在选用三相异步电动机时，应根据电源电压、使用条件、拖动对象、安装位置、安装环境等，并结合工矿企业的具体情况选择。

1．防护形式的选用

电动机带动的机械多种多样，其安装场所的条件也各不相同，因此对电动机防护形式的要求也有所区别。

（1）开启式电动机。开启式电动机的机壳有通风孔，内部空气同外界相流通。与封闭式电动机相比，其冷却效果良好，电动机形状较小。因此，在周围环境条件允许时应尽量采用开启式电动机。

（2）封闭式电动机。封闭式电动机有封闭的机壳，电动机内部空气与外界不流通。与开启式电动机相比，其冷却效果较差，电动机外形较大且价格高。但是，封闭式电动机适用性较强，具有一定的防爆、防腐蚀和防尘埃等作用，被广泛地应用于工农业生产。

2．功率的选用

各种机械设备对电动机的功率要求不同，如果电动机功率过小，有可能带不动负载，即使能启动，也会因电流超过额定值而使电动机过热，影响其使用寿命甚至烧毁电动机。如果电动机的功率过大，就不能充分发挥作用，电动机的效率和功率因数都会降低，从而造成电力和资金的浪费。根据经验，一般应使电动机的额定功率比其带动机械的功率大 10%左右，以补偿传动过程中的机械损耗，防止意外的过载情况发生。

3．转速的选择

三相异步电动机的同步转速：2 极为 3000r/min，4 极为 1500r/min、6 极为 1000r/min 等，电动机（转子）的转速比同步转速要低 2%～5%，一般 2 极为 2900r/min 左右，4 极为 1450r/min 左右，6 极为 960r/min 左右等。在功率相同的条件下，电动机转速越低，体积越大，价格也越高，而且功率因数与效率较低。因此，选用 2900r/min 左右的电动机较好，但由于其转速高，启动转矩小，启动电流大，电动机的轴承也容易磨损。因此，在工农业生产中选用 1450r/min 左右的电动机较多，其转速较高，适用性强，功率因数与效率也较高。

4．其他要求

除了防护形式、功率和转速外，有时还有其他一些要求，例如，电动机轴头的直径和长度、电动机的安装位置等。

8.2.3 三相异步电动机的安装

1. 安装地点的选择

电动机的安装正确与否，不仅影响电动机能否正确工作，而且关系到安全运行问题。因此，应安装在干燥、通风、灰尘较少和不致遭受水淹的地方，其安装场地的周围应留有一定的空间，以便于电动机的运行、维护、检修、拆卸和运输。对于安装在室外的三相异步电动机，要采取防止雨淋日晒的措施，以便于电动机的正常运行和安全工作。

2. 安装基础确定

电动机的安装基础有永久性、流动性和临时性等形式。

（1）永久性基础。永久性的电动机基础，一般在生产、修配、产品加工或电力排灌站等处电动机机组上采用。这种基础可用混凝土、砖、石条或石板等做成。基础的面积应根据机组底座确定，每边一般比机组大 100～150mm 左右；基础顶部高出地面约 100～150mm 左右；基础的重量大于机组的重量，一般不小于机组重量的 1.5～2.5 倍。

如图 8-6 所示的是混凝土构成的电动机基础。浇筑基础前，应先挖好基坑，并夯实坑底以防止基础下沉，然后再把模板放在坑里，并埋进底脚螺栓；在浇筑混凝土时，要保证底脚螺栓距离与机组底脚螺栓距离相符合并保持不变、上下垂直，浇筑速度不能太快，并要用钢钎捣固；混凝土浇筑后，还必须保持养护。养护的方法一般是用草或草袋覆盖在基础上，防止太阳直晒，并要经常浇水。一般养护 7 天以后，便可以拆除模板，再继续养护一段时间即可。从浇筑到养护结束大约需要 21～28 天。

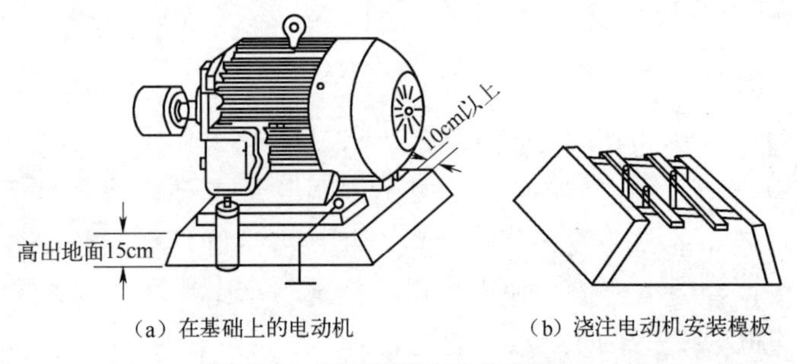

（a）在基础上的电动机　　（b）浇注电动机安装模板

图 8-6　三相异步电动机的基础

如图 8-7 所示的是电动机的底脚螺栓。底脚螺栓的下端应做成人字形，以防止在拧紧螺栓时，底脚螺栓跟着转动。另外，穿电动机引线用的铁管，要在浇筑混凝土前埋好。

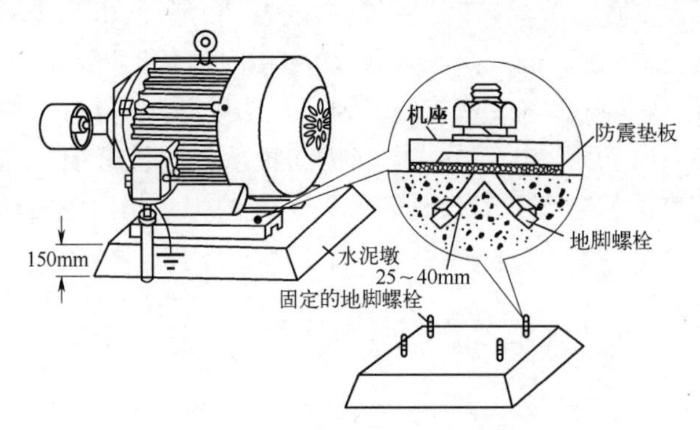

图 8-7　电动机基础的底脚螺栓

（2）流动性和临时性基础。临时的抗旱排涝或建筑工地等流动性或临时性机组，宜采用这种简单的基础制作，可以把机组固定在坚固的木架上。木架一般用 100mm×200mm 的方木制成。为了可靠起见，可把方木底部埋在地下，并打木桩固定。

（3）电动机机组的校正方法。校正电动机机组时，可用水平仪对电动机作横向和纵向两个方向的校正，包括基础的校正和传动装置的校正。

① 校正基础水平。电动机安装基础不平时，应用薄铁皮把机组底座垫平，然后拧紧底脚螺母。如图 8-8 所示的是用水平仪对电动机基础的水平校正。

② 校正传动装置。对皮带传动，必须使两皮带轮的轴互相平行，并且使两皮带轮宽度的中心线在同一直线上。当两皮带轮宽度一样时，可测皮带轮的侧面校正轴的平行，校正方法如图 8-9（a）所示，拉直一根细绳，平行的两轴两个皮带轮宽度的中心线应在同一直线上（即细绳同时落在两个皮带轮侧面的 1、2、3、4 点上），两个皮带轮的端面也必定在同一平面上；如果两个皮带轮的宽度不同，应按照如图 8-9（b）所示，先准确地画出两个皮带轮的中心线，然后拉直一根细绳，一端对准 1—2 这条中心线，细绳的另一端对准 3—4 那条中心线，如果不重合，则说明两皮带轮轴不平行，应以大轮为准，调整小轮，直到重合为止，则说明两皮带轮轴已平行。

对交叉皮带传动，也可以参照上述方法进行校正。

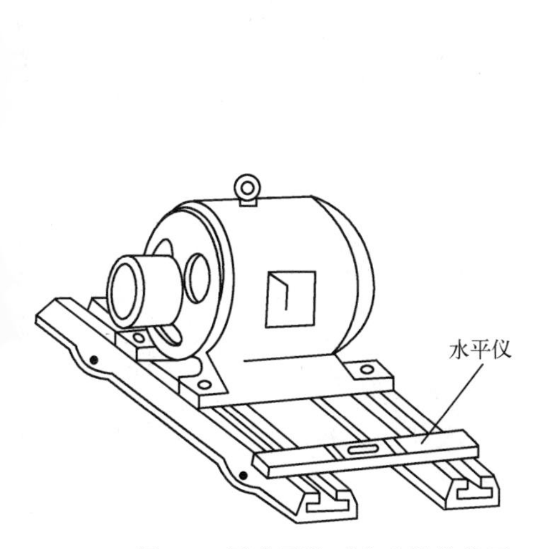

图 8-8 用水平仪对电动机的校正

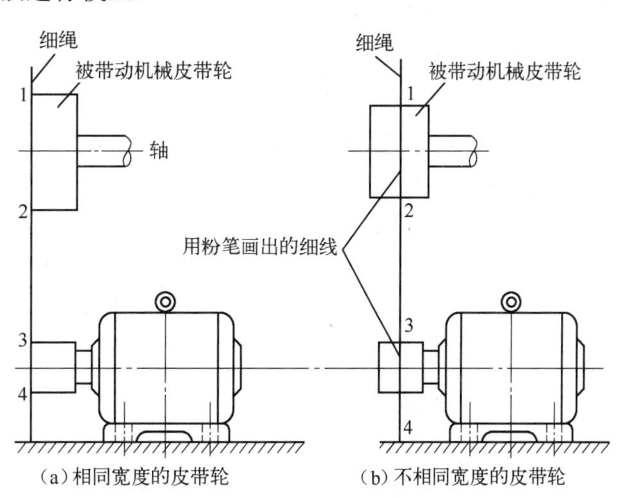

图 8-9 皮带轮轴平行校正示意图

对联轴器传动，必须使电动机与工作机联轴器的两个侧面平行，而且两轴心要对准，并用螺钉拧紧，如图 8-10 所示。

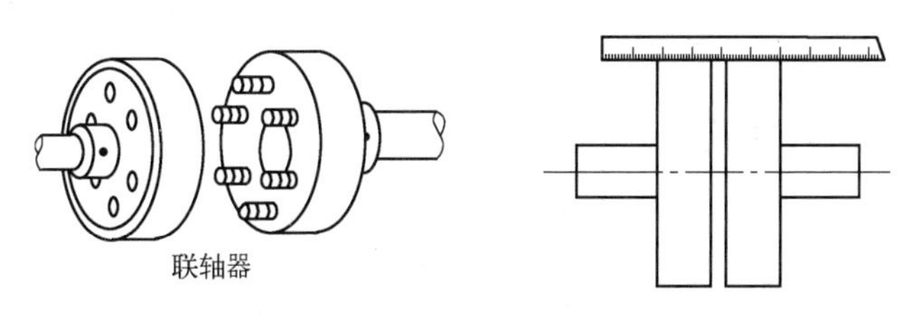

图 8-10 联轴器传动的校正示意图

8.2.4 三相异步电动机的连接

1. 三相异步电动机的电源引线

三相异步电动机的电源引线应采用绝缘软导线，电源线的截面应按电动机的额定电流选择，见表 8-4 所列。

表 8-4 电动机的电源线（铜芯）选择

电动机		导线截面	穿线管	电动机		导线截面	穿线管
功率（kW）	电流（A）	（mm^2）	（mm）	功率（kW）	电流（A）	（mm^2）	（mm）
<5.5	<12	2.5	16	30	58	35	38
7.5～10	15～20	4	19	40	75	50	51
13～17	25～33	6	25	55	103	70	51
22	44	16	32	75	138	95	64

从电源到电动机的控制开关段的导线应加装铁管、金属软管或 PVC 管穿套，如图 8-11 所示。

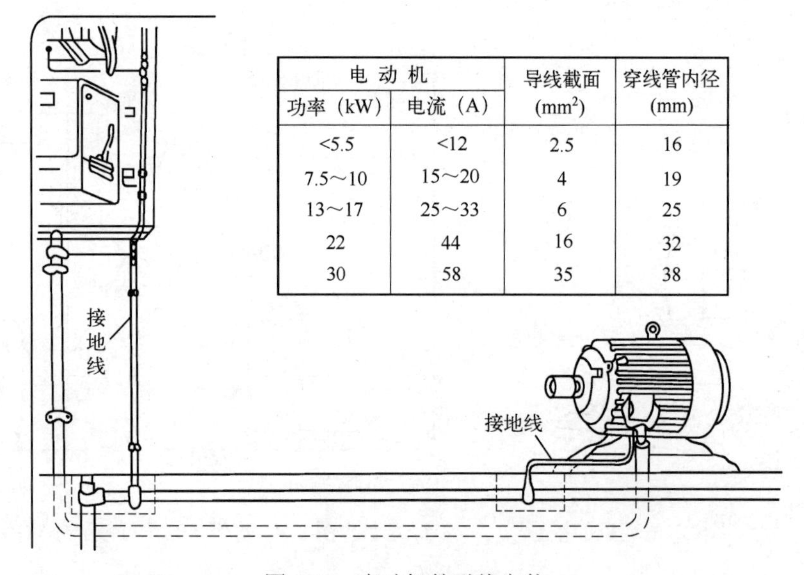

电 动 机		导线截面	穿线管内径
功率（kW）	电流（A）	（mm^2）	（mm）
<5.5	<12	2.5	16
7.5～10	15～20	4	19
13～17	25～33	6	25
22	44	16	32
30	58	35	38

图 8-11 电动机的引线安装

接至电动机接线柱的导线端头上还应装接相应规格的接线头，如图 8-12 所示，以利于电动机接线盒内的接线安全牢固。3 根电源线要分别接在电动机的 3 个接线柱上。

2. 三相异步电动机接线端子

三相异步电动机的定子绕组引出线端，一般都接在接线盒的接线端子上。它们的连接有星形（Y）和三角形（△）两种方法，如图 8-13 所示。

定子绕组的连接方法应与电源电压相对应，如电动机铭牌上标注的 220/380V-△/Y字样，其含义是：当电源线电压为 220V 时定子绕组为三角形连接，当电源线电压为 380V 时定子绕组为星形连接。接线时不能弄错，否则会损坏电动机。

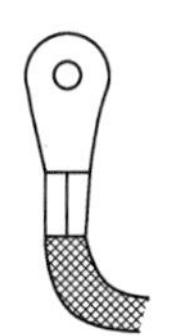

图 8-12 电源线的接线头

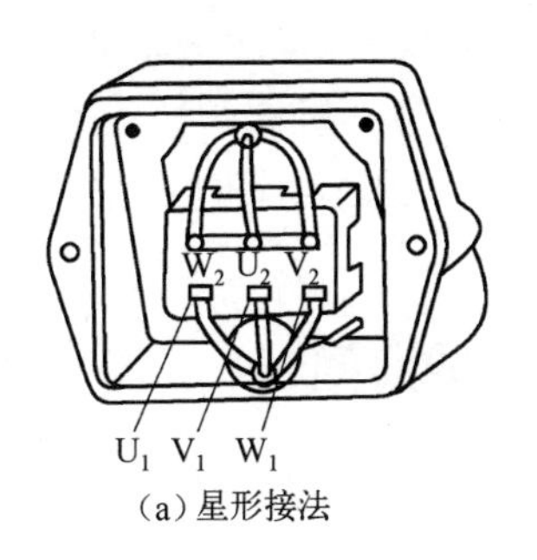

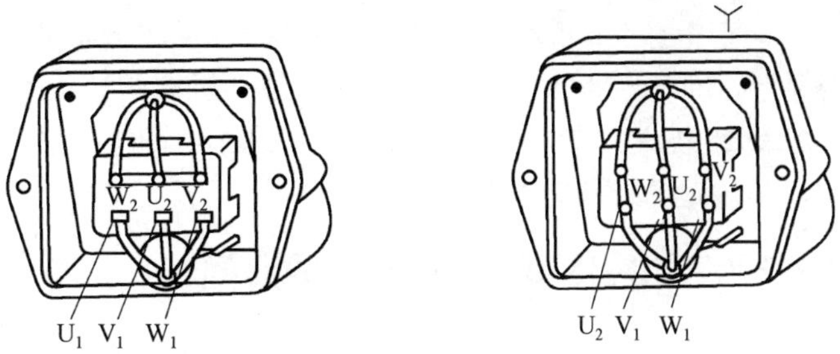

(a) 星形接法 (b) 三角形接法

图 8-13 接线端子接法

3. 三相异步电动机的接地装置

三相异步电动机的保护接地装置由接地体和接地线构成，如图 8-14 所示。

（1）接地体。电动机的接地体可用圆钢、角钢、扁钢或钢管做成，头部做成尖形，以便垂直打入地下，接地体长度一般不小于 2m。为了降低接地电阻，在埋入或打入的地面土壤中，可加少许食盐和木炭的混合物。

（2）接地线。接地线一般采用多股铜芯软导线，其截面积不小于 4 mm^2，并加以保护以防止碰断，其长度不小于 0.5 m；接地线的接地电阻不应大于 10 Ω。在日常维护时要经常检查电动机的接地装置是否良好，如果发现问题要及时处理，以免引发安全事故。

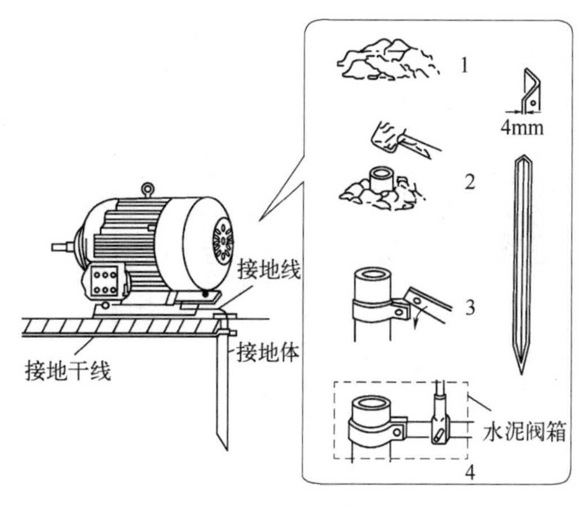

图 8-14 三相异步电动机保护接地装置

温馨提示

三相异步电动机的电源引接线应采用绝缘软导线，其截面应按电动机的额定电流选择。接地线应采用多股铜芯软导线，其截面积不小于 $4mm^2$。

8.3 三相异步电动机的维护

8.3.1 三相异步电动机运行前的准备

对于新安装或停用 3 个月以上的电动机，在使用前，有必要对电动机作绝缘性能的检查、机械传动装置的检查、电源电压与电动机的接线方法是否相符的检查。

（1）绝缘测量。用 500V 的兆欧表摇测电动机的绕组间绝缘电阻和绕组对地的绝缘电阻，其值不得小于 0.5MΩ。若小于此值，必须进行干燥处理。

（2）检查机械传动装置。例如，皮带是否合适，联轴器的螺栓、销子是否紧固，机组转动是否灵活，有无相擦现象，电动机和被带动机械的基础是否可靠、牢固等。

（3）检查电动机接线及电源电压等。根据电动机铭牌上的电压和接法，检查电源电压是否正常，与规定的接线方法是否相符等。

8.3.2　三相异步电动机运行中的监视

三相异步电动机运行中的监视是防止电动机发生故障和扩大运行事故的重要环节，也是电工人员在设备维护工作中的主要内容。电动机在运行中应做好如下监视工作：

（1）电动机转向。电动机启动后旋转方向是否与规定的方向一致。若与规定的方向不一致，应停机后将三根电源线中的任意两根线对调一下。

（2）电动机温度。机体温度是否正常和在允许的温差范围内，电动机的轴承温度是否正常。用手触摸电动机外壳温度是否过高，有无特殊气味（焦臭味）或出现冒烟等。电动机的各发热部位的允许温度，见表8-5所列。

表8-5　电动机各发热部位的允许温度（℃）

绝缘等级 发热部位	A级绝缘	E级绝缘	B级绝缘	F级绝缘
绕组	105	110	125	145
铁芯	115	120	140	165

温馨提示

① 在日常维护时，要经常检查电动机的电源引接线和接地装置，如果发现问题要及时处理，以免引发安全事故。

② 在实际应用中，要改变三相异步电动机的旋转方向时，只要将三相电源引接线中任意两相互换一下位置即可。

（3）电动机声响。检查时，用旋具（螺丝刀）一端接触电动机轴承盖，另一端贴到耳朵上，听轴承运行声响是否均匀，否则应停机进一步检查、修理。

（4）电动机的震动是否过大。

8.3.3　三相异步电动机的定期检查

三相异步电动机应根据使用环境进行定期检查，每年不应少于两次。

（1）检查和清洁电动机及启动设备外部。

（2）检查轴承磨损情况和润滑情况。

（3）检查电动机接线盒内引线接头连接情况。

（4）检查电动机的机体接地线是否安装牢固，有条件时最好测量一下接地电阻。

8.3.4　三相异步电动机的拆卸和组装

1．三相异步电动机的拆卸

三相异步电动机的拆卸步骤与方法，见表 8-6 所列。

表 8-6　三相异步电动机的拆卸步骤与方法

序　号	拆 卸 步 骤		示　意　图	说　　明
1	安装拉模			拉模安装时，应保证拉模丝杆轴与电动机轴中心线一致
2	拆卸皮带轮或联轴器			不准采用铁锤敲击的方法拆卸皮带轮或联轴器
3	拆卸风罩			先拧下电动机风罩的 4 个固定螺钉，再拆卸风罩
4	拆卸风扇			拧下风扇固定螺钉，取下风罩
5	拆卸前轴承外盖			轴承外盖上一般有 3 个固定螺钉，应先用螺丝刀拧出固定螺钉，再取下轴承外盖，并做好标记
6	拆卸前端盖			用螺丝刀拧出 4 个固定螺钉后，再取下前端盖，并做好标记
7	拆卸后轴承外盖			拆卸后轴承外盖的方法，与拆卸前轴承外盖的方法相同
8	拆卸后端盖			拆卸后端盖的方法，与拆卸前端盖方法相同
9	取出转子	一人取出转子		对较轻的电动机转子，可 1 人用手托住转子，慢慢向外移取。在外移时，注意转子不能与定子绕组相碰，以免损坏绕组绝缘层
		二人取出转子		对较重的电动机转子，可采用两人配合，用手抬着转子，慢慢向外移取。同样，在外移时注意转子不能与定子绕组相碰，以免损坏绕组绝缘层

2．三相异步电动机的组装

三相异步电动机的组装顺序与拆卸顺序相反。在组装前应清洗电动机内部的灰尘，清洗轴承并加足润滑油，然后按以下顺序操作：

（1）在转轴上装上轴承和轴承盖。

（2）将转子慢慢移入定子中。

（3）安装端盖和轴承外盖。安装端盖时，注意对准标记，固定螺栓要按对角线一前一后旋紧，不能松紧不一，以免损坏端盖或卡死转子。

安装轴承外盖时，先把它装在端盖中，然后插入一颗螺栓用一只手顶住，另一只手转动转轴，使轴承内盖与它一起转动。当螺栓孔对准后，再将螺栓顶入，并均匀旋紧，如图 8-15 所示。

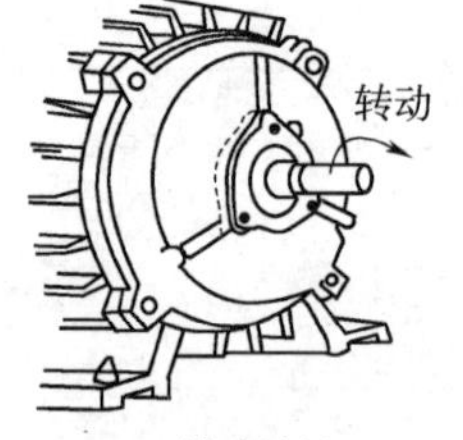

（a）转动转轴

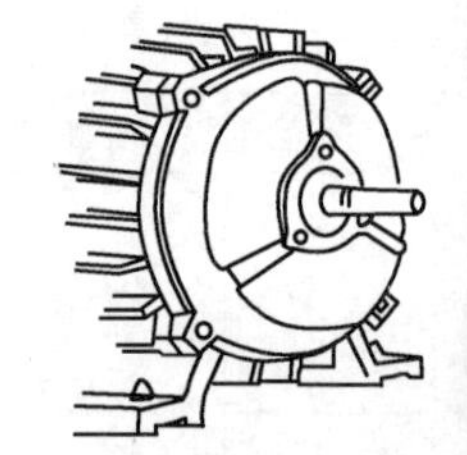
（b）均匀旋紧螺栓

图 8-15　组装轴承外盖

（4）安装风扇和风罩。

（5）安装皮带轮或联轴器，例如，皮带轮的安装，见表 8-7 所列。

表 8-7　电动机皮带轮的安装

序　号	安装步骤	示意图	说　明
1	除去皮带轮内孔的铁锈		用缠有细纱布的圆棍在皮带轮内孔轻轻地旋转，以除去内孔的铁锈
2	除去电动机转轴外的铁锈		用细砂纸除去转轴表面的铁锈
3	套上皮带轮		对准键槽把皮带轮套在转轴上，调整好皮带轮与转轴之间的位置
4	安装皮带轮键		轻轻敲皮带轮键、慢慢送入键槽（键与键槽配合要适当，太紧或太松都会损坏键槽）
5	固定压紧螺钉		用扳手旋紧固定压紧螺钉，以防止皮带轮的轴向滑动

温馨提示

① 拆卸电动机。拆卸时，不能用铁锤直接敲打。

② 清洗电动机零部件、对轴承添加润滑油。

③ 拧紧端盖螺钉时，要按对角线上下左右逐步拧紧。

④ 操作过程中要注意安全，同学间团结互助。

8.4 三相异步电动机的检修

8.4.1 三相异步电动机一般故障的处理

三相异步电动机的一般故障：电动机不能启动、电动机运转时声音不正常、电动机温升超过允许值、电动机轴承发烫、电动机发生噪声、电动机震动过大和电动机在运行中发生冒烟等。

1. 电动机不能启动

电动机不能启动的原因及处理方法，见表 8-8 所列。

表 8-8 电动机不能启动的原因及处理方法

序 号	原 因	处 理 方 法
1	电源未接通	检查断线点或接头松动点，重新装接
2	被带动的机械（负载）卡住	检查机器，排除障碍物
3	定子绕组断路	用万用表检查断路点，修复后再使用
4	轴承损坏，被卡住	检查轴承，更换新件
5	控制设备接线错误	详细核对控制设备接线图，加以纠正

2. 电动机运转时声音不正常

电动机运转时声音不正常的原因及处理方法，见表 8-9 所列。

表 8-9 电动机运转时声音不正常的原因及处理方法

序 号	原 因	处 理 方 法
1	电动机缺相运行	检查断线处或接头松脱点，重新装接
2	电动机地脚螺钉松动	检查电动机地脚螺钉，重新调整、填平后再拧紧螺钉
3	电动机转子、定子摩擦，气隙不均匀	更换新轴承或校正转子与定子间的中心线
4	风扇、风罩或端盖间有杂物	拆开电动机，清除杂物
5	电动机上部分紧固件松脱	检查紧固件，拧紧松动的紧固件（螺钉、螺栓）
6	皮带松弛或损坏	调节皮带松弛度，更换损坏的皮带

3．电动机温升超过允许值

电动机温升超过允许值的原因及处理方法，见表8-10所列。

表8-10　电动机温升超过允许值的原因及处理方法

序　号	原　因	处理方法
1	过载	减轻负载
2	被带动的机械（负载）卡住或皮带太紧	停电检查，排除障碍物，调整皮带松紧度
3	定子绕组短路	检修定子绕组或更换新电动机

4．电动机轴承发烫

电动机轴承发烫的原因及处理方法，见表8-11所列。

表8-11　电动机轴承发烫的原因及处理方法

序　号	原　因	处理方法
1	皮带太紧	调整皮带松紧度
2	轴承腔内缺润滑油	拆下轴承盖，加润滑油至2/3轴承腔
3	轴承中有杂物	清洗轴承，更换新润滑油
4	轴承装配过紧（轴承腔小，转轴大）	更换新件或重新加工轴承腔

5．电动机发生噪声

电动机发生噪声的原因及处理方法，见表8-12所列。

表8-12　电动机发生噪声的原因及处理方法

序　号	原　因	处理方法
1	熔丝一相熔断	找出熔丝熔断的原因，换上新的同等容量的熔丝
2	转子与定子摩擦	矫正转子中心，必要时调整轴承
3	定子绕组短路、断线	检修绕组

6．电动机震动过大

电动机震动过大的原因及处理方法，见表8-13所列。

表8-13　电动机震动过大的原因及处理方法

序　号	原　因	处理方法
1	基础不牢，地脚螺钉松动	重新加固基础，拧紧松动的地脚螺钉
2	所带的机具中心不一致	重新调整电动机的位置
3	电动机的线圈短路或转子断条	拆下电动机，进行修理

7．电动机在运行中发生冒烟

电动机在运行中发生冒烟的原因及处理方法，见表8-14所列。

表8-14　电动机在运行中发生冒烟的原因及处理方法

序　号	原　因	处理方法
1	定子线圈短路	检修定子线圈
2	传动皮带太紧	减轻传动皮带的过度张力

8.4.2 三相异步电动机绕组的“短路、断路、通地”处理

三相异步电动机绕组的常见故障有绕组短路、绕组断路、绕组接地和轴承损坏等。处理时，应“由外到里、先机械后电气”，通过看、听、闻、摸等途径去检查，进行有针对性的修理。

1. 绕组短路故障的检修

（1）绕组短路故障的检查方法。绕组短路故障的检查方法有许多，例如，外部检查法、电阻检查法、电流平衡检查法、感应电压检查法和短路侦察器检查法等，其中外部检查法、电阻检查法是常用的两种方法。

① 外部检查法。使电动机空载运行 20～25min 后停下来，马上拆卸两边端盖，用手摸线圈的端部。如果某一个或某一组比其他部分热，这部分线圈很可能短路，也可以观察线圈有无焦脆现象，若有，该线圈可能短路。

② 电阻检查法。电阻检查法是指利用万用表或电桥法进行检查。若在空转过程中发现有异常情况，应立即切断电源，采用电阻检查法进一步进行检查。

电动机绕组相间短路的检查，见表 8-15 所列。电动机绕组匝间短路的检查，见表 8-16 所列。

表 8-15 电动机绕组相间短路的检查

序 号	示 意 图	操 作 说 明
1	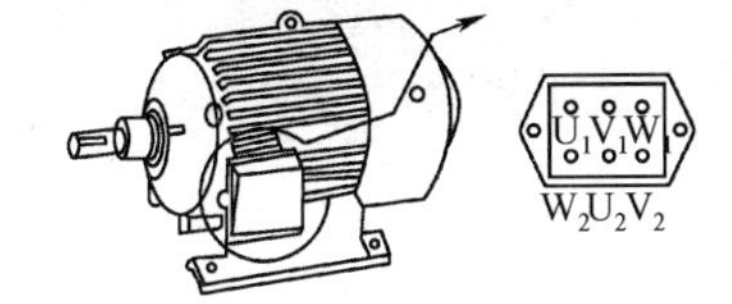 $U_1V_1W_1$ $W_2U_2V_2$	打开电动机的接线盒，拆下电动机接线盒的 3 片短接板
2	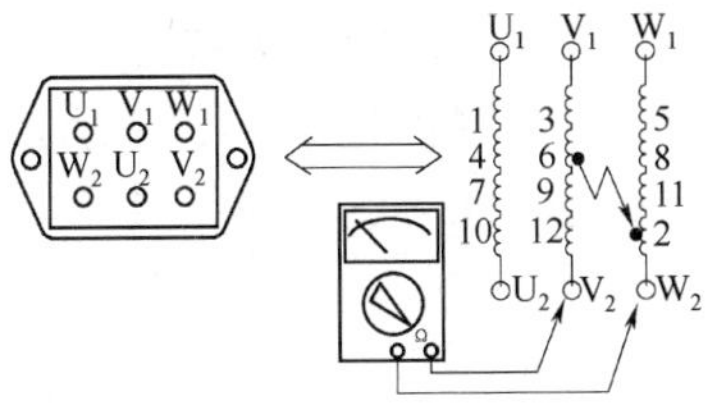 U_1 V_1 W_1 W_2 U_2 V_2 U_1 V_1 W_1 1 3 5 4 6 8 7 9 11 10 12 2 U_2 V_2 W_2	当电动机各相绕组电阻值较大时，可用万用表检查；当电动机各相绕组电阻值较小时，应用电桥法检查。相间绝缘电阻的方法：依次 U_1-V_1、V_1-W_1、U_1-W_1 两端，若阻值很小，说明该两相间有短路。例如，U_1-V_1、U_1- W_1 很大（趋于“∞”），而 V_1-W_1 之间很小（等于“0”或小于正常电阻值），则 V 相与 W 相之间的绕组存在相间短路

表 8-16 电动机绕组匝间短路的检查

序 号	示 意 图	操 作 说 明
1	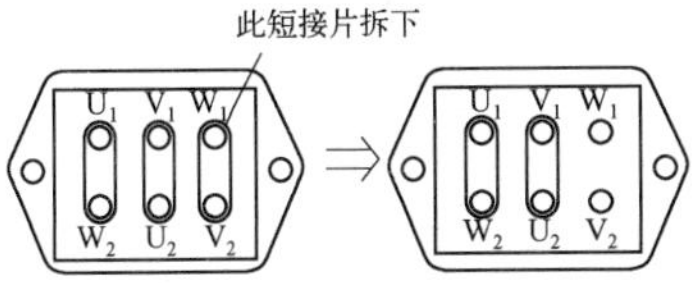 此短接片拆下 U_1 V_1 W_1 W_2 U_2 V_2 ⇒ U_1 V_1 W_1 W_2 U_2 V_2	拆下接线端子上任意一片短接片
2	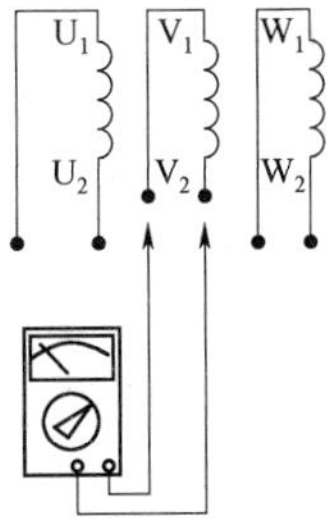 U_1 V_1 W_1 U_2 V_2 W_2	用万用表或电桥法分别测量各相绕组的直流电阻，若一组绕组的电阻较小，则说明该相绕组有可能是匝间短路

续表

序号	示意图	操作说明
3	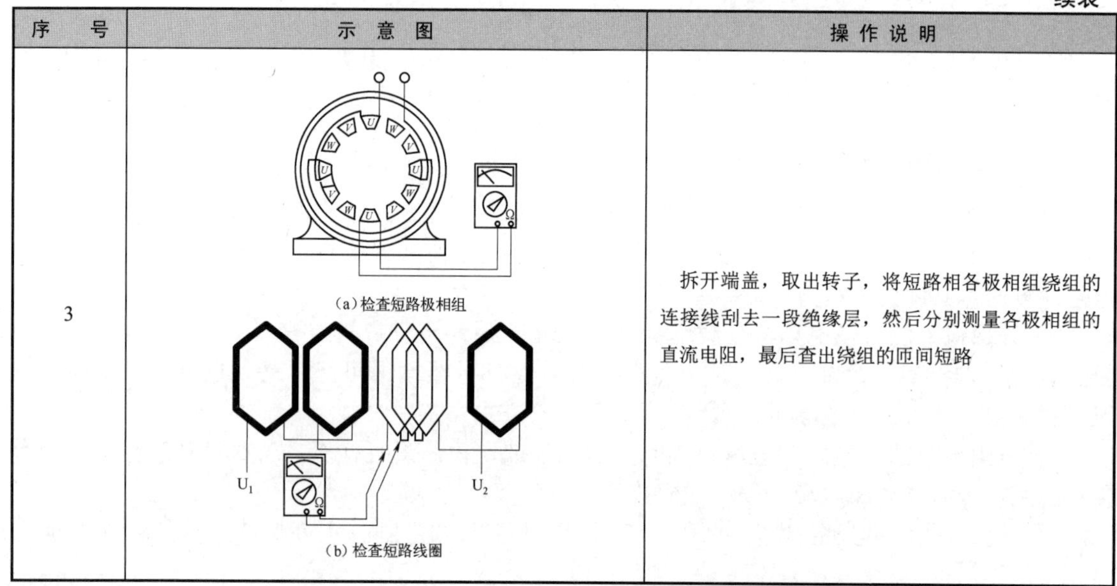 (a) 检查短路极相组 (b) 检查短路线圈	拆开端盖，取出转子，将短路相各极相组绕组的连接线刮去一段绝缘层，然后分别测量各极相组的直流电阻，最后查出绕组的匝间短路

（2）绕组短路故障的修理方法。绕组容易发生短路的地方是线圈的槽口部位及双层绕组的上下线圈之间。如果短路点在槽外，可将绕组加热软化，用画线板将短路处分开，再垫上绝缘纸或套上绝缘套管。如果短路点在槽内，将绕组加热软化后翻出短路绕组的匝间线。在短路处包上新绝缘纸，再重新嵌入槽内并浸渍绝缘漆。

2. 绕组断路故障的检修

（1）绕组断路故障的检查方法。单路绕组电动机断路时，可采用万用表检查。如果绕组为星形接法，可分别测量每相绕组，断路绕组表不通，如图 8-16（a）所示。若绕组为三角形接法，需将三相绕组的接头拆开再分别测量，如图 8-16（b）所示。

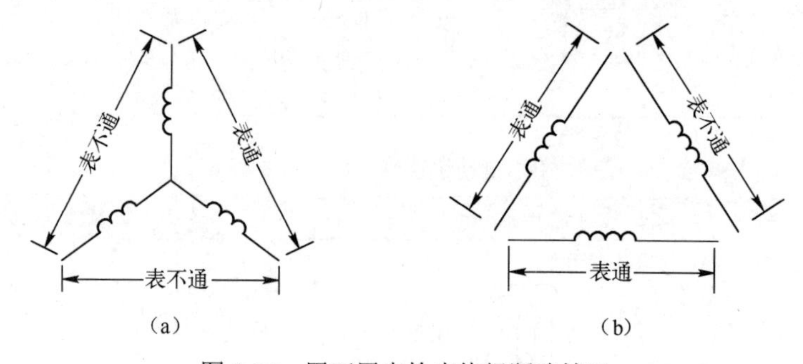

图 8-16　用万用表检查绕组断路情况

（2）绕组断路故障的修理方法：找出断路处后，将其连接重新焊牢，包扎绝缘，再浸渍绝缘漆。

对于功率较大的电动机，其绕组大多采用多根导线并绕或多路并联，有时只有一根导线或一条支路断路，这时应采用三相电流平衡法或双臂电桥法。

对于星形接法的电动机，可将三相绕组并联后通入低压交流电，如果三相电流相差 5%以上，则电流小的一相即为断路相，如图 8-17（a）所示。对于三角状接法的电动机，先将绕组

的一个接点拆开，再逐相通入低压交流电并测量其电流，其中电流小的一相即为断路相，如图 8-17（b）所示。然后，将断路相的并联支路拆开，逐一检查，找出断路支路。

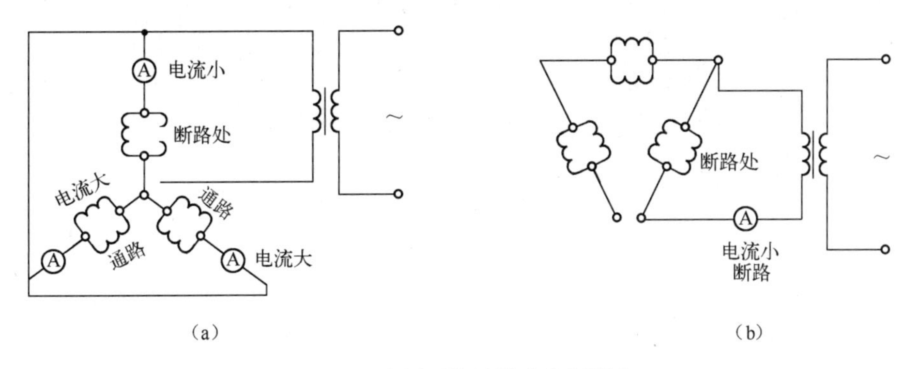

图 8-17　电桥平衡法检查绕组断路

3．绕组通地故障的检

（1）绕组通地故障的检查方法。把兆欧表的“L”端（线路端）接在电动机接线盒的接线端上，把“E”接在电动机的机壳上，测量电动机绕组对地（即机壳）绝缘电阻。若绝缘电阻低于 0.5MΩ，说明电动机受潮或绝缘很差；若绝缘电阻为零，则说明三相绕组有“通地”的问题。此时可拆开电动机绕组的接线端，逐一测量，找出三相绕组的发生“通地”故障的那一相。若用万用表检查电动机绕组“通地”故障：应将万用表先调至 R×1kΩ或 R×10kΩ 挡，欧姆调零后，再将一支表笔与绕组的一端紧紧接触，另一支表笔搭紧电动机的机壳（即去掉油漆的外壳部位）。如万用表所测电阻值为“零”，呈导通状态，就可以判断该绕组有“通地”故障。

（2）绕组通地故障的修理方法。对于绕组受潮的电动机，可进行烘干处理。待绝缘电阻达到要求后，再重新浸渍绝缘漆。若接地点在定子绕组端部，或只是个别地方绝缘没垫好，一般只需局部修补。先将定子绕组加热，待绝缘软化后，用工具将定子绕组撬开，垫入适当的绝缘材料或将接地处局部包扎，然后涂上自干绝缘漆。若接地点在槽内，一般应更换绕组。

8.4.3　三相异步电动机绕组首尾端的鉴别

三相异步电动机为了接线方便，在六个引出线端子上，分别用 U_1、V_1、W_1、U_2、V_2、W_2 编成代号来识别。每个引出线分别接到引线端子板上去，其中 U_1、V_1、W_1 表示电动机接线的首端，U_2、V_2、W_2 表示电动机接线的尾端。星形接法，如图 8-18（a）所示，三角形接法，如图 8-18（b）所示。

当电动机绕组首尾端接错时，可以通过灯泡或万用表 2 种鉴别方法。

1．灯泡鉴别法

灯泡鉴别法的操作步骤如下。

（1）用万用表的电阻挡，分别找出三相绕组各相的两个线头。

（2）先给三相绕组的线头作假设编号 U_1、U_2，V_1、V_2 和 W_1、W_2，并把 V_1、U_2 连接起来，构成两相绕组串联。

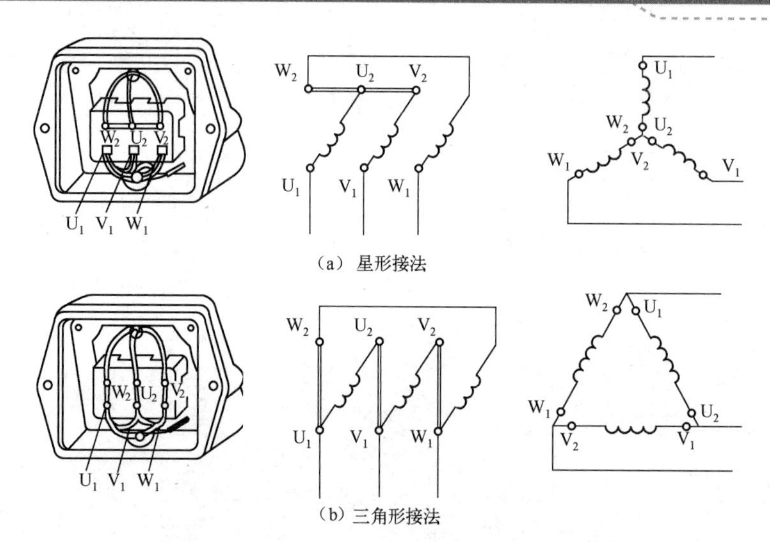

（a）星形接法

（b）三角形接法

图 8-18　三相异步电动机绕组引出线端的连接位置

（3）U_1、V_2线头上接一盏灯泡。

（4）W_1、W_2线头上接通 36V 交流电源，若灯泡亮，说明 U_1、U_2和 V_1、V_2编号正确。若灯泡不亮，则把 U_1、U_2或 V_1、V_2任意两个线头的编号对调一下，如图 8-19 所示。

（5）再按上述方法对 W_1、W_2线头进行判断，便可确定三相绕组接线的首端和尾端。

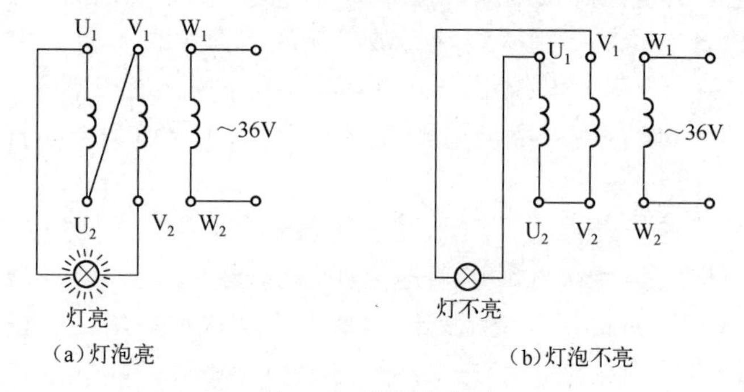

（a）灯泡亮　　（b）灯泡不亮

图 8-19　绕组串联法

2．万用表鉴别法

万用表鉴别法又有 2 种方法，见表 8-17 所列。

表 8-17　万用表鉴别法

方　　法	示　意　图	操 作 步 骤
判别法一		① 先用万用表分清三相绕组各相的两个线头，并进行假设编号，如图 8-19 所示 ② 在合上开关瞬间，若万用表指针向大于零的一边偏转，则干电池正极所接的线头与万用表负极所接的线头同为首端或尾端，如左图所示；若指针向小于零的一边偏转，则干电池正极所接的线头与万用表所接的线同为首端或尾端 ③ 再将干电池和开关接另一相的两个线头，进行测试，就可正确判别出各相的首、尾端

续表

方　法	示 意 图	操 作 步 骤
判别法二	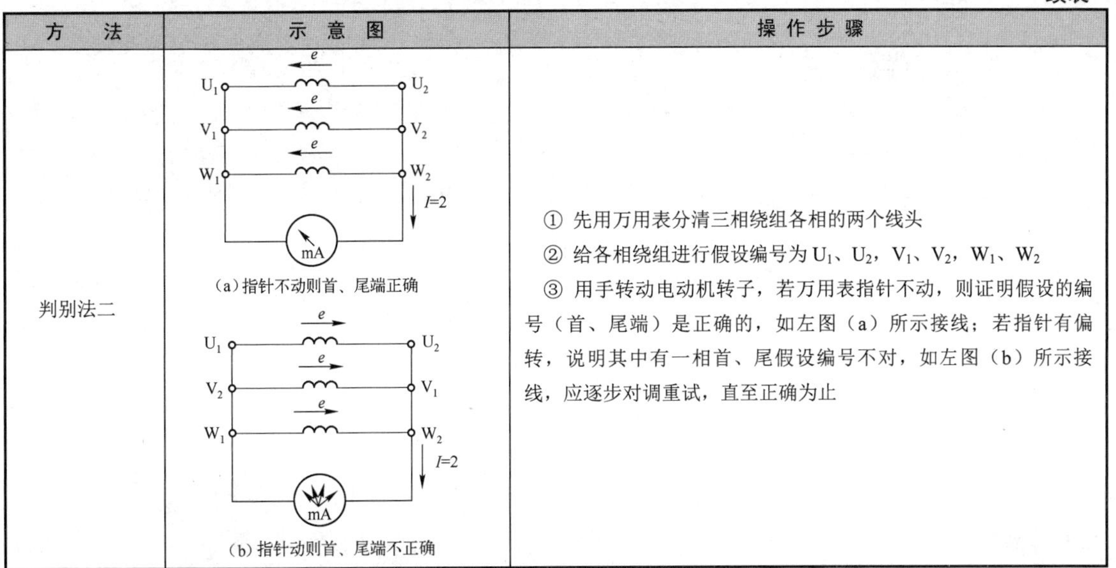 (a)指针不动则首、尾端正确 (b)指针动则首、尾端不正确	① 先用万用表分清三相绕组各相的两个线头 ② 给各相绕组进行假设编号为 U_1、U_2，V_1、V_2，W_1、W_2 ③ 用手转动电动机转子，若万用表指针不动，则证明假设的编号（首、尾端）是正确的，如左图（a）所示接线；若指针有偏转，说明其中有一相首、尾假设编号不对，如左图（b）所示接线，应逐步对调重试，直至正确为止

温馨提示

在实际应用中，若要改变三相异步电动机的旋转方向，只要将三根电源线中的任意两相电源线的位置对调一下，即可。

践行与阅读

——转速表的使用方法、电动机轴承损坏的处理、电动机绕组的基本知识

◎ 资料一：转速表的使用方法

转速表是一种用来测量电动机或其他机械设备转速的仪表，如图 8-20 所示。一般每只转速表都配备一个橡皮头、一个嵌环圆锥体、一根硬质三角针、一根转轴、一只纹锤分支器、一小瓶钟表油和一只滴油器等。

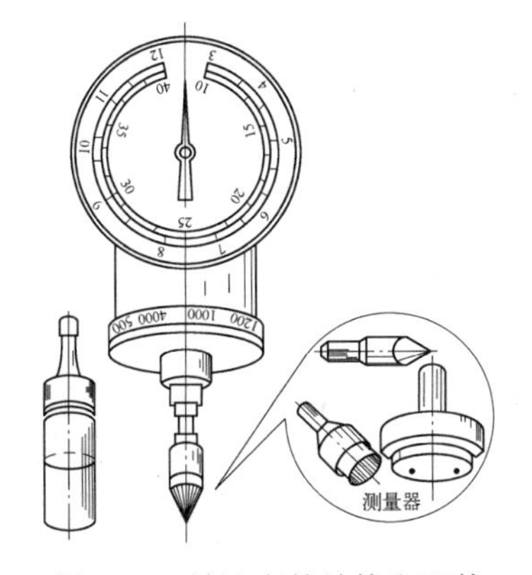

图 8-20　转速表的结构和配件

使用转速表时，应把刻度盘转到相应的测量范围上，并在转轴一端加上油。

温馨提示

① 使用时要拿稳转速表，注意不能歪斜，以保证测速的准确。加油时，必须把刻度盘转到最慢转速，然后给各油眼加油。此外，要避免转速表受到严重震动，以防损坏表的机械结构。

② 测量转速在 10000r/min 以上时，不宜使用橡皮装置的测量器，最好使用三角钢锥测量器。

◎ 资料二：电动机轴承损坏的处理

1. 检查方法

在电动机运行时用手触摸前轴承外盖，其温度应与电动机机壳温度大致相同，无明显的温差（前轴承是电动机的载荷端，最容易损坏）。另外，也可以听电动机的声音有无异常。将螺丝刀或听诊棒的一头顶在轴承外盖上，另一头贴到耳边，仔细听轴承滚珠沿轴承道滚动的声音，正常时声音是单一的、均匀的。若有异常应将轴承拆卸，作进一步检查，将轴承拆下来清洗干净后，用手转动轴承，观察其转动是否灵活，并检查轴承内外之间轴向窜动和径向晃动是否正常，转动是否灵活、有无锈迹、伤痕等。

2. 修理方法

对于有锈迹的轴承，将其放在煤油中浸泡便可除去铁锈。若轴承有明显伤痕，则必须加以更换。

温馨提示

润滑脂选用时，应根据电动机的负载情况和工作环境选择合适的润滑脂，以改善轴承的润滑性能并延长其使用寿命。

◎ 资料三：电动机绕组的基本知识

绕组是三相异步电动机的重要部件之一，由许多线圈连接而成，所有线圈均嵌入在定子铁芯的槽内，然后按一定的规律连接起。

1. 绕组的基本规律

三相异步电动机绕组的基本规律是“绕组分布总是对称的”。

（1）每相绕组线圈的形式、尺寸、个数、嵌入和连接方法必须完全相同。

（2）三相绕组排列顺序相同，相绕组之间间隔 120° 电气角。

由于三相异步电动机绕组具有以上规律，因此在对三相异步电动机绕组重绕时，只要了解一相绕组的情况，就可以知道其他两相绕组的情况。

2．绕组结构的几个基本概念

（1）线圈。线圈是以绝缘导线（漆包线）按一定形式绕制而成，它可以由一匝或多匝导线组成，如图 8-21 所示。其中，线圈的有效部分，嵌放在铁芯槽内，起电磁能量转换作用；线圈端部，伸出铁芯槽外部，不参与能量转换，连接线圈的两个有效边。

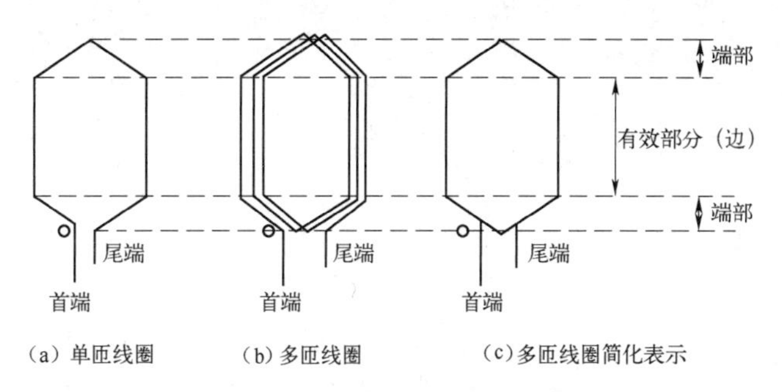

图 8-21　线圈的简化表示方法

（2）极距与节距。极距（τ）是指沿铁芯圆周每个磁极所占的范围，它的大小可以用铁芯圆周的长度或铁芯的槽数目来表示。节距（Y）是指一个线圈两个有效边的距离，它的大小可以用线圈两个有效边所跨铁芯的槽数目来表示。线圈的极距与节距如图 8-22 所示。

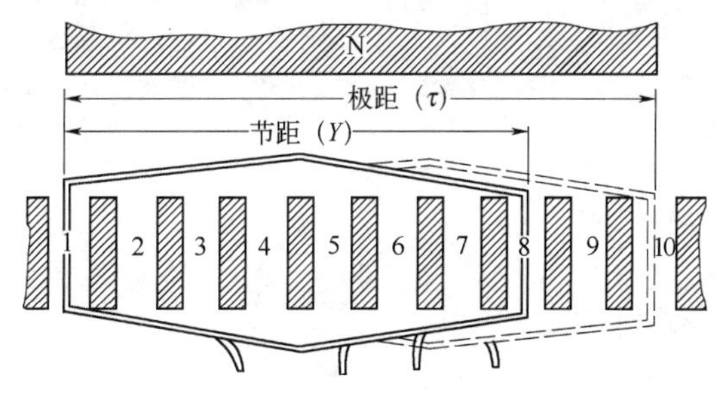

图 8-22　线圈的极距与节距

（3）每极每相的槽数。每极每相的槽数（q）是指每相绕组在一个磁极下所占的槽数。三相异步电动机每个绕组都由 U、V、W 三相绕组平均分为 3 部分，所以 24 槽 4 极三相异步电动机的每极每相的槽数为 2。

3．绕组的基本种类

三相异步电动机绕组按槽内层数、绕组形状和绕组节距及绕组相数等多种方式进行分类。几种常见形式的绕组，见表 8-18 所列。

表 8-18　常见形式的绕组

绕组的分类		示　意　图	说　　明
分类方式	分类名称		
按槽内层数分	单层绕组	槽楔条	单层绕组是在一个定子槽内只嵌放一个线圈的有效边，线圈嵌放比较方便省时，但电气性能较差

续表

绕组的分类		示 意 图	说 明
分类方式	分类名称		
按槽内层数分	双层绕组	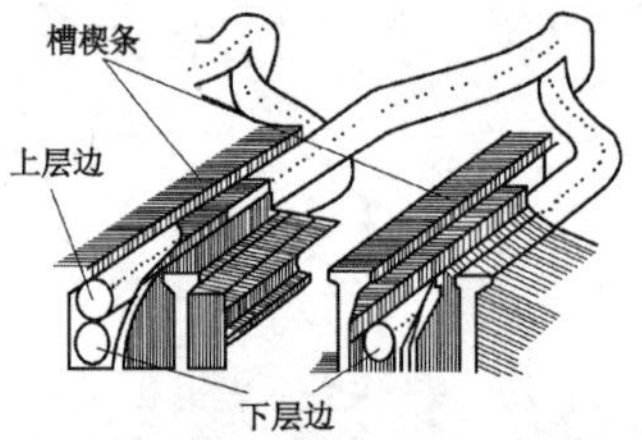	双层绕组是在一个定子槽内嵌放二个线圈的有效边，提高了电动机的电气性能，但在嵌放时，需加线圈层间绝缘
按绕组形状分	同心绕组	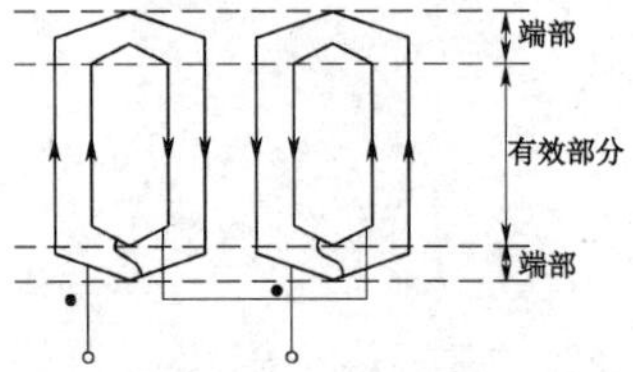	同心绕组是由几个大小不同的线圈一只套一只同心连接而成的绕组 三相单层同心绕组多用于每极每相槽数比较多的小型二极异步电动机中
	链式绕组	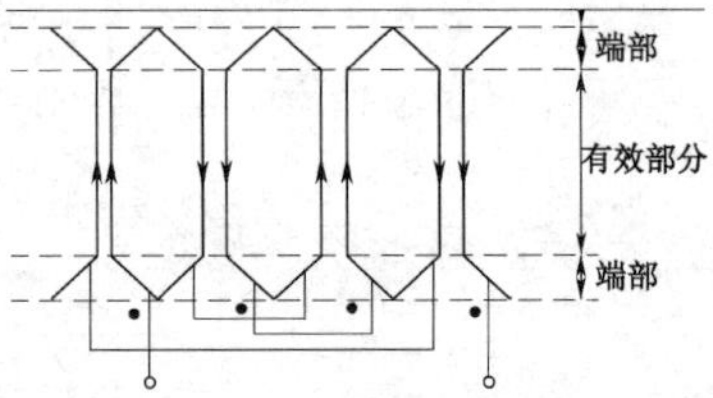	链式绕组是由几个大小不同的线圈串联而成的绕组 三相异步电动机的单层链式绕组的线圈端部是彼此重叠的
	交叉式绕组	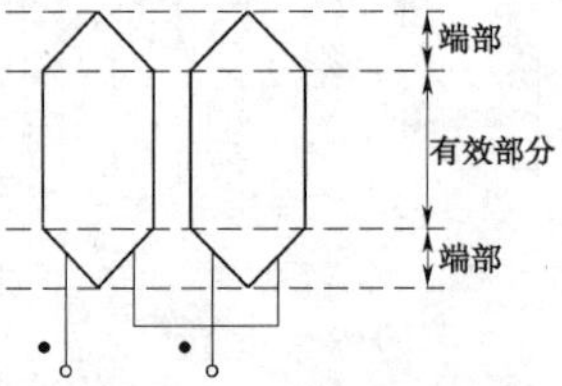	交叉式绕组是在一个节距范围里，几个线圈端部交叉，相邻的极性相反而成的绕组 三相单层交叉式绕组多用于 7 kW 以下的小型异步电动机
	叠绕式绕组	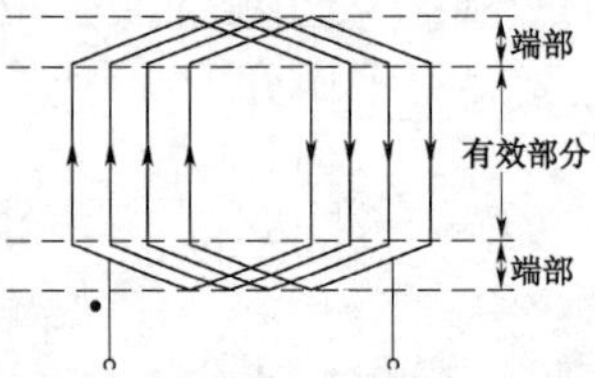	叠绕式绕组是采用线圈双层叠绕方式组成的绕组 叠绕式绕组大多用于大型三相异步电动机

温馨提示

无论三相异步电动机采用何种形式的绕组，除了满足电动机技术要求外，对它们的基本要求是：

① 应具有足够的机械强度和绝缘强度。

② 应使铜耗最小，并有较好的冷却性。

③ 应便于绕制。

④ 应易于改接，以适用不同的运行情况。

⑤ 绕组嵌入的排列应尽可能整齐美观。

——三相异步电动机铭牌识读及性能检测

根据教学要求，进行三相异步电动机铭牌识读及性能检测，并完成表 8-19 所列的评议和学分给定工作。

表 8-19　三相异步电动机铭牌识读及性能检测记录表

<table>
<tr><td>班　级</td><td colspan="2"></td><td>姓　名</td><td></td><td>学 号</td><td></td><td>日　期</td><td></td></tr>
<tr><td>铭牌识读</td><td colspan="8">（根据教师提供的电动机进行铭牌识读，并写出电动机的额定功率、额定电压、额定电流、额定频率、额定转速、绝缘等级和工作方式等）</td></tr>
<tr><td>性能检测</td><td colspan="8">（写出电动机性能检测所用器材、操作方法与步骤）</td></tr>
<tr><td>收获
与体会</td><td colspan="8"></td></tr>
<tr><td rowspan="4">评价意见</td><td>评定人</td><td colspan="5">评价、评议、评定意见</td><td>等　级</td><td>签　名</td></tr>
<tr><td>自己评价</td><td colspan="5"></td><td></td><td></td></tr>
<tr><td>同学评议</td><td colspan="5"></td><td></td><td></td></tr>
<tr><td>老师评定</td><td colspan="5"></td><td></td><td></td></tr>
</table>

注：①该践行学分为 5 分，记入本课程总学分（150 分）中，若结算分为总学分的 95%以上者，则评定为考核“合格”。
②学生根据教师提供的电动机，进行电铭牌识读及性能检测（包括首尾端的判断）。

练习与交流

完成下列填空题、判断题和问答题，并与同学进行交流。

1. 填空题

（1）三相异步电动机主要由________和________两个基本部分组成。

（2）三相异步电动机的定子绕组连接方法有__________和________两种。

（3）电动机的三种工作方式是__________、__________、__________。

（4）三相异步电动机的选用应根据______________、______________、______________、__________、___________等具体情况，并结合工矿企业的具体情况选择。

（5）三相异步电动机绕组的常见故障有_______、_______、_______和_______等。

2. 判断题（对打“√”，错打“×”）

（1）异步电动机转差率的变化范围为 0～1。（　　）

（2）电动机在使用前，应作绝缘性能的检查，其值不得小于 0.5MΩ。（　　）

（3）三相异步电动机的旋转方向与规定的方向不一致时，应立即停机，将三根电源线中的任意两根线对调一下。（　　）

（4）对于绕组受潮的电动机，应及时进行烘干处理。 （ ）

（5）电动机六个引出线端，分别用 U_1、V_1、W_1、U_2、V_2、W_2 编号表示。 （ ）

3. 问答题

（1）如何利用万用表判断电动机绕组的断路、短路？

（2）三相异步电动机在运行中常有哪些不正常的现象？

（3）三相异步电动机震动过大是什么原因，怎样处理？

动力设备基本控制线路的装接

学习目标

- 熟悉基本控制线路的类型及其装接步骤
- 掌握三相异步电动机基本控制线路装接技能
- 熟悉基本控制线路在电气设备中的典型应用

三相异步电动机具有效率高、价格低、控制维护方便等优点，在工矿企业生产中应用十分广泛。一般将用电动机带动生产机械工作的电力拖动系统称作电力拖动，其主要任务是对电动机实现各种控制和保护。因此，掌握动力设备基本控制线路的装接技能，是保障电力拖动正常工作的重要保证。学生在实训板上进行操作，如图 9-1 所示。

图 9-1　在实训板上进行操作

9.1　基本控制线路类型及其装接步骤

9.1.1　基本控制线路的类型

三相异步电动机的基本控制线路类型如下：

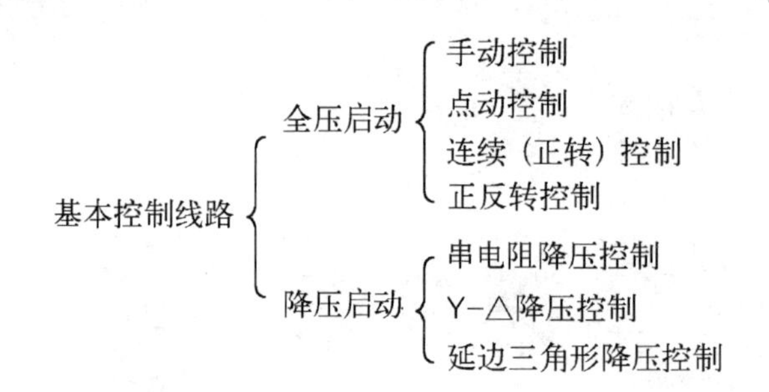

9.1.2 基本控制线路的装接步骤

三相异步电动机的基本控制线路的装接，一般应按照以下步骤进行。

（1）识读电路图。明确电路所用电气元件名称及其作用，熟悉电路的工作原理，在电气原理图上编号。

（2）配齐电气元件。根据电路图或元件明细表配齐电气元件，并进行检验。

（3）电气元件选配与安装。根据接线图将电气元件安装在控制板上，根据电动机容量选配符合规格的导线，并在导线两端套上标有与电路图相一致编号的号码管。

（4）安装电动机。

（5）连接保护接地线、电源线及控制板外部的导线。连接电动机和所有电气元件金属外壳的保护接地线，连接电源、电动机及控制板外部的导线。

（6）学生自检和互检。

（7）通电试运行。

9.2 三相异步电动机基本控制线路

9.2.1 三相异步电动机手动控制线路

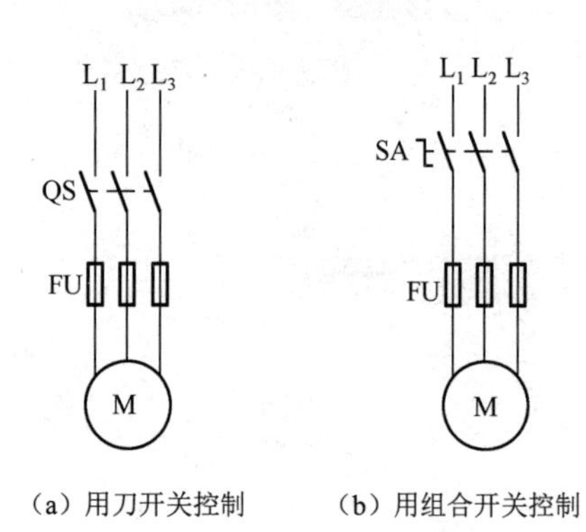

（a）用刀开关控制　（b）用组合开关控制

图 9-2　手动控制的线路

1. 手动控制线路

工厂中使用的砂轮机、小型台钻、机床冷却泵等设备，常采用手动控制电路，如图 9-2 所示。

2. 手动控制线路工作过程

（1）启动。合上刀开关 QS（或转动组合开关旋钮 SA）→电动机 M 工作。

（2）停止。分离刀开关 QS（或复位组合开关旋钮 SA）→电动机 M 停止工作。

温馨提示

三相异步电动机手动控制线路的装接，按【践行与探研】中的资料四：评测 1 的要求、步骤进行操练。

9.2.2　三相异步电动机点动、自锁控制线路

1．接触器点动正转控制线路

“点动控制”指需要电动机短时断续工作时，只要按下按钮，电动机就转动；松开按钮，电动机就停止动作。它是用按钮、接触器来控制电动机运转的最简单的正转控制线路，例如，工厂中使用的电动葫芦和机床快速移动装置等，其电路如图 9-3 所示。

先合上电源开关 QS，点动正转控制线路的工作过程如下：

（1）启动。

按下按钮 SB→接触器线圈 KM 得电→接触器主触点 KM 闭合→电动机 M 启动运行。

（2）停止。

松开按钮 SB→接触器线圈 KM 失电→接触器主触点 KM 分断→电动机 M 失电停转。

电动机 M 停止后，断开电源开关 QS。

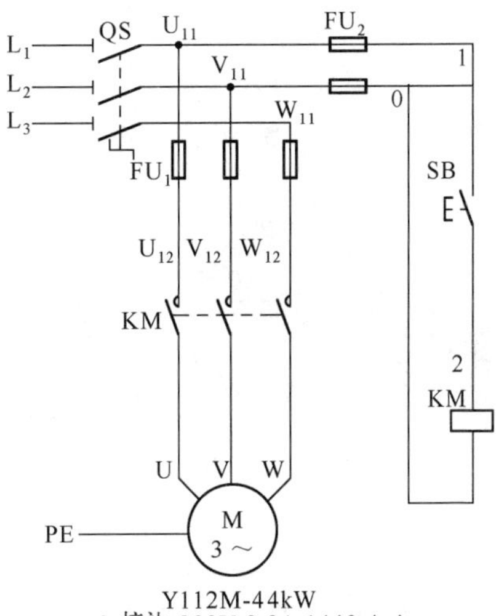

图 9-3　接触器点动正转控制线路

温馨提示

点动控制线路的装接，按【践行与探研】中的资料四：测评 2 任务 1 的要求、步骤进行操练。

2．无过载保护的接触器自锁控制线路

“自锁”是指当电动机启动后，再松开启动按钮 SB_1，控制电路仍保持接通，电动机仍继续运转工作。无过载保护的接触器自锁控制线路图如图 9-4 所示。

先合上电源开关 QS，无过载保护的接触器自锁控制线路的工作过程如下：

（1）启动。

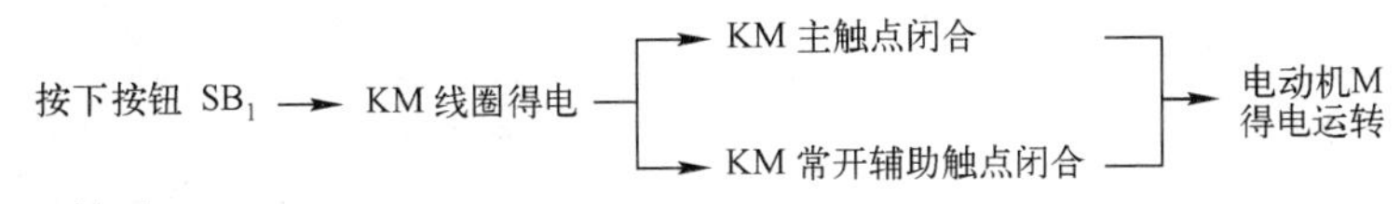

（2）停止。

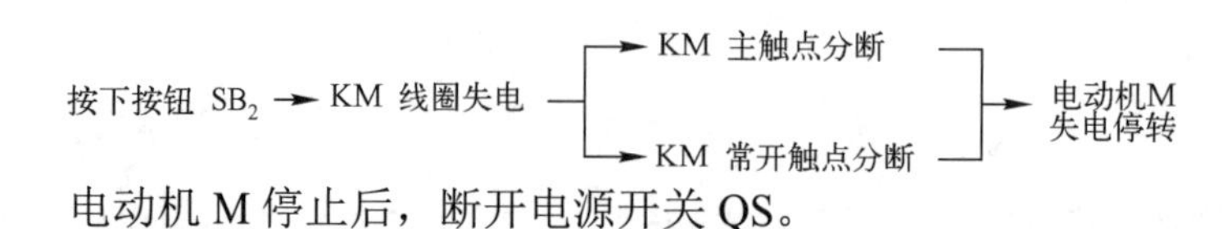

电动机 M 停止后，断开电源开关 QS。

温馨提示

无过载保护的接触器自锁控制线路的装接，按【践行与探研】中的资料四：测评 2 任务 2 的要求、步骤进行操练。

3. **有过载保护的接触器自锁控制线路**

过载保护是指当电动机长期负载过大，或启动操作频繁，或者缺相运行等原因时，能自动切断电动机电源，使电动机停止转动的一种保护，在工厂的动力设备上常采用这类方式。具有过载保护的接触器自锁控制线路如图 9-5 所示。

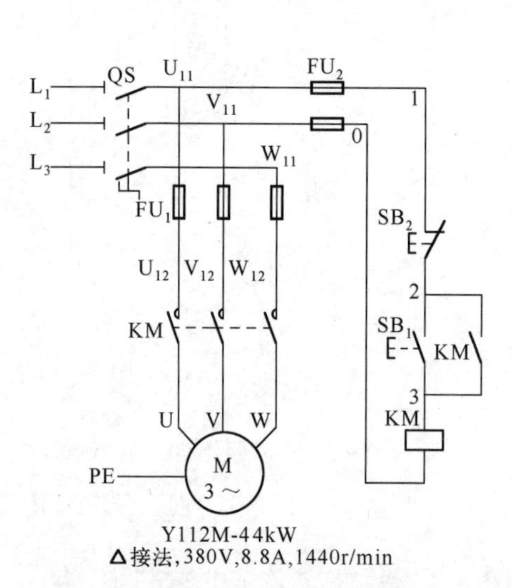

图 9-4　无过载保护的接触器自锁控制线路

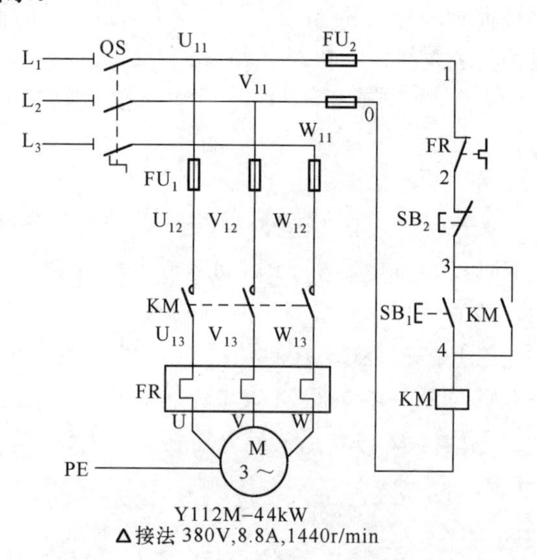

图 9-5　有过载保护的接触器自锁控制线路

电路的工作过程与无过载保护的接触器自锁控制线路的过程基本相同，可以自行分析。

温馨提示

有过载保护的接触器自锁控制线路的装接，按【践行与探研】中的资料四：测评 2 任务 3 的要求、步骤进行操练。

9.2.3　三相异步电动机正反转控制线路

正反转控制线路是指采用某一方式使电动机实现正反转调换的控制。在工厂动力设备上，通常采用改变接入三相异步电动机绕组的电源相序来实现。

三相异步电动机的正反转控制线路类型有许多，例如，接触器连锁正反转控制线路、按钮连锁正反转控制线路等。

1．接触器连锁正反转控制线路

接触器连锁正反转控制线路中采用了 2 只接触器，即正转用的接触器 KM_1 和反转用的接触器 KM_2，它们分别由正转按钮 SB_1 和反转按钮 SB_2 控制，如图 9-6 所示。为了避免 2 只接触器 KM_1 和 KM_2 同时得电动作，在正反转控制线路中分别串接了对方接触器的一个常闭辅助触点。这样，当一只接触器得电动作时，通过其常闭辅助触点使另一只接触器不能得电动作，接触器间这种相互制约的作用称为接触器连锁（或互锁）。实现连锁作用的常闭辅助触点称为连锁触点（或互锁触点），符号用“▽”表示。

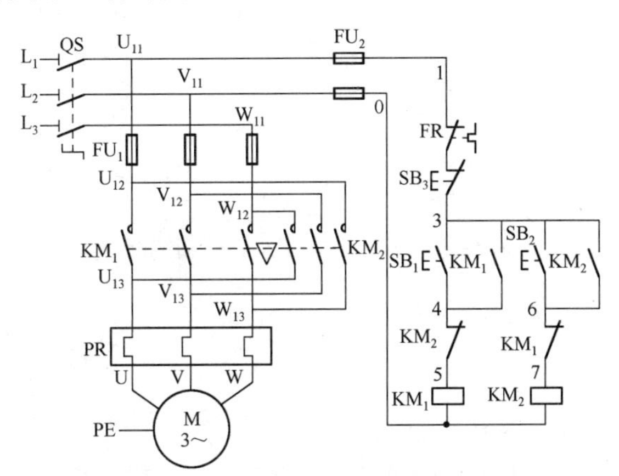

图 9-6　接触器连锁正反转控制线路

接触器连锁正反转控制线路工作过程：

先合上电源开关 QS。

（1）正转。

按下正转按钮 SB_1 → KM_1 线圈得电 →
- → KM_1 常闭触点断开，闭锁 KM_2
- → KM_1 常闭触点闭合自锁
- → KM_1 主触点闭合 → 电动机M正转

（2）反转。

按下反转按钮 SB_2 → KM_2 线圈得电 →
- → KM_2 常闭触点断开，闭锁 KM_1
- → KM_2 常闭触点闭合自锁
- → KM_2 主触点闭合 → 电动机M反转

（3）停止。

按下正转按钮 SB_3 → 控制电路失电 → KM_1（或 KM_2）主触点分断 → 电动机 M 停止运转

电动机 M 停止后，断开电源开关 QS。

温馨提示

接触器连锁正反转控制线路的装接，按【践行与探研】中的资料四：测评 3 任务 1 的要求、步骤进行操练。

2．按钮连锁正反转控制线路

按钮连锁正反转控制线路是把正转按钮 SB_1 和反转按钮 SB_2 换成两个复合按钮，并使两个复合按钮的常闭触点代替接触器的连锁触点，从而克服了接触器连锁正反转控制线路操作不便的缺点，如图 9-7 所示。

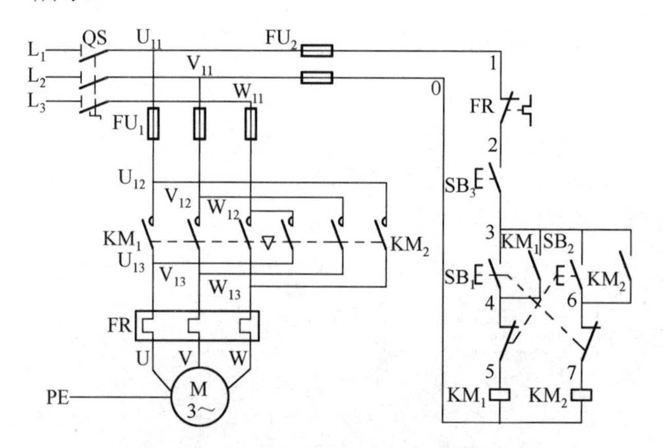

图 9-7　按钮连锁正反转控制线路

按钮连锁正反转控制线路工作过程：

合上电源开关 QS。

（1）正转。

按下正转按钮 SB_1 → SB_1 常闭触点断开，闭锁 KM_2
→ KM_1 线圈得电 → KM_1 主触点闭合 → 电动机M正转

（2）反转。

按下反转按钮 SB_2 → SB_2 常闭触点断开，闭锁 KM_1
→ KM_2 线圈得电 → KM_2 主触点闭合 → 电动机M反转

（3）停止。

按下按钮 SB_3 → 控制电路失电 → 所有控制电器线圈失电 → 电动机M停止运转

电动机 M 停止后，断开电源开关 QS。

温馨提示

按钮连锁正反转控制线路的装接，按【践行与探研】中的资料四：测评 3 任务 2 的要求、步骤进行操练。

9.2.4　三相异步电动机降压控制线路

在工厂中，凡功率较大的动力控制线路常采用各种降压启动三相异步电动机。常见的降压启动控制线路有串电阻降压启动、Y-△降压启动和延边三角形降压启动等。

1. 串电阻降压启动控制线路

串电阻降压启动控制线路是指在电动机启动时，把电阻串接在电动机定子绕组与电源之间，通过电阻的分压作用来降低定子绕组上的启动电压。待电动机启动结束后，再将电阻短接，使电动机在额定电压下正常运行的控制线路。

一种按钮与接触器控制的串电阻降压启动线路图如图 9-8 所示。由于按钮与接触器控制是手动控制的串电阻降压启动线路，电动机从降压启动到全压运行都要由人员操作来实现，工作既不方便也不可靠。

在实际应用中，常采用时间继电器来自动完成短接电阻的要求，以实现自动控制，如图 9-9 所示。

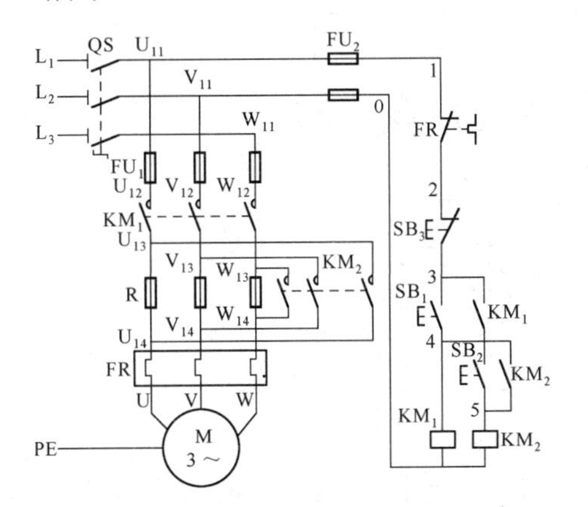

图 9-8 按钮与接触器控制的串电阻降压启动线路

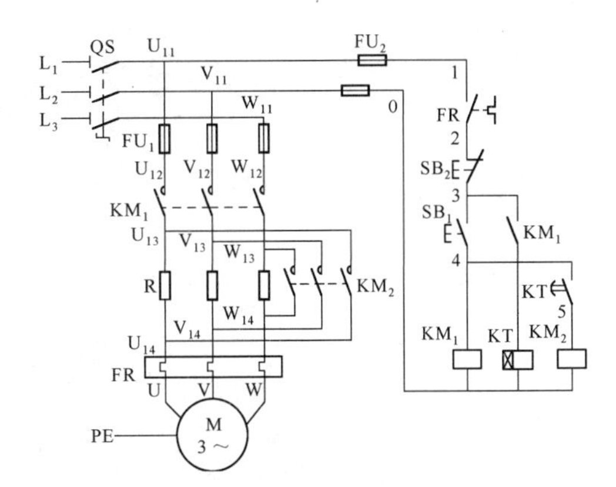

图 9-9 时间继电器控制的串电阻降压启动线路

时间继电器控制的串电阻降压启动线路的工作过程：

合上电源开关 QS。

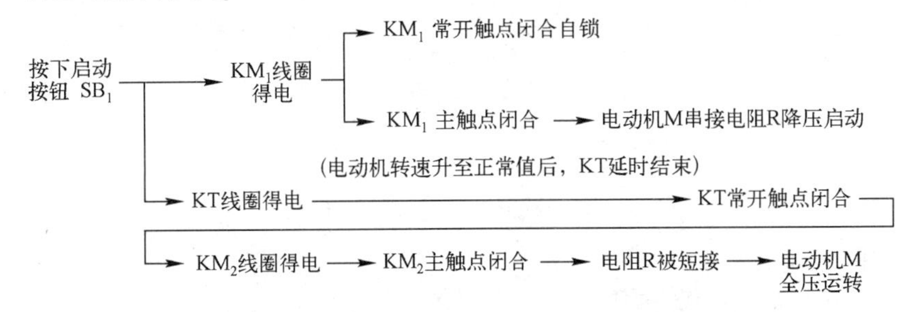

按下按钮 SB_2 即可实现停止。电动机 M 停止后，断开电源开关 QS。

温馨提示

时间继电器控制的串电阻降压启动线路的装接，按【践行与探研】中的资料四：测评 4 任务 1 的要求、步骤进行操练。

2. Y-△降压启动控制线路

Y-△降压启动控制线路是指把定子绕组接成星形，以降低启动电压，限制启动电流。待电动机启动后，再把定子绕组接成三角形，使电动机在额定电压下正常运行的控制线路。凡是在正常运行时定子绕组做三角形连接的异步电动机，均可采用这种降压启动方法。

图 9-10 所示的是一种按钮、接触器控制Y-△降压启动线路图。该线路由 3 个接触器、1 个热继电器和 3 个按钮组成。接触器 KM 作为引入电源用，接触器 KM_Y和 $KM_△$分别用作星形连接启动和三角形连接运行，SB_1 是启动按钮，SB_2 是Y-△切换按钮，SB_3 是停止按钮，FU_1 用作主电路的短路保护，FU_2 用作控制电路的短路保护，FR 用作过载保护。

在实际应用中，常采用时间继电器自动完成Y-△切换，以实现自动降压启动控制，如图 9-11 所示。该线路由 3 个接触器、1 个热继电器、1 个时间继电器和 2 个按钮（SB_1 是启动

按钮和 SB_2 是停止按钮）组成。时间继电器 KT 用作控制星形连接降压启动时间并完成Y-△自动切换。

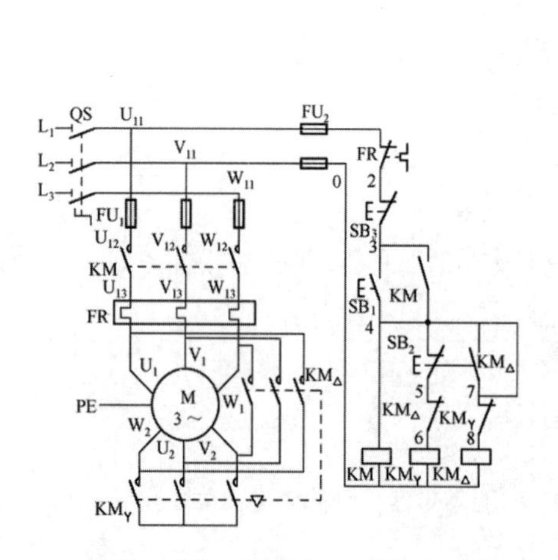

图 9-10　按钮、接触器控制Y-△降压启动线路

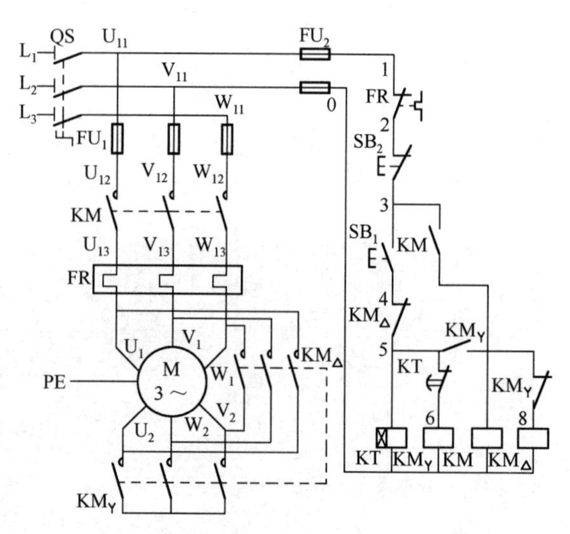

图 9-11　时间继电器自动控制Y-△降压启动线路

时间继电器自动控制Y-△降压启动线路的工作过程：

合上电源开关 QS。

（1）启动。

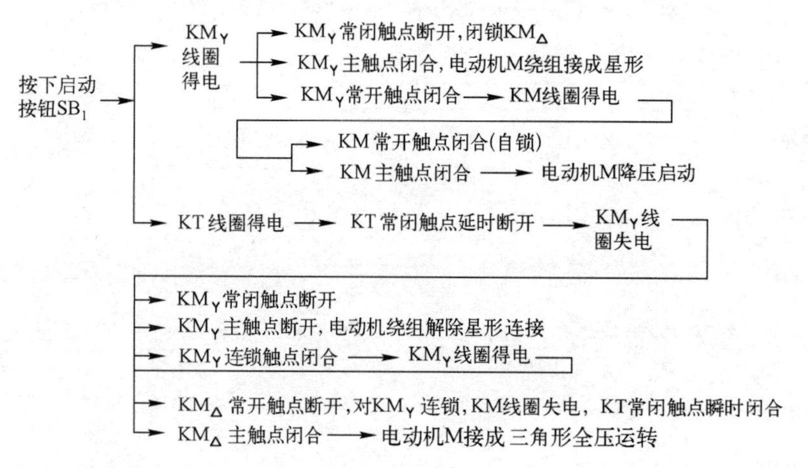

（2）停止。

按下停止按钮 SB_2

电动机 M 停止后，断开电源开关 QS。

温馨提示

时间继电器自动控制 Y−△降压启动线路的装接，按【践行与探研】中的资料四：测评 4 任务 2 的要求、步骤进行操练。

3．延边三角形连接降压启动控制线路

延边三角形连接降压启动控制线路是指电动机启动时，把定子绕组的一部分接成三角形，另一部分接成星形，使整个绕组接成延边三角形连接，待电动机启动后，再把定子绕组改接成三角形全压运行的控制线路，如图 9-12 所示。

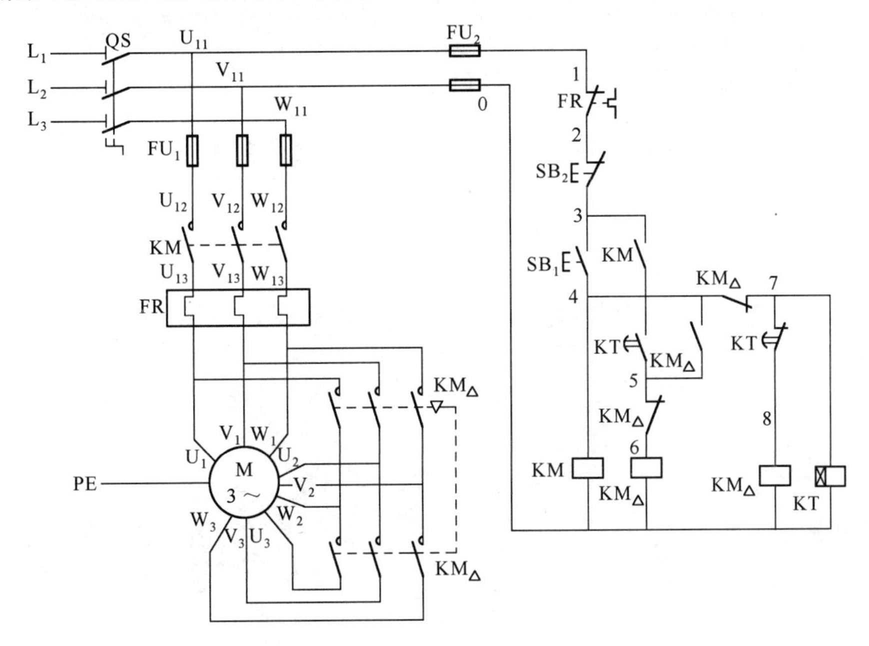

图 9-12　延边三角形连接降压启动控制线路

延边三角形连接降压启动控制线路的工作过程：

合上电源开关 QS。

（1）启动。

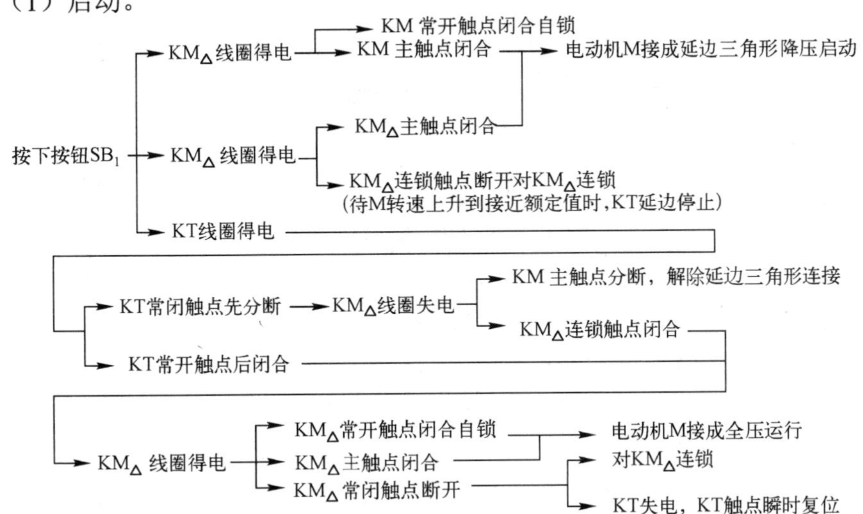

（2）停止。

按下停止按钮 SB_2

电动机 M 停止后，断开电源开关 QS。

温馨提示

延边三角形连接降压启动控制线路的装接，按【践行与探研】中的资料四：测评 4 任务 3 的要求、步骤进行操练。

9.2.5 三相异步电动机制动控制线路

制动是指在电动机脱离电源后立即停转的过程。三相异步电动机的制动方式有机械制动和电气制动两种。

1．机械制动

机械制动是利用机械装置使电动机在切断电源后迅速停转。如图 9-13 所示，是电磁抱闸制动控制线路。

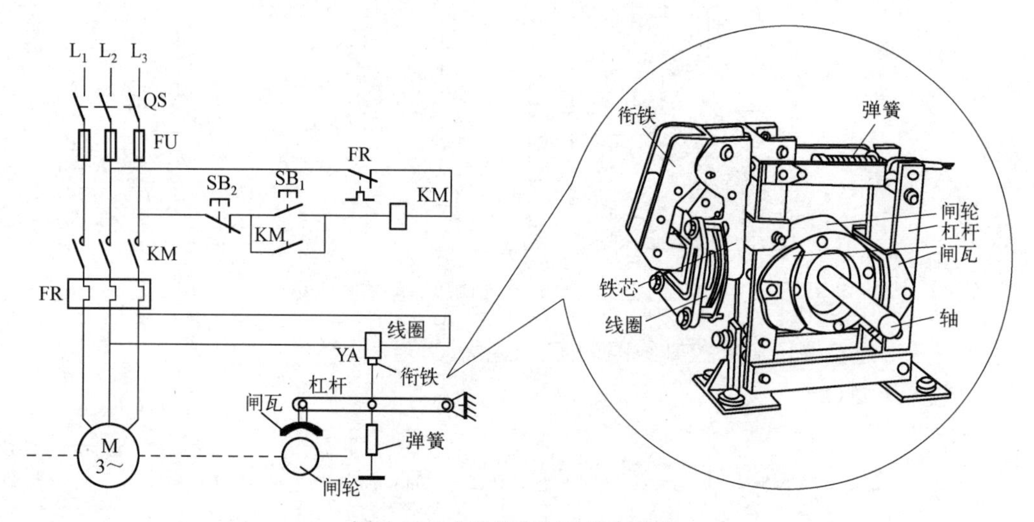

图 9-13 电磁抱闸制动控制线路

电磁抱闸制动控制线路的工作过程：

合上电源开关 QS。

① 启动。按下按钮 SB_1，接触器线圈 KM 得电，常开触点闭合自锁，主触点闭合，电动机 M 启动。同时，电磁抱闸线圈得电，吸引衔铁，使它与铁芯闭合，衔铁克服弹簧拉力，迫使制动杠杆向上移动，从而使闸瓦与闸轮分开，电动机 M 正常运转。

② 制动。按下按钮 SB_2，接触器线圈 KM 失电，主触点断开，电动机电源被切断。与此同时，电磁抱闸线圈也断电，衔铁与铁芯分开，在弹簧拉力作用下，闸瓦与闸轮紧紧抱着，使电动机 M 迅速停转。

2．电气制动

电气制动是在电动机内部产生一个与电动机实际旋转方向相反的电磁转矩，从而使电动机迅速停止转动。电气制动常有反接制动和能耗制动等方式。

由于半波整流能耗制动控制线路的附加设备较少，线路简单，成本低，常用于 10kW 以下小容量电动机，且对制动要求不高的场合；而有变压器单相全波整流能耗制动控制线路，具有制动准确、平稳，不易损坏传动零件，制动能量消耗也较小，被广泛用于磨床、立式铣床等控制线路中。

（1）无变压器单相半波整流能耗制动控制线路如图 9-14 所示。

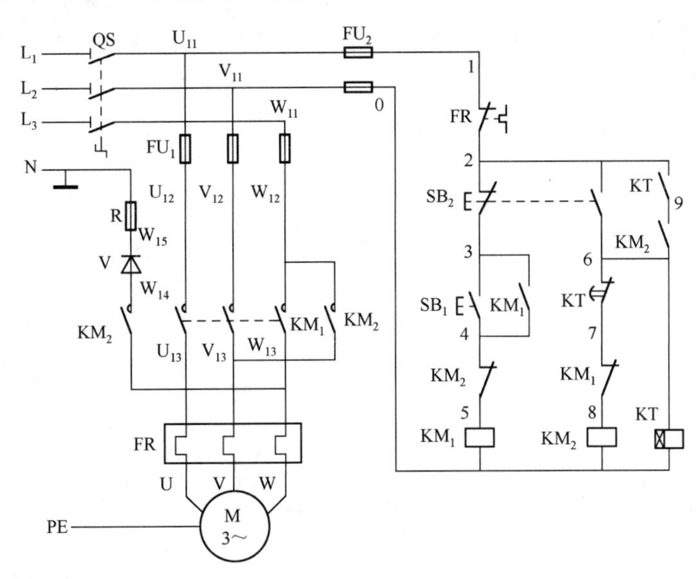

图 9-14　无变压器单相半波整流能耗制动控制线路

合上电源开关 QS。

① 启动。

② 能耗制动。

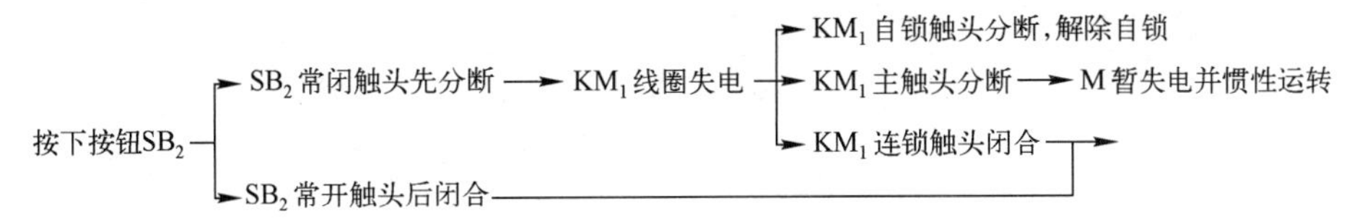

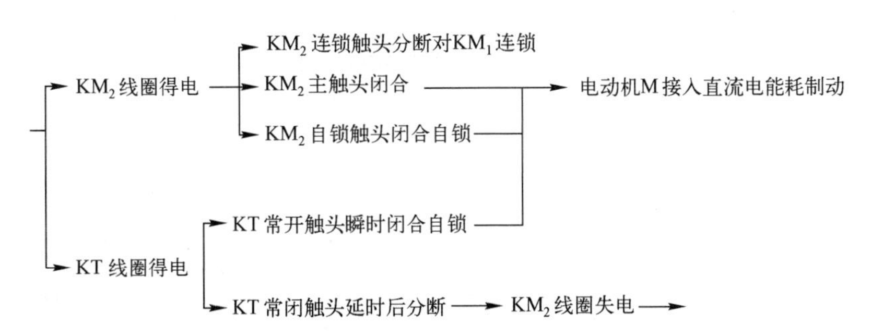

KM2 自锁触头分断 ⟶ KT 线圈失电 ⟶ KT 触头瞬时复位

KM2 主触头分断 ⟶ 电动机M 切断直流电源并停转，能耗制动结束

KM2 连锁触头恢复闭合

温馨提示

无变压器单相半波整流能耗制动控制线路的装接，按【践行与探研】中的资料四：测评 5 任务 1 的要求、步骤进行操练。

（2）有变压器单相全波（桥式）整流能耗制动控制线路如图 9-15 所示。

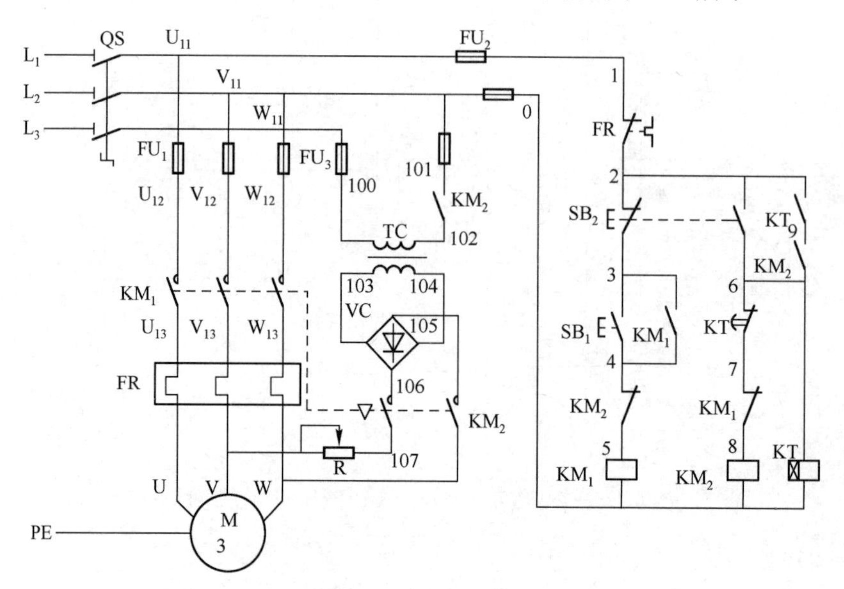

图 9-15　有变压器单相全波整流能耗制动控制线路

合上电源开关 QS。

① 启动。

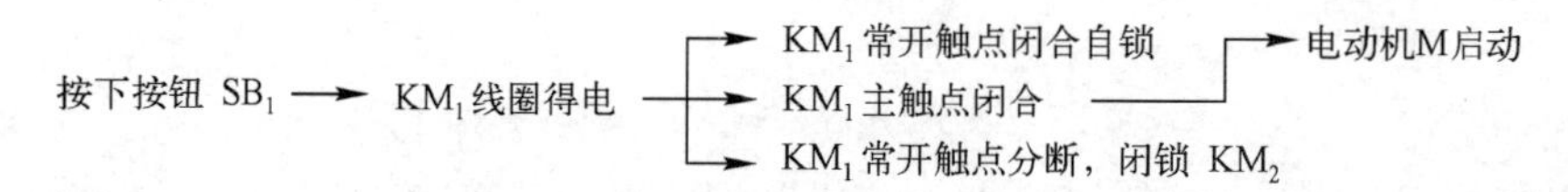

② 能耗制动。

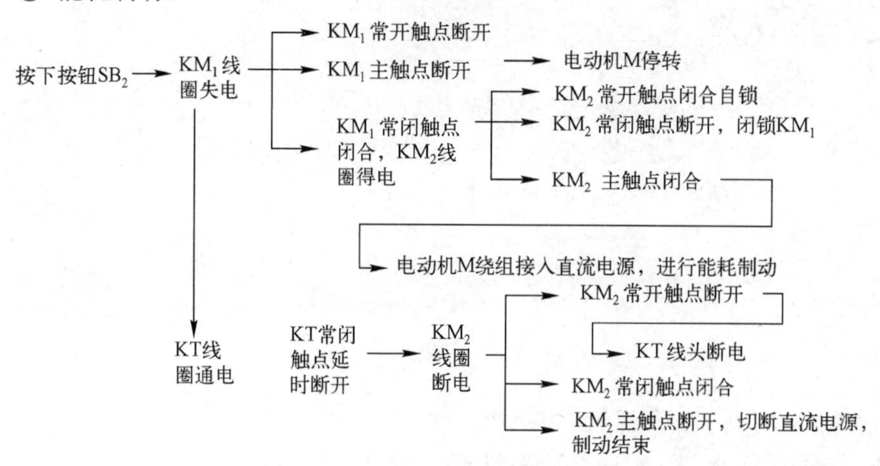

控制电路中的直流电源由单相桥式整流器供给，制动电阻 R 可调节电流大小，从而调节

制动强度。电动机 M 停止后，断开电源开关 QS。

温馨提示

有变压器单相全波整流能耗制动控制线路的装接，按【践行与探研】中的资料四：测评 5 任务 2 的要求、步骤进行操练。

9.2.6 三相异步电动机调速控制线路

调速是指采用某种措施改变电动机转动速度的方法。目前，机床设备电动机的调速以改变电动机定子绕组磁极对数为主。

1．接触器控制双速电动机的调速控制线路

接触器控制双速电动机的调速控制线路如图 9-16 所示。

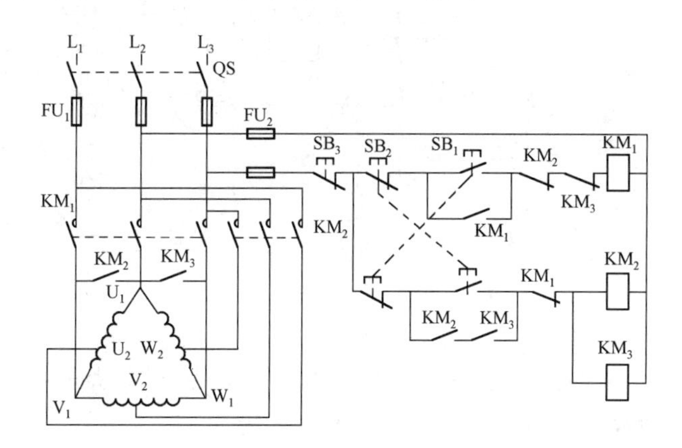

图 9-16 接触器控制双速电动机的调速控制线路

接触器控制双速电动机的调速控制线路的工作过程：

合上电源开关 QS。

（1）低速运转。

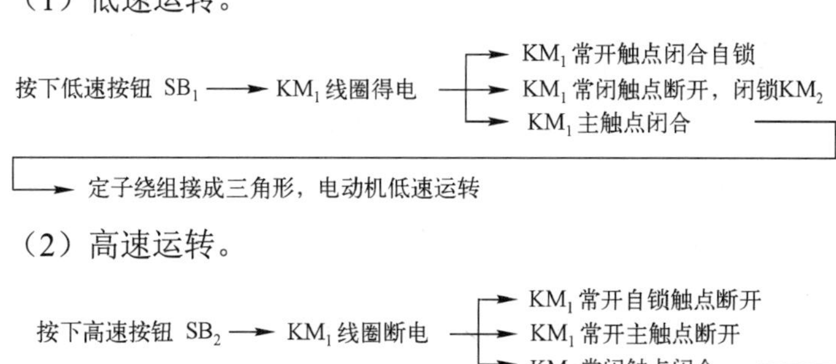

（2）高速运转。

按下高速按钮 SB_2 → KM_1 线圈断电

→ KM_1 常开自锁触点断开

→ KM_1 常开主触点断开

→ KM_1 常闭触点闭合

→ KM_2、KM_3 线圈通电

→ KM_2 常开触点闭合自锁

→ KM_2 常闭触点断开

→ KM_2 常开触点闭合自锁

→ KM_2 常闭触点断开

→ KM_2、KM_3 主触点闭合

→ 定子绕组接成双星形，电动机M高速运转

（3）停止。

按下按钮 SB3→控制电路断电→所有控制电气线圈断电→电动机 M 停转。

温馨提示

接触器控制双速电动机的调速线路的装接，按【践行与探研】中的资料四：测评 6 任务 1 的要求、步骤进行操练。

2．时间继电器控制双速电动机的调速控制线路

时间继电器控制双速电动机的调速控制线路如图 9-17 所示。

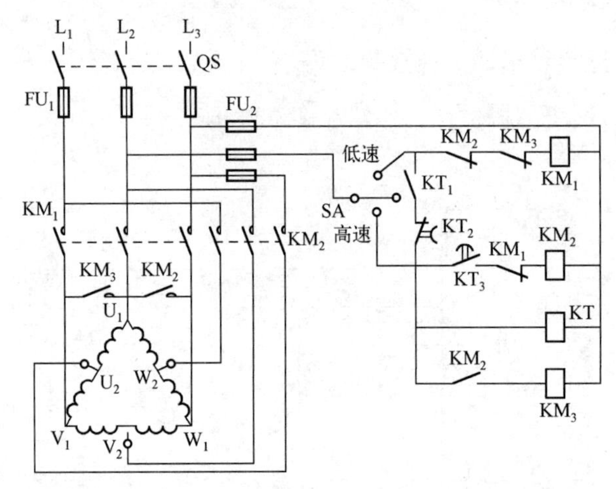

图 9-17　时间继电器控制双速电动机的调速控制线路

时间继电器控制双速电动机调速控制线路的工作过程：

合上电源开关 QS。

① 低速运转。

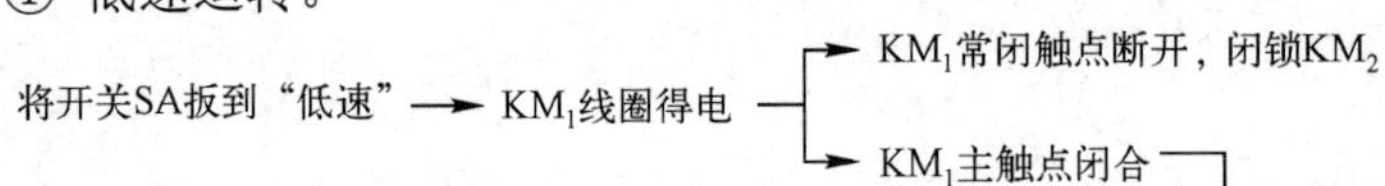

② 低速运转自动转入高速运转。

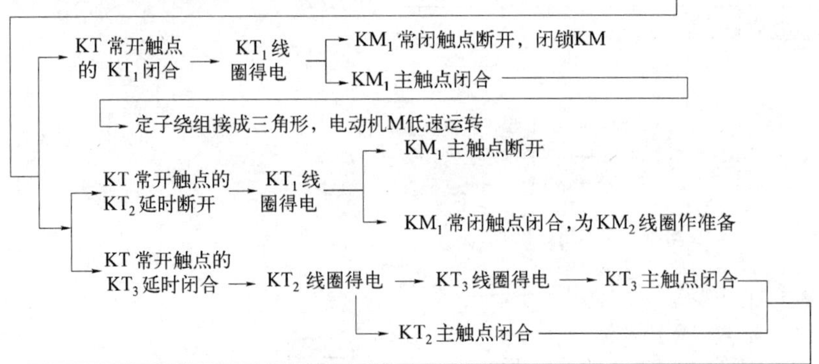

③ 停止。

将开关 SA 扳到中间位置→控制电路失电→所有控制电气线圈失电→电动机 M 停转。

温馨提示

时间继电器控制双速电动机的调速线路装接，按【践行与探研】中的资料四：测评 6 任务 2 的要求、步骤进行操练。

践行与阅读

——板前明线（线槽）布线工艺要求、控制线路的装接步骤、布线检查与通电试电要求、控制线路的装接测评

◎ 资料一：板前布线工艺要求

学生在实训板板前布线（如图 9-18、图 9-19 所示），一般分明线操作和线槽操作两种方式，其具体工艺要求如下。

图 9-18　学生在板前进行认真操练

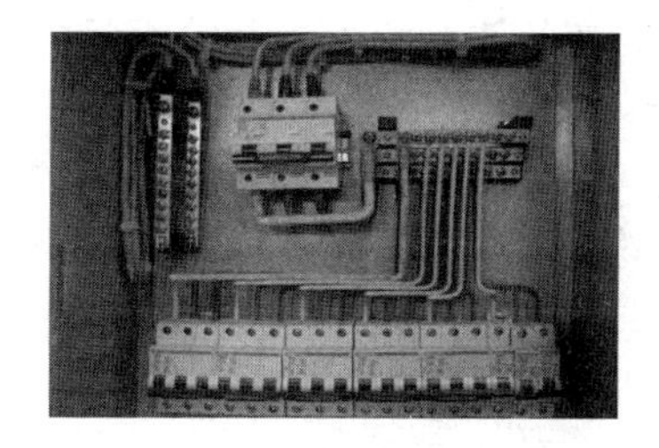

图 9-19　横平竖直的工艺要求

1．明线操作工艺要求

（1）操作时，严禁损伤线芯和导线绝缘。

（2）布线应横平竖直，分布均匀，如图 9-19 所示。

（3）布线变换走向时，应垂直转向。

（4）布线通道要尽可能少，单层密排紧贴控制板面布线。

（5）同一平面的导线应高低一致、前后一致，不得交叉。必须交叉时，导线应在电气元件接线柱（或接线桩）处引出时就水平架空跨越，走线合理。

（6）在每根剥去绝缘层导线的两端套上编码套管。

（7）导线接线端子连接时，不得压绝缘层，导线接线端露铜不得过长、不得反圈。

（8）同一电气元件、同一回路的不同接点的导线间距应保持一致。

（9）同一个接线柱上的连接导线不得多于两根，每个接线端子一般只允许接一根导线。

2．线槽操作工艺要求

（1）操作时，严禁损伤线芯和导线绝缘。

（2）各电气元件接线端子引出导线走向以电气元件的水平中心线为界线。在水平中心线以上接线端子引出的导线，必须进入电气元件上面的行线槽；在水平中心线以下接线端子引出的导线，必须进入电气元件下面的行线槽。任何导线不允许从水平方向进入行线槽内。

（3）各电气元件接线端子上引出或引入的导线，除间距很小或机械强度允许直接架空外，其他导线必须经过行线槽进行连接。

（4）行线槽内的导线要完全放置在槽内，并尽量避免交叉。装放的导线不要超过行线槽容量的70%，以便于盖上行线槽盖和以后的装配及检修。

（5）各电气元件与行线槽之间的外露导线应走线合理，并做到横平竖直、变换走向要垂直。同一电气元件上位置相同的端子和同型号电气元件中位置相同的端子上引出或引入的导线，要在同一平面上，并做到高低一致、前后一致，不得交叉。

（6）所有接线端子、导线线头都应套有与电路图上相应接点标号一致的编码套管，并按线号进行连接，连接必须可靠、无松动。

◎ 资料二：控制线路的装接步骤

三相异步电动机的基本控制线路的装接，一般应按照以下步骤进行。

（1）识读电路图。明确电路所用电气元件名称及其作用，熟悉电路的工作原理，在电气原理图上编号。

（2）配齐电气元件。根据电路图或元件明细表配齐电气元件，并进行检验。

（3）电气元件选配与安装。根据接线图将电气元件安装在控制板上，根据电动机容量选配符合规格的导线，并在导线两端套上标有与电路图一致编号的号码管。

（4）安装电动机。

（5）连接保护接地线、电源线及控制板外部的导线。连接电动机和所有电气元件金属外壳的保护接地线，连接电源、电动机及控制板外部的导线。

（6）学生自检和互检。

（7）通电试运行。

◎ 资料三：布线检查与通电试电要求

1．布线目测检查

电气布线完成后，必须根据电路图或接线图进行检查。检查目的是判断电气布线的质量，防止错接、漏接和线号错编、漏编；检查导线接点是否符合工艺要求、连接是否牢固等情况。

2．通电试车要求

（1）通电试车前，应穿好绝缘鞋、清理干净工作台，检查与通电试车相关的不安全因素，同时仔细查看熔断器所配熔体、热继电器的整定电流是否符合要求。

（2）连接电源，先从配电箱引入电源，合上电源开关，用验电笔检测带金属外壳的电气元件及设备是否带电，如果带电，必须查明原因后才能进行下面操作。

（3）空载试车，是指不接电设备（电动机）通电试车，先接三相电源 L1、L2、L3，用验电笔或万用表检测接线端子排、电源开关进线是否有电；然后合上电源开关，用验电笔或万用表检测电源开关出线端、熔断器进出线端是否有电。正常后按下启动按钮，观察电气元件的动作情况是否正常（动作是否灵敏、有无卡阻及噪音过大等现象）。

（4）有载试车，在空载试车成功后，可接上用电设备（电动机）再通电试车，观察电动机运行情况等。在观察过程中若发现异常现象，应立即停车查明原因。

（5）通电试车完毕，先按下停止按钮，待用电设备（电动机）停止工作后切断电源。

◎ 资料四：控制线路的装接测评（仅供参考）

【测评 1】三相异步电动机手动控制线路装接测评

1. 实训要求

学会手动控制线路的正确装接，能检修一般故障。

2. 实训器材

（1）工具和仪表：验电笔、旋具、尖嘴钳、剥线钳、电工刀、兆欧表、钳形电流表、万用表等。

（2）器材：控制板（500mm×400mm×20mm）一块，电气元件见表 9-1 所列，导线（动力电路采用 BVR1.5mm2 黑色塑料铜芯线，接地线采用 BVR 不小于 1.5mm^2 黄绿双色铜芯线）长度按敷设方式确定。

表 9-1 器材明细表

名 称	代 号	型 号	规 格	数 量
三相异步电动机	M	Y112M-4	4 kW、380 V、△接法、8.8 A、1440 r/min	1
刀开关	QS	HK1-30/3	三极、380 V、30 A、熔体直连	1
组合开关	QS	HZ10-25/3	三极、380 V、25 A	1
瓷插式熔断器	FU	RC1A-30/20	380 V、30 A、配 20 A 熔体	3

3. 实训步骤

（1）说一说：三相异步电动机手动控制线路的工作原理。

（2）想一想：为什么要注意下列事项。

① 控制板（开关）应处于能观察电动机运行的位置上。

② 电动机使用的电源电压和绕组的接法必须与铭牌上的规定相一致。

③ 接线时，必须先接负载端，后接电源端；先接接地线，后接三相电源相线。

④ 通电试车时，若发现异常情况应立即断电检查。

（3）做一做：

① 对表 9-1 配齐所列的电气元件，进行质量检查。

② 在控制板安装电气元件，电气元件安装牢固，并符合工艺要求。

③ 根据电动机位置确定线路走向，做好敷设。

④ 安装电动机，连接保护接地线。

⑤ 连接控制板至电动机的导线。

⑥ 检查安装质量。

⑦ 接上三相电源：经老师检查合格后进行通电试运行。

（4）记一记：把测评情况记录在表 9-2 中。

表 9-2　三相异步电动机手动控制线路装接测评情况记录表

项目 \ 分值及标准	配　分	评 分 标 准				扣　分
电气元件检查	20	（1）电动机漏检　扣 5 分 （2）低压电器漏检　每件扣 5 分				
安装工艺	20	（1）低压电器安装不整齐、不合理　每件扣 2 分 （2）低压电器安装不牢固　每件扣 2 分 （3）低压电器安装过程中损坏　每件扣 5 分				
接线工艺	30	（1）接点不符合要求　每个接点扣 1 分 （2）损坏导线绝缘或芯线　每根扣 2 分 （3）漏接接地线　扣 10 分				
通电试运行	20	（1）第 1 次试运行不成功　扣 5 分 （2）第 2 次试运行不成功　扣 10 分 （3）第 3 次试运行不成功　扣 20 分				
安全文明操作	10	违反安全文明操作规程（视实际情况进行扣分）				
额定时间	每超过 5min 扣 5 分					
开始时间		结束时间		实际时间		成绩

【测评 2】三相异步电动机正转控制线路装接测评

1．实训要求

学会三相异步电动机点动控制线路、自锁控制线路的正确装接技能（教师可根据学生的实际情况和教学要求选取其中一个任务或全部任务进行训练）。

2．实训器材

（1）工具和仪表：验电笔、旋具、尖嘴钳、剥线钳、电工刀、兆欧表、钳形电流表、万用表等。

（2）器材：控制板（500mm×400mm×20mm）一块、三相异步电动机、组合开关、螺旋式熔断器、交流接触器、热过载保护器、按钮、端子板、导线及螺钉。

3．实训步骤

➢ 任务 1　接触器点动控制线路的装接

（1）说一说：根据图 9-3 所示的电气原理图，说一说三相异步电动机接触器点动控制线路所需要器材的代号、型号、规格和数量，并填写在表 9-3 中。

（2）想一想：点动控制线路的工作原理。

（3）做一做：

① 对所用元件进行质量检查。

表 9-3 器材明细表

名 称	代 号	型 号	规 格	数 量
三相异步电动机	M	Y112M-4	4 kW、380 V、△接法、8.8 A、1 440 r/min	1
组合开关				
按钮				
主电路熔断器				
控制电路熔断器				
交流接触器				
端子板				
主电路导线				
控制电路导线				
按钮导线				
接地导线				

② 元件布置如图 9-20（a）所示，将元件固定在控制板上。要求元件安装牢固，并符合工艺要求。

③ 进行线路连接，如图 9-20（b）所示。

④ 安装电动机，连接保护接地线。

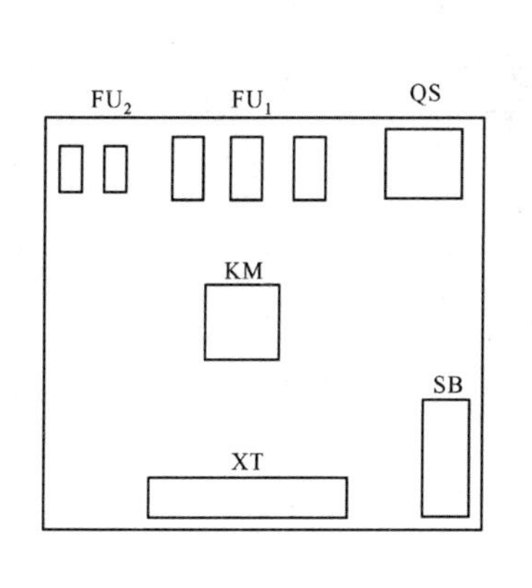

（a）元件布置参考图

（b）元件接线参考图

图 9-20 点动控制线路元件布置和接线

⑤ 连接控制板至电动机的导线。

⑥ 检查安装质量。

⑦ 通电试运行。

（4）记一记：把测评情况记录在表 9-4 中。

➢ 任务 2 无过载保护的接触器自锁控制线路的装接

（1）说一说：根据图 9-4 所示的电气原理图，说一说无过载保护的三相异步电动机接触器自锁控制线路所需要器材的代号、型号、规格和数量，并填写在表 9-5 中。

表 9-4　接触器点动控制线路装接测评情况记录表

项目 \ 分值及标准	配　分	评 分 标 准		扣　分
装前检查	5	电气元件漏检或错误	每处扣 1 分	
安装元件	15	（1）不按布置图安装 （2）元件安装不牢固 （3）元件安装不整齐、不匀称、不合理 （4）损坏元件	扣 15 分 每处扣 4 分 每只扣 3 分 扣 15 分	
布线	40	（1）不按电路图接线 （2）布线不符合要求 主电路 控制电路 （3）接点不符合要求 （4）损坏导线绝缘或线芯 （5）漏接接地线	扣 25 分 扣 4 分 扣 2 分 每个接点扣 1 分 每根扣 5 分 扣 10 分	
通电试运行	40	（1）第 1 次试运行不成功 （2）第 2 次试运行不成功 （3）第 3 次试运行不成功	扣 20 分 扣 30 分 扣 40 分	
安全文明操作	违反安全文明操作规程（视实际情况进行扣分）			
额定时间	每超过 5min 扣 5 分			
开始时间		结束时间		实际时间		成绩	

表 9-5　器材明细表

名　称	代　号	型　号	规　格	数　量
三相异步电动机	M	Y112M-4	4 kW、380 V、△接法、8.8 A、1 440 r/min	1
组合开关				
按钮				
主电路熔断器				
控制电路熔断器				
交流接触器				
端子板				
主电路导线				
控制电路导线				
按钮导线				
接地导线				

（2）想一想：无过载保护的三相异步电动机接触器自锁控制线路工作原理。

（3）做一做：

① 对所用元件进行质量检查。

② 将元件固定在控制板上，如图 9-21（a）所示。要求元件安装牢固，并符合工艺要求。

③ 进行线路连接，如图 9-21（b）所示。

④ 安装电动机，连接保护接地线。

⑤ 连接控制板至电动机的导线。
⑥ 检查安装质量。
⑦ 经老师检查合格后进行通电试运行。

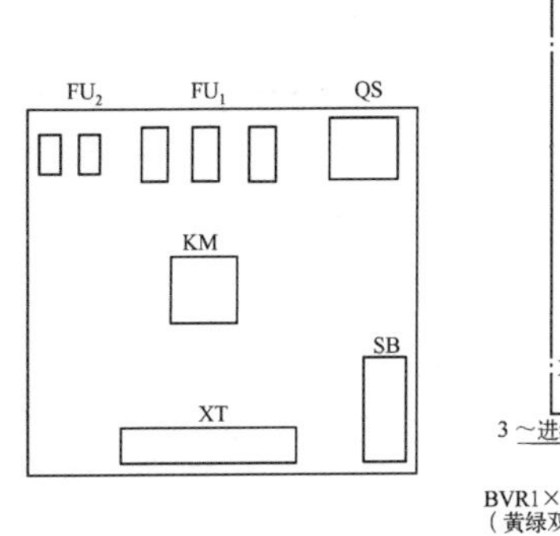

（a）元件布置

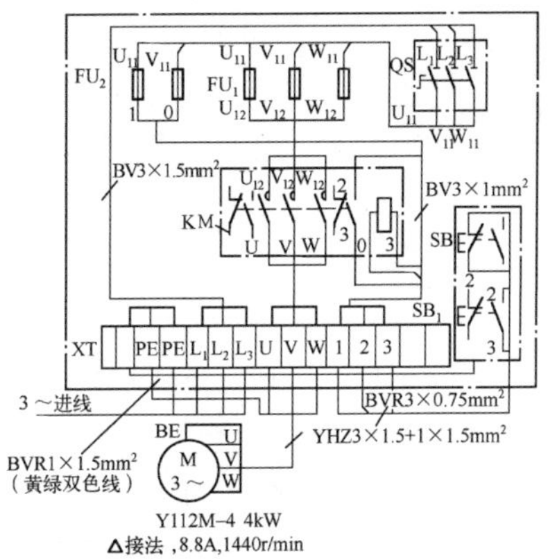

（b）元件接线

图 9-21　无过载保护自锁控制线路元件布置和接线

（4）记一记：把测评情况记录在表 9-6 中。

表 9-6　无过载保护的接触器自锁控制线路装接测评情况记录表

项目 \ 分值及标准	配分	评分标准		扣分
装前检查	5	电气元件漏检或错误	每处扣 1 分	
安装元件	15	（1）不按布置图安装 （2）元件安装不牢固 （3）元件安装不整齐、不匀称、不合理 （4）损坏元件	扣 15 分 每处扣 4 分 每只扣 3 分 扣 15 分	
布线	40	（1）不按电路图接线 （2）布线不符合要求 主电路 控制电路 （3）接点不符合要求 （4）损坏导线绝缘或线芯 （5）漏接接地线	扣 25 分 扣 4 分 扣 2 分 每个接点扣 1 分 每根扣 5 分 扣 10 分	
通电试运行	40	（1）第 1 次试运行不成功 （2）第 2 次试运行不成功 （3）第 3 次试运行不成功	扣 20 分 扣 30 分 扣 40 分	
安全文明操作	违反安全文明操作规程（视实际情况进行扣分）			
额定时间	每超过 5min 扣 5 分			
开始时间		结束时间		实际时间		成绩	

➢ 任务 3　有过载保护的接触器自锁控制线路的装接

（1）说一说：根据如图 9-5 所示的电气原理图，说一说有过载保护的三相异步电动机接触器自锁控制线路所需要器材的代号、型号、规格和数量，并填写在任务 3 表 9-7 中。

表 9-7　器材明细表

名　称	代　号	型　号	规　格	数　量
三相异步电动机	M	Y112M-4	4 kW、380 V、△接法、8.8 A、1 440 r/min	1
组合开关				
按钮				
主电路熔断器				
控制电路熔断器				
交流接触器				
热过载保护器				
端子板				
主电路导线				
控制电路导线				
按钮导线				
接地导线				

（2）想一想：有过载保护的三相异步电动机接触器自锁控制线路工作原理。

（3）做一做：

① 对所用元件进行质量检查。

② 元件布置如图 9-22（a）所示，将元件固定在控制板上。要求元件安装牢固，并符合工艺要求。

③ 进行线路连接，图 9-22（b）所示。

④ 安装电动机，连接保护接地线。

⑤ 连接控制板至电动机的导线。

⑥ 检查安装质量。

⑦ 经老师检查合格后进行通电试运行。

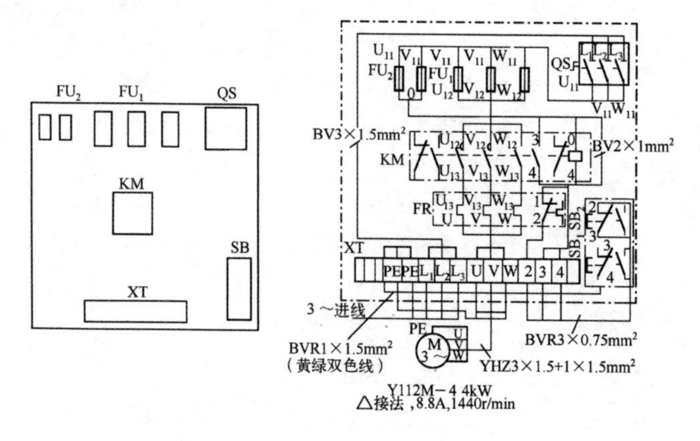

（a）元件布置　　（b）元件接线

图 9-22　有过载保护的接触器自锁控制线路元件布置和接线

（4）记一记：把测评情况记录在表 9-8 中。

表 9-8　有过载保护的接触器自锁控制线路装接测评情况记录表

分值及标准 项目	配　分	评 分 标 准		扣　分
装前检查	5	电气元件漏检或错误	每处扣 1 分	
安装元件	15	（1）不按布置图安装 （2）元件安装不牢固 （3）元件安装不整齐、不匀称、不合理 （4）损坏元件	扣 15 分 每处扣 4 分 每只扣 3 分 扣 15 分	
布线	40	（1）不按电路图接线 （2）布线不符合要求 主电路 控制电路 （3）接点不符合要求 （4）损坏导线绝缘或线芯 （5）漏接接地线	扣 25 分 扣 4 分 扣 2 分 每个接点扣 1 分 每根扣 5 分 扣 10 分	
通电试运行	40	（1）第 1 次试运行不成功 （2）第 2 次试运行不成功 （3）第 3 次试运行不成功	扣 20 分 扣 30 分 扣 40 分	
安全文明操作	违反安全文明操作规程（视实际情况进行扣分）			
额定时间	每超过 5min 扣 5 分			

开始时间		结束时间		实际时间		成绩	

【测评 3】三相异步电动机正反转控制线路装接测评

1．实训要求

学会三相异步电动机正反转控制线路的正确装接技能（教师可根据学生的实际情况和教学要求选取其中一个任务或全部任务进行训练）。

2．实训器材

（1）工具和仪表：验电笔、螺丝刀、尖嘴钳、剥线钳、电工刀、兆欧表、钳形电流表、万用表等。

（2）器材：控制板（500 mm×400 mm×20 mm）一块、三相异步电动机、组合开关、螺旋式熔断器、交流接触器、热过载保护器、按钮、复合按钮、端子板、导线及螺钉。

3．实训步骤

➢ 任务 1　接触器连锁正反转控制线路的装接

（1）说一说：根据如图 9-6 所示的电气原理图，说一说三相异步电动机接触器连锁正反转控制线路所需要器材的代号、型号、规格和数量，并填写在表 9-9 中。

（2）想一想：三相异步电动机接触器连锁正反转控制线路的工作原理。

（3）做一做：

① 对所用元件进行质量检查。

表 9-9　器材明细表

名　称	代　号	型　号	规　格	数　量
三相异步电动机	M	Y112M-4	4 kW、380 V、△接法、8.8 A、1440 r/min	1
组合开关				
按钮				
主电路熔断器				
控制电路熔断器				
交流接触器				
热过载保护器				
端子板				
主电路导线				
控制电路导线				
按钮导线				
接地导线				

② 元件布置如图 9-23（a）所示，将元件固定在控制板上。要求元件安装牢固，并符合工艺要求。

③ 进行线路连接，如图 9-23（b）所示。

④ 安装电动机，连接保护接地线。

⑤ 连接控制板至电动机的导线。

⑥ 检查安装质量。

⑦ 经老师检查合格后进行通电试运行。

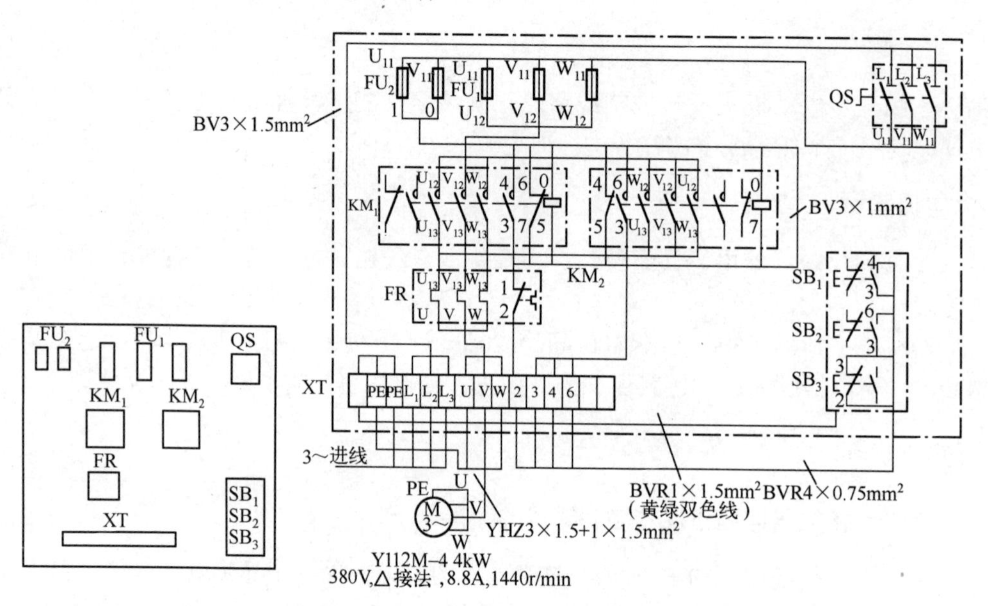

（a）元件布置　　（b）元件接线

图 9-23　接触器连锁正反转控制线路的元件布置和接线

（4）记一记：把测评情况记录在表 9-10 中。

表 9-10 接触器连锁正反转控制线路的装接测评情况记录表

项目 \ 分值及标准	配分	评分标准		扣分
装前检查	5	电气元件漏检或错误	每处扣 1 分	
安装元件	15	（1）不按布置图安装 （2）元件安装不牢固 （3）元件安装不整齐、不匀称、不合理 （4）损坏元件	扣 15 分 每处扣 4 分 每只扣 3 分 扣 15 分	
布线	40	（1）不按电路图接线 （2）布线不符合要求 主电路 控制电路 （3）接点不符合要求 （4）损坏导线绝缘或线芯 （5）漏接接地线	扣 25 分 扣 4 分 扣 2 分 每个接点扣 1 分 每根扣 5 分 扣 10 分	
通电试运行	40	（1）第 1 次试运行不成功 （2）第 2 次试运行不成功 （3）第 3 次试运行不成功	扣 20 分 扣 30 分 扣 40 分	
安全文明操作	违反安全文明操作规程（视实际情况进行扣分）			
额定时间	每超过 5min 扣 5 分			

开始时间		结束时间		实际时间		成绩	

➢ 任务 2 按钮连锁正反转控制线路的装接

（1）说一说：根据如图 9-7 所示的电气原理图，说出三相异步电动机按钮连锁正反转控制线路所需要器材的代号、型号、规格和数量，并填写在表 9-11 中。

表 9-11 器材明细表

名称	代号	型号	规格	数量
三相异步电动机	M	Y112M-4	4kW、380V、△接法、8.8A、1440r/min	1
组合开关				
复合按钮				
主电路熔断器				
控制电路熔断器				
交流接触器				
热过载保护器				
端子板				
主电路导线				
控制电路导线				
按钮导线				
接地导线				

（2）想一想：三相异步电动机按钮连锁正反转控制线路的工作原理。

（3）做一做：

① 对所用元件进行质量检查。

② 将元件固定在控制板上。

③ 进行线路连接。

④ 安装电动机，连接保护接地线。

⑤ 连接控制板至电动机的导线。

⑥ 检查安装质量

⑦ 经老师检查合格后进行通电试运行。

（4）记一记：把测评情况记录在表9-12中。

表9-12　按钮连锁正反转控制线路的装接测评情况记录表

项目 \ 分值及标准	配　分	评分标准		扣　分
装前检查	5	电气元件漏检或错误	每处扣1分	
安装元件	15	（1）不按布置图安装 （2）元件安装不牢固 （3）元件安装不整齐、不匀称、不合理 （4）损坏元件	扣15分 每处扣4分 每只扣3分 扣15分	
布线	40	（1）不按电路图接线 （2）布线不符合要求 主电路 控制电路 （3）接点不符合要求 （4）损坏导线绝缘或线芯 （5）漏接接地线	扣25分 扣4分 扣2分 每个接点扣1分 每根扣5分 扣10分	
通电试运行	40	（1）第1次试运行不成功 （2）第2次试运行不成功 （3）第3次试运行不成功	扣20分 扣30分 扣40分	
安全文明操作	违反安全文明操作规程（视实际情况进行扣分）			
额定时间	每超过5min扣5分			
开始时间		结束时间		实际时间		成绩	

【测评4】三相异步电动机降压控制线路的装接测评

1．实训要求

学会三相异步电动机降压控制线路的正确装接技能（教师可根据学生的实际情况和教学要求选取其中一个任务或全部任务进行训练）。

2．实训器材

（1）工具和仪表：验电笔、旋具、尖嘴钳、剥线钳、电工刀、兆欧表、钳形电流表、万用表等。

（2）器材：控制板（500 mm×400 mm×20 mm）一块、三相异步电动机、组合开关、螺旋式熔断器、交流接触器、热过载保护器、按钮、复合按钮、端子板、导线及螺钉。

3．实训步骤

➢ 任务 1　时间继电器控制的串电阻降压启动线路的装接

（1）说一说：根据图 9-9 所示的电气原理图，说出串电阻降压启动控制线路所需器材的代号、型号、规格和数量，并填写在表 9-13 中。

表 9-13　器材明细表

名　称	代　号	型　号	规　　格	数　量
三相异步电动机	M	Y112M-4	4kW、380V、△接法、8.8A、1440r/min	1
组合开关				
按钮				
主电路熔断器				
控制电路熔断器				
交流接触器				
电阻器				
热过载保护器				
端子板				
主电路导线				
控制电路导线				
按钮导线				
接地导线				

（2）想一想：时间继电器控制的串电阻降压启动线路的工作原理。

（3）做一做：

① 对所用元件进行质量检查。

② 将元件固定在控制板上。

③ 进行线路连接。

④ 安装电动机，连接保护接地线。

⑤ 连接控制板至电动机的导线。

⑥ 检查安装质量。

⑦ 经老师检查合格后进行通电试运行。

（4）记一记：把测评情况记录在表 9-14 中。

➢ 任务 2　时间继电器自动控制Y-△降压启动线路的装接

（1）说一说：根据图 9-11 所示的电气原理图，说出Y-△降压启动控制线路所需要器材的代号、型号、规格和数量，并填写在表 9-15 中。

表 9-14　时间继电器控制的串电阻降压启动线路的装接测评情况记录表

项目＼分值及标准	配　分	评分标准		扣　分
装前检查	5	电气元件漏检或错误	每处扣 1 分	
安装元件	15	（1）不按布置图安装 （2）元件安装不牢固 （3）元件安装不整齐、不匀称、不合理 （4）损坏元件	扣 15 分 每处扣 4 分 每只扣 3 分 扣 15 分	
布线	40	（1）不按电路图接线 （2）布线不符合要求 主电路 控制电路 （3）接点不符合要求 （4）损坏导线绝缘或线芯 （5）漏接接地线	扣 25 分 扣 4 分 扣 2 分 每个接点扣 1 分 每根扣 5 分 扣 10 分	
通电试运行	40	（1）第 1 次试运行不成功 （2）第 2 次试运行不成功 （3）第 3 次试运行不成功	扣 20 分 扣 30 分 扣 40 分	
安全文明操作	违反安全文明操作规程（视实际情况进行扣分）			
额定时间	每超过 5min 扣 5 分			
开始时间		结束时间		实际时间		成绩	

表 9-15　器材明细表

名　称	代　号	型　号	规　格	数　量
三相异步电动机	M	Y112M-4	4kW、380V、△接法、8.8A、1440r/min	1
组合开关				
按钮				
主电路熔断器				
辅助电路熔断器				
交流接触器				
热过载保护器				
时间继电器				
端子板				
主电路导线				
辅助电路导线				
按钮导线				
接地导线				

（2）想一想：时间继电器自动控制Y-△降压启动线路的工作原理。

（3）做一做：

① 对所用元件进行质量检查。

② 将元件固定在控制板上。

③ 进行线路连接。

④ 安装电动机，连接保护接地线。
⑤ 连接控制板至电动机的导线。
⑥ 检查安装质量。
⑦ 经老师检查合格后进行通电试运行。
（4）记一记：把测评情况记录在表 9-16 中。

表 9-16　时间继电器自动控制Y-△降压启动线路的装接测评情况记录表

项目 \ 分值及标准	配　分	评 分 标 准		扣　分
装前检查	5	电气元件漏检或错误	每处扣 1 分	
安装元件	15	（1）不按布置图安装 （2）元件安装不牢固 （3）元件安装不整齐、不匀称、不合理 （4）损坏元件	扣 15 分 每处扣 4 分 每只扣 3 分 扣 15 分	
布线	40	（1）不按电路图接线 （2）布线不符合要求 主电路 控制电路 （3）接点不符合要求 （4）损坏导线绝缘或线芯 （5）漏接接地线	扣 25 分 扣 4 分 扣 2 分 每个接点扣 1 分 每根扣 5 分 扣 10 分	
通电试运行	40	（1）第 1 次试运行不成功 （2）第 2 次试运行不成功 （3）第 3 次试运行不成功	扣 20 分 扣 30 分 扣 40 分	
安全文明操作	违反安全文明操作规程（视实际情况进行扣分）			
额定时间	每超过 5min 扣 5 分			

开始时间		结束时间		实际时间		成绩	

➢ 任务 3　延边三角形连接降压启动控制线路的装接

（1）说一说：根据图 9-12 所示的电气原理图，说出延边三角形连接降压启动控制线路所需器材的代号、型号、规格和数量，并填写在表 9-17 中。
（2）想一想：延边三角形连接降压启动控制线路的工作原理。
（3）做一做：
① 对所用元件进行质量检查。
② 将元件固定在控制板上。
③ 进行线路连接。
④ 安装电动机，连接保护接地线。
⑤ 连接控制板至电动机的导线。
⑥ 检查安装质量。
⑦ 经老师检查合格后进行通电试运行。
（4）记一记：把测评情况记录在表 9-18 中。

表 9-17　器材明细表

名　称	代　号	型　号	规　格	数　量
三相异步电动机	M	Y112M-4	4kW、380V、△接法、8.8A、1440r/min	1
组合开关				
按钮				
主电路熔断器				
辅助电路熔断器				
交流接触器				
热过载保护器				
时间继电器				
端子板				
主电路导线				
辅助电路导线				
按钮导线				
接地导线				

表 9-18　延边三角形连接降压启动控制线路的装接测评情况记录表

项目＼分值及标准	配　分	评分标准		扣　分
装前检查	5	电气元件漏检或错误	每处扣 1 分	
安装元件	15	（1）不按布置图安装 （2）元件安装不牢固 （3）元件安装不整齐、不匀称、不合理 （4）损坏元件	扣 15 分 每处扣 4 分 每只扣 3 分 扣 15 分	
布线	40	（1）不按电路图接线 （2）布线不符合要求 主电路 控制电路 （3）接点不符合要求 （4）损坏导线绝缘或线芯 （5）漏接接地线	扣 25 分 扣 4 分 扣 2 分 每个接点扣 1 分 每根扣 5 分 扣 10 分	
通电试运行	40	（1）第 1 次试运行不成功 （2）第 2 次试运行不成功 （3）第 3 次试运行不成功	扣 20 分 扣 30 分 扣 40 分	
安全文明操作	违反安全文明操作规程（视实际情况进行扣分）			
额定时间	每超过 5min 扣 5 分			
开始时间		结束时间		实际时间		成绩	

【测评 5】三相异步电动机制动控制线路的装接

1．实训要求

学会无变压器单相半波整流能耗制动控制线路或有变压器单相全波整流能耗制动控制线路的安装技能（教师可根据学生的实际情况和教学要求选取其中一个任务或全部任务进行训练）。

2. 实训器材

（1）工具和仪表：验电笔、旋具、尖嘴钳、剥线钳、电工刀、兆欧表、钳形电流表、万用表等。

（2）器材。控制板（500 mm×400 mm×20 mm）一块、三相异步电动机、组合开关、螺旋式熔断器、交流接触器、热过载保护器、时间继电器、整流二极管、制动电阻、按钮、复合按钮、端子板、导线及螺钉。

3. 实训步骤

➢ 任务 1　无变压器单相半波整流能耗制动控制线路的装接

（1）说一说：根据如图 9-14 所示的电气原理图，请说出无变压器单相半波整流能耗制动控制线路所需要器材的代号、型号、规格和数量，并填写在表 9-19 中。

表 9-19　器材明细表

名　称	代　号	型　号	规　格	数　量
三相异步电动机	M	Y112M-4	4 kW、380 V、△接法、8.8 A、1440 r/min	1
组合开关				
复合按钮				
主电路熔断器				
控制电路熔断器				
交流接触器				
热过载保护器				
时间继电器				
整流二极管				
制动电阻				
端子板				
主电路导线				
控制电路导线				
按钮导线				
接地导线				

（2）想一想：无变压器单相半波整流能耗制动控制线路的工作原理。

（3）做一做：

① 对所用元件进行质量检查。

② 将元件固定在控制板上。

③ 进行线路连接。

④ 安装电动机，连接保护接地线。

⑤ 连接控制板至电动机的导线。

⑥ 检查安装质量。

⑦ 经老师检查合格后进行通电试运行。

（4）记一记：把测评情况记录在表 9-20 中。

表 9-20　无变压器单相半波整流能耗制动控制线路的装接测评情况记录表

项目＼分值及标准	配　分	评分标准		扣　分
装前检查	5	电气元件漏检或错误	每处扣1分	
安装元件	15	（1）不按布置图安装 （2）元件安装不牢固 （3）元件安装不整齐、不匀称、不合理 （4）损坏元件	扣15分 每处扣4分 每只扣3分 扣15分	
布线	40	（1）不按电路图接线 （2）布线不符合要求 主电路 控制电路 （3）接点不符合要求 （4）损坏导线绝缘或线芯 （5）漏接接地线	扣25分 扣4分 扣2分 每个接点扣1分 每根扣5分 扣10分	
通电试运行	40	（1）第1次试运行不成功 （2）第2次试运行不成功 （3）第3次试运行不成功	扣20分 扣30分 扣40分	
安全文明操作	违反安全文明操作规程（视实际情况进行扣分）			
额定时间	每超过5min扣5分			
开始时间		结束时间	实际时间	成绩

➢ 任务2　有变压器单相全波整流能耗制动控制线路的装接

（1）说一说：根据图9-15所示的电气原理图，请说出有变压器单相全波整流能耗制动控制线路所需要器材的代号、型号、规格和数量，并填写在表9-21中。

表 9-21　器材明细表

名　称	代　号	型　号	规　格	数　量
三相异步电动机	M	Y112M-4	4 kW、380 V、△接法、8.8 A、1440 r/min	1
组合开关				
复合按钮				
主电路熔断器				
控制电路熔断器				
交流接触器				
热过载保护器				
时间继电器				
整流二极管				
制动电阻				
端子板				
主电路导线				
控制电路导线				
按钮导线				
接地导线				

（2）想一想：有变压器单相全波整流能耗制动控制线路的工作原理。

（3）做一做：

① 对所用元件进行质量检查。

② 将元件固定在控制板上。

③ 进行线路连接。

④ 安装电动机，连接保护接地线。

⑤ 连接控制板至电动机的导线。

⑥ 检查安装质量。

⑦ 经老师检查合格后进行通电试运行。

（4）记一记：把测评情况记录在表 9-22 中。

表 9-22　有变压器单相全波整流能耗制动控制线路的装接测评情况记录表

项目 \ 分值及标准		配　分		评 分 标 准			扣　分
装前检查		5		电气元件漏检或错误		每处扣 1 分	
安装元件		15		（1）不按布置图安装 （2）元件安装不牢固 （3）元件安装不整齐、不匀称、不合理 （4）损坏元件		扣 15 分 每处扣 4 分 每只扣 3 分 扣 15 分	
布线		40		（1）不按电路图接线 （2）布线不符合要求 主电路 控制电路 （3）接点不符合要求 （4）损坏导线绝缘或线芯 （5）漏接接地线		扣 25 分 扣 4 分 扣 2 分 每个接点扣 1 分 每根扣 5 分 扣 10 分	
通电试运行		40		（1）第 1 次试运行不成功 （2）第 2 次试运行不成功 （3）第 3 次试运行不成功		扣 20 分 扣 30 分 扣 40 分	
安全文明操作		违反安全文明操作规程（视实际情况进行扣分）					
额定时间		每超过 5min 扣 5 分					
开始时间		结束时间		实际时间		成绩	

【测评 6】三相异步电动机调速控制线路的装接

1．实训要求

学会三相异步电动机调速控制线路的正确装接（教师可根据学生的实际情况和教学要求选取其中一个任务或全部任务进行训练）。

2．实训器材

（1）工具和仪表：验电笔、螺丝刀、尖嘴钳、剥线钳、电工刀、兆欧表、钳形电流表、万用表等。

（2）器材：控制板（500 mm×400 mm×20 mm）一块、三相异步电动机、组合开关、螺旋式熔断器、交流接触器、热过载保护器、按钮、复合按钮、端子板、导线及螺钉。

3．实训步骤

➢ 任务1　接触器控制双速电动机的调速控制线路的装接

（1）说一说：根据如图根据图 9-16 所示的电气原理图，请说出接触器控制双速电动机的调速控制线路所需要器材的代号、型号、规格和数量，并填写在表 9-23 中。

表 9-23　器材明细表

名　称	代　号	型　号	规　格	数　量
三相异步电动机	M	Y112M-4	4 kW、380 V、△接法、8.8 A、1440 r/min	1
组合开关				
复合按钮				
主电路熔断器				
控制电路熔断器				
交流接触器				
热过载保护器				
时间继电器				
整流二极管				
制动电阻				
端子板				
主电路导线				
控制电路导线				
按钮导线				
接地导线				

（2）想一想：接触器控制双速电动机的调速控制线路的工作原理。

（3）做一做：

① 对所用元件进行质量检查。

② 将元件固定在控制板上。

③ 进行线路连接。

④ 安装电动机，连接保护接地线。

⑤ 连接控制板至电动机的导线。

⑥ 检查安装质量。

⑦ 经老师检查合格后进行通电试运行。

（4）记一记：把测评情况记录在表 9-24 中。

➢ 任务2　时间继电器控制双速电动机的调速控制线路的装接

（1）说一说：根据图 9-17 所示的电气原理图，说出时间继电器控制双速电动机的调速控制线路所需要器材的代号、型号、规格和数量，并填写在表 9-25 中。

表 9-24 接触器控制双速电动机的调速控制线路的装接测评情况记录表

项目 \ 分值及标准	配分	评分标准		扣分
装前检查	5	电气元件漏检或错误	每处扣 1 分	
安装元件	15	（1）不按布置图安装	扣 15 分	
		（2）元件安装不牢固	每处扣 4 分	
		（3）元件安装不整齐、不匀称、不合理	每只扣 3 分	
		（4）损坏元件	扣 15 分	
布线	40	（1）不按电路图接线	扣 25 分	
		（2）布线不符合要求		
		主电路	扣 4 分	
		控制电路	扣 2 分	
		（3）接点不符合要求	每个接点扣 1 分	
		（4）损坏导线绝缘或线芯	每根扣 5 分	
		（5）漏接接地线	扣 10 分	
通电试运行	40	（1）第 1 次试运行不成功	扣 20 分	
		（2）第 2 次试运行不成功	扣 30 分	
		（3）第 3 次试运行不成功	扣 40 分	
安全文明操作	违反安全文明操作规程（视实际情况进行扣分）			
额定时间	每超过 5min 扣 5 分			

开始时间		结束时间		实际时间		成绩	

表 9-25 器材明细表

名称	代号	型号	规格	数量
三相异步电动机	M	Y112M-4	4 kW、380 V、△接法、8.8 A、1 440 r/min	1
组合开关				
复合按钮				
主电路熔断器				
控制电路熔断器				
交流接触器				
热过载保护器				
端子板				
主电路导线				
控制电路导线				
按钮导线				
接地导线				

（2）想一想：时间继电器控制双速电动机的调速控制线路的工作原理。

（3）做一做：

① 对所用元件进行质量检查。

② 将元件固定在控制板上。

③ 进行线路连接。
④ 安装电动机，连接保护接地线。
⑤ 连接控制板至电动机的导线。
⑥ 检查安装质量。
⑦ 经老师检查合格后进行通电试运行。
（4）记一记：把测评情况记录在表 9-26 中。

表 9-26 时间继电器控制双速电动机的调速控制线路的装接测评情况记录表

项目 \ 分值及标准	配分	评分标准		扣分
装前检查	5	电气元件漏检或错误	每处扣 1 分	
安装元件	15	（1）不按布置图安装 （2）元件安装不牢固 （3）元件安装不整齐、不匀称、不合理 （4）损坏元件	扣 15 分 每处扣 4 分 每只扣 3 分 扣 15 分	
布线	40	（1）不按电路图接线 （2）布线不符合要求 主电路 控制电路 （3）接点不符合要求 （4）损坏导线绝缘或线芯 （5）漏接接地线	扣 25 分 扣 4 分 扣 2 分 每个接点扣 1 分 每根扣 5 分 扣 10 分	
通电试运行	40	（1）第 1 次试运行不成功 （2）第 2 次试运行不成功 （3）第 3 次试运行不成功	扣 20 分 扣 30 分 扣 40 分	
安全文明操作	违反安全文明操作规程（视实际情况进行扣分）			
额定时间	每超过 5min 扣 5 分			
开始时间		结束时间		实际时间		成绩	

——基本控制线路的装接考核

根据教学实际，选择本章 9.2 中三相异步电动机基本控制线路中某控制线路进行装接考核，并由老师给出学分。

注：①考核情况登记表，参见相应测评情况记录表。
②该践行学分为 20 分，记入本课程总学分（150 分）中，若结算分为总学分的 95%以上者，则评定为考核“合格”。

练习与交流

完成下列填空题、判断题和问答题，并与同学进行交流。

1. 填空题

（1）点动控制指需要电动机短时断续工作时，只要______电动机就转动，______电动机就停止动作的控制。

（2）自锁是指当电动机启动后，______，控制电路仍保持接通，电动机仍继续运转工作。

（3）连锁控制是当一只接触器得电动作时，通过______________________________。

（4）正反转控制线路是指采用某一方式使电动机______的控制。在工厂动力设备上，通常采用改变接入三相异步电动机绕组的电源相序来实现。

（5）降压启动是指______加到三相异步电动机绕组上，待电动机启动后再使______的启动。常见的降压启动控制线路有______、______和______等。

（6）制动是指在______的过程。电气制动常有______和______等。

（7）调速是指采用______的方法。目前，机床设备电动机的调速以______为主。

2. 判断题（对打“√”，错打“×”）

（1）工厂中使用的电动葫芦和机床快速移动装置常采用自锁控制线路。（　　）

（2）自锁触点常并联在常闭按钮两端。（　　）

（3）为实现接触器连锁，在正反转控制线路中分别串接了对方接触器的一个常闭辅助触点。（　　）

（4）在正反转控制线路中，有了接触器连锁，就不必有按钮连锁。（　　）

（5）Y-△降压启动控制线路适用于任何电动机。（　　）

（6）双速电动机定子绕组接成角状连接时低速运行，定子绕组接成双星状连接时高速运行。（　　）

3. 问答题

（1）三相异步电动机的基本控制线路的装接一般按哪几步进行？

（2）什么是过载保护？为什么对电动机要采用过载保护？

（3）在具有过载保护的接触器自锁控制线路中设置 1～2 个电气故障，请学生排除。

第10章

动力设备电气故障的分析与排除

学习目标

- 学会故障检查和判断的方法
- 熟悉常见动力设备电气故障的分析
- 掌握排除常见动力设备电气故障的技能

图 10-1　在电气装置上排故操作

在工矿企业中，各种动力设备是根据它们的工作性质与加工工艺要求，利用各种控制电器对电动机实现控制的，其控制线路是多种多样的。然而在使用中，还常会出现这样或者那样的故障，因此熟悉和掌握故障分析与故障排除的技能十分重要。学生在电气装置上进行排故操作，如图 10-1 所示。

10.1　车床控制线路常见故障的分析与排除

10.1.1　车床主要结构

车床是一种应用较广，对工件进行车削加工的设备。C620 型通用车床的外形结构如图 10-2 所示。

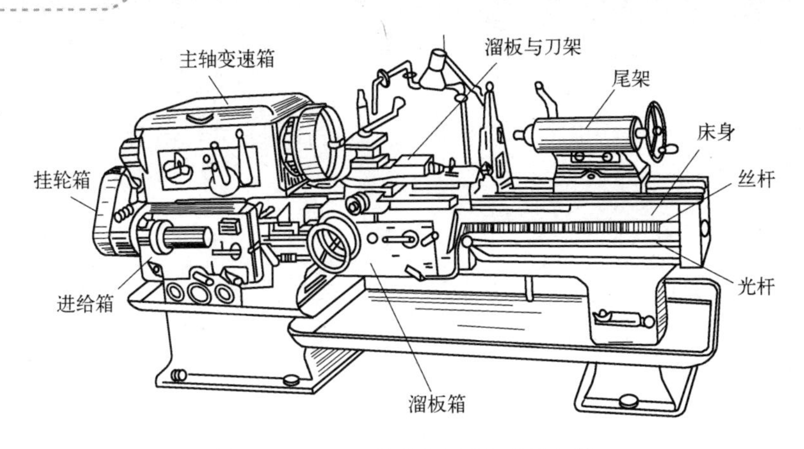

图 10-2 C620 型通用车床的外形结构

10.1.2 车床电气控制线路分析

C620 型通用车床的电气控制线路分主电路、控制电路和照明电路三部分，如图 10-3 所示。

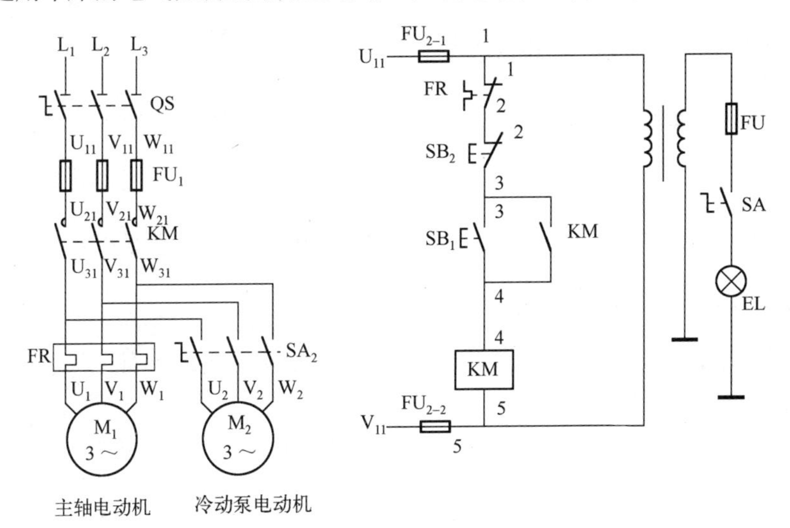

图 10-3 C620 型通用车床的电气控制线路

C620 型通用车床的主要电气设备，见表 10-1 所列。

表 10-1 C620 型通用车床的主要电气设备

名 称	符 号	名 称	符 号	名 称	符 号
主轴电动机	M_1	电源开关	QS	热继电器	FR
交流接触器	KM	启动按钮	SB_1	停止按钮	SB_2
熔断器	FU_1	熔断器	FU_2	熔断器	FU_3
照明变压器	T	照明灯开关	SA	照明灯	EL
冷却泵电动机	M_2	冷却泵电源开关	SA_2		

1. 主电路

（1）M_1 为主轴电动机，带动主轴旋转和刀架作进给运动，三相交流电源通过电源开关 QS 引入，主轴电动机 M_1 由接触器 KM 控制启动，热继电器 FR 用作主轴电动机 M_1 的过载保护。

（2）M_2 为冷却泵电动机，由冷却泵电源开关 SA_2 控制启动，熔断器 FU_1 用作主轴电动机 M_1、冷却泵电动机 M_2 的短路保护。

2．控制电路

（1）主轴电动机的控制。按下启动按钮 SB_1，接触器 KM 线圈通电，常开触点闭合自锁，主触点闭合，主轴电动机 M_1 启动。按下停止按钮 SB_2，接触器 KM 线圈断电，主触点断开，主轴电动机 M_1 停转。

（2）冷却泵电动机的控制。当接触器 KM 线圈通电，主触点闭合，主轴电动机 M_1 启动后，合上冷却泵电源开关 SA_2，冷却泵电动机 M_2 启动。

3．照明电路的控制

照明变压器 T 的次级输出安全电压，作为车床低压照明灯电源。EL 为车床的低压照明灯，由开关 SA_1 控制。FU_3 为熔断器，作照明灯电路的短路保护。

10.1.3 车床电路常见故障的排除

车床电路的常见故障有主轴电动机不能启动；按下启动按钮电动机虽能启动，但放开启动按钮电动机就自行停下来；电动机工作时，按下停止按钮主轴电动机不能停止；冷却泵电动机不能启动，工作和照明灯不亮等。

现以 C620 型车床的电气线路为例来说明车床电路常见故障的排除方法。

1．主轴电动机不能启动

（1）电源部分故障。先检查熔断器 FU_1 熔体是否熔断，接线头有无松脱等。若均无异常现象，再用万用表检查电源开关 QS。

（2）电源开关接通后，按下启动按钮 SB_1，接触器 KM 不能吸合，说明故障在控制电路，可能是以下几种情况。

① 热继电器已动作，其常闭触点尚未复位。热继电器动作的原因可能是长期过载、热继电器的规格选配不当、热继电器的整定电流过小等。检查并消除上述故障因素，电动机便可以正常启动。

② 控制电路熔断器熔体熔断，应更换熔体。

③ 启动按钮或停止按钮触点接触不良，应修复或更换控制按钮。

④ 电动机损坏，应修复或更换电动机。

2．松开启动按钮电动机就自行停止

按下启动按钮，电动机虽能启动，但松开启动按钮电动机就自行停止。故障原因是接触器 KM 常开触点接触不良或接线头松脱，不能闭合自锁，应检修接触器。

3．按下停止按钮主轴电动机不能停止

（1）接触器 KM 主触点熔焊、被杂物卡住不能断开或线圈有剩磁而造成触点不能复位，应修复或更换接触器。

（2）停止按钮常闭触点被杂物卡住，不能断开，应更换停止按钮。

4. 冷却泵电动机不能启动工作

（1）主轴电动机未启动，应先启动主轴电动机。
（2）熔断器 FU_1 熔体熔断，应更换熔体。
（3）开关 SA_2 损坏，应更换开关。
（4）冷却泵电动机损坏，应修复或更换冷却泵电动机。

5. 照明灯不亮

（1）照明灯 EL 损坏，应更换照明灯。
（2）照明灯开关 SA_1 损坏，应更换开关。
（3）熔断器 FU_3 熔体熔断，应更换熔体。
（4）照明变压器 T 主绕组或副绕组烧毁，应更换照明变压器。

10.2 磨床控制线路常见故障的分析与排除

10.2.1 平面磨床主要结构

平面磨床是利用砂轮对工件表面进行磨削加工的设备，M7120 型平面磨床的外形结构如图 10-4 所示。

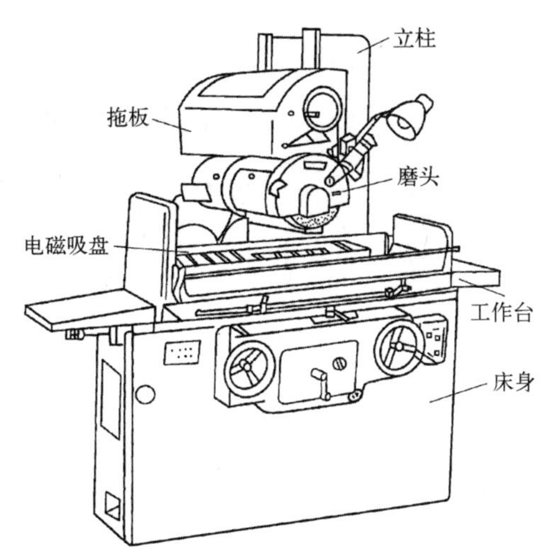

图 10-4 M7120 型平面磨床的外形结构

10.2.2 平面磨床电气控制线路分析

M7120 型平面磨床的电气控制线路分主电路、控制电路、电磁吸盘工作台电路和照明指示灯电路，如图 10-5 所示。

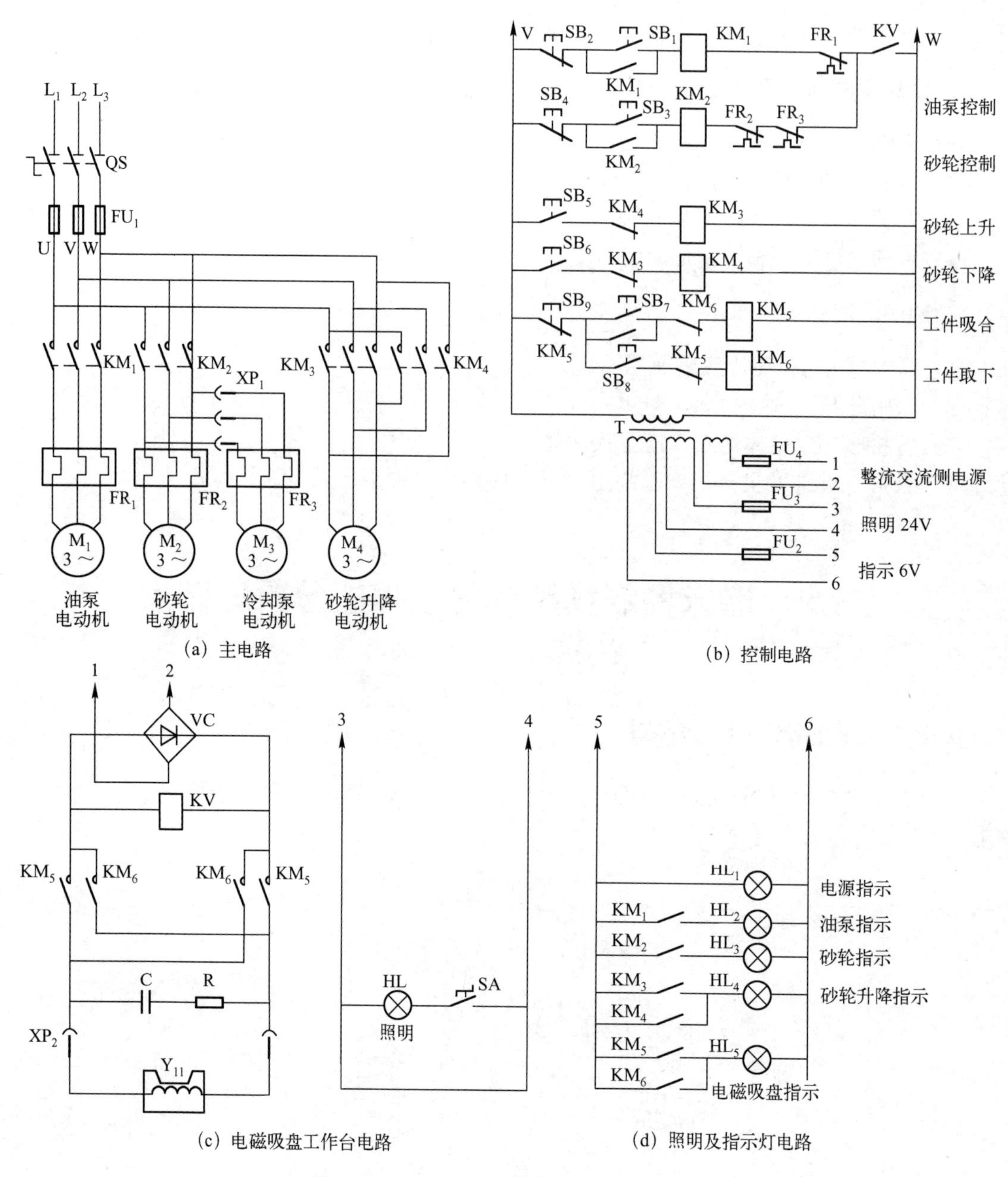

（a）主电路

（b）控制电路

（c）电磁吸盘工作台电路

（d）照明及指示灯电路

图 10-5　M7120 型平面磨床的电气原理图

M7120 型平面磨床的主要电气设备，见表 10-2 所列。

1．主电路

M_1 是油泵电动机，M_2 是砂轮电动机，M_3 是冷却泵电动机，只要求单向旋转，它们分别由接触器 KM_1、KM_2 控制。M_4 是砂轮升降电动机，要求作正反向旋转，由接触器 KM_3、KM_4 控制。

M_1、M_2 和 M_3 是连续工作的，都装有热继电器作过载保护。M_4 是断续工作的，一般不装过载保护。4 台电动机共用一组熔断器 FU_1 进行短路保护。

表 10-2 M7120 型平面磨床的主要电气设备

名　称	符　号	名　称	符　号
油泵电动机	M_1	接触器	KM_1
砂轮电动机	M_2	接触器	KM_2
冷却泵电动机	M_3	接触器	KM_3
砂轮升降电动机	M_4	接触器	KM_4
启动按钮	SB_1	接触器	KM_5
停止按钮	SB_2	接触器	KM_6
启动按钮	SB_3	热继电器	FR_1
停止按钮	SB_4	热继电器	FR_2
按钮	SB_5	热继电器	FR_3
按钮	SB_6	整流变压器	T
按钮	SB_7	整流器	VC
按钮	SB_8	欠电压继电器	KV
按钮	SB_9	电阻器	R
电磁吸盘	YH	电容器	C
熔断器	FU_1	熔断器	FU_2
熔断器	FU_3	熔断器	FU_4
电源开关	QS	照明灯开关	SA
接插件	XP_1	接插件	XP_2

2．控制电路

控制电路分别控制 4 台电动机。

（1）油泵电动机的控制。合上电源开关 QS，整流变压器 T 供给 135V 交流电压，经整流器 VC 全波整流输出直流电压，欠电压继电器 KV 吸合，常开触点闭合，为 KM_1 和 KM_2 线圈通电做好准备。此时按下启动按钮 SB_1，接触器 KM_1 线圈得电，常开触点闭合自锁，主触点闭合，油泵电动机 M_1 启动，为磨削加工做好准备。热继电器 FR_1 的常闭触点串接在电路中，为 M_1 进行过载保护。若要停止油泵电动机 M_1，可按下停止按钮 SB_2，则 KM_1 线圈失电，主触点断开，电动机停转。

（2）砂轮电动机和冷却泵电动机的控制。当油泵电动机 M_1 启动后，按下砂轮电动机 M_2 的启动按钮 SB_3，接触器 KM_2 线圈得电，常开触点闭合自锁，主触点闭合，砂轮电动机 M_2 和冷却泵电动机 M_3 同时启动。若不需要冷却，可将接插件 XP_1 拉出（也可以采用旋转开关）。停车时，按下停止按钮 SB_4，KM_2 线圈失电，主触点断电，砂轮电动机和冷却泵电动机停转。热继电器 FR_2 和 FR_3 的常闭触点都串联在 KM_2 的电路中，只要其中一台电动机过载，就会使 KM_2 线圈失电。

（3）砂轮升降电动机的控制。砂轮升降电动机为点动控制。按下 SB_5 按钮，接触器 KM_3 线圈通电，主触点闭合，电动机 M_4 正转，使砂轮上移。待移到所需位置时，放开 SB_5，KM_3 线圈失电，主触点断电，电动机停转。同理，按下按钮 SB_6 时，砂轮下降，降到合适位置时放开 SB_6，电动机便停转。接触器 KM_3 和 KM_4 的常闭触点相互连锁。因为砂轮升降电动机只在调整加工位置时使用，工作时间较短，所以不用过载保护。

3．电磁吸盘工作台电路

电磁吸盘工作台是用来固定加工零件，以便进行平面磨削，其电路由整流装置、控制装置和保护装置组成。

整流装置由变压器变压后，经全波整流输出 110V 直流电压，供给电磁吸盘 YH。

控制装置由接触器 KM_5、KM_6 和按钮 SB_7、SB_8、SB_9 组成。当需要固定加工件时，按下按钮 SB_7，接触器 KM_5 线圈得电，常开触点闭合自锁，常闭触点闭锁 KM_6，主触点闭合，电磁吸盘线圈得电，产生磁场吸住工件。要取下工件时，先按下 SB_9，KM_5 线圈失电，主触点断电，电磁吸盘线圈失电，再按下 SB_8，接触器 KM_6 线圈得电，主触点闭合，电磁吸盘线圈反向通电进行去磁，然后便可取下工件。去磁控制是点动控制，但目前已有专门的电子去磁控制，其效果更好。

保护装置由放电电阻 R、电容 C 及欠电压继电器 KV 组成。当电磁吸盘线圈失电时，电阻 R 和电容 C 组成放电回路及时将线圈两端产生的高自感电动势吸收掉，避免损坏线圈及其他元器件。欠电压继电器进行欠压保护，当电源电压不足时，欠电压继电器 KV 动作。常开触点断开，油泵电动机和砂轮电动机的控制电路断电，使 KM_1 和 KM_2 线圈失电，主触点断开，油泵电动机和砂轮电动机停转。

4．照明及指示灯电路

HL 为照明灯，由开关 SA 控制，HL_1 为电源指示灯，HL_2 为油泵工作指示灯，HL_3 为砂轮工作指示灯，HL_4 为砂轮升降指示灯，HL_5 为电磁吸盘工作指示灯。

10.2.3 平面磨床电路常见故障的排除

M7120 型平面磨床电路的常见故障有砂轮电动机不能启动、冷却泵电动机不能启动、油泵电动机不能启动、所有的电动机都不能启动；电磁吸盘没有吸力、电磁吸盘吸力不足；电磁吸盘去磁后工件取不下来等。

1．砂轮电动机不能启动

（1）砂轮电动机前轴瓦磨损，使电动机堵转，应更换轴瓦。

（2）砂轮磨削量太大，使电动机堵转，应减少磨削量。

（3）热继电器 FR_2 规格不对或未调整好，应根据砂轮电动机的额定电流选择并调整热继电器。

2．冷却泵电动机不能启动

（1）接插件 XP_1 损坏，修复或更换接插件。

（2）冷却泵电动机损坏，更换或修复电动机。

3．油泵电动机不能启动

（1）接触器 SB_1 或 SB_2 触点接触不良，修复或更换触点。

（2）接触器 KM_1 线圈烧毁，修复或更换接触器。

（3）油泵电动机烧坏，修复或更换油泵电动机。

4. 所有的电动机都不能启动

（1）检查熔断器 FU_1 熔体是否熔断，接头是否松动或烧毁等。若有，则应排除故障点、拧（压）紧松动的接点，更换熔断的熔体。

（2）检查电源开关 QS 触点接触是否良好，接线是否松动脱落，触点上是否沾染油垢等。若有，应重新拧（压）紧松动线头，调节好电源开关触点，使触点间接触良好。

5. 电磁吸盘没有吸力

（1）熔断器 FU_1 或 FU_4 熔体熔断，更换熔断的熔体。

（2）接插件 XP_2 损坏，修复或更换接插件。

（3）整流二极管击穿，更换新件。

6. 电磁吸盘吸力不足

（1）电磁吸盘线圈局部短路，空载时整流电压较高而接电磁吸盘时电压下降很多（低于 110 V），应修复或更换电磁吸盘。

（2）整流元件损坏，更换新件。

7. 电磁吸盘去磁后工件取不下来

（1）去磁电路开路，应检查 SB_8 触点接触是否良好。

（2）接触器 KM_6 线圈损坏，修复或更换接触器线圈。

（3）去磁时间太短，应掌握好去磁时间。

10.3 铣床控制线路常见故障的分析与排除

10.3.1 铣床主要结构

铣床是对工件进行平面、斜面和沟槽加工的设备，X62W 型万能铣床的外形结构如图 10-6 所示。

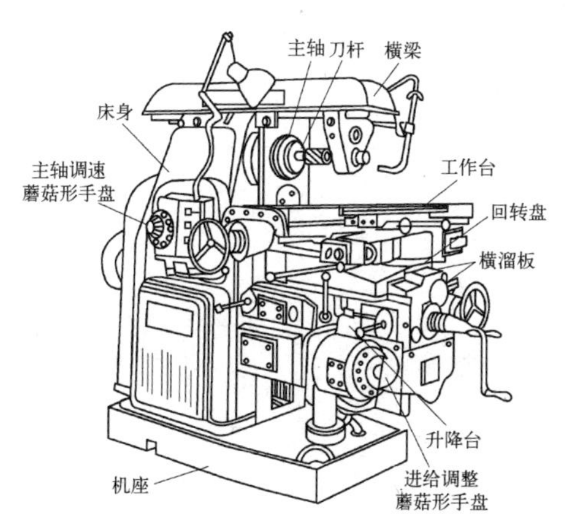

图 10-6 X62W 型万能铣床的外形结构

10.3.2 铣床电气控制线路分析

X62W 型万能铣床的电气控制线路分主电路、控制电路和照明指示灯电路，如图 10-7 所示。

X62W 型万能铣床的主要电气设备见表 10-3。

表 10-3 X62W 型万能铣床的主要电气设备

名　称	符　号	名　称	符　号
主轴电动机	M_1	接触器	KM_1
进给电动机	M_2	接触器	KM_2
冷却泵电动机	M_3	接触器	KM_3
熔断器	FU_1	接触器	KM_4
熔断器	FU_2	热继电器	FR_1
熔断器	FU_3	热继电器	FR_2
熔断器	FU_4	热继电器	FR_3
熔断器	FU_5	转换开头	SA_1
电磁离合器	YC_1	转换开头	SA_2
电磁离合器	YC_2	组合开关	SA_3
电磁离合器	YC_3	组合开关	SA_4
行程开关	SQ_1	停止按钮	SB_1
行程开关	SQ_2	启动按钮	SB_2
行程开关	SQ_3	启动按钮	SB_3
行程开关	SQ_4	启动按钮	SB_4
行程开关	SQ_5	按钮	SB_5
行程开关	SQ_6	按钮	SB_6
降压变压器	T_1	照明灯	EL
降压变压器	T_2	电源开关	QS
照明开关	SA		

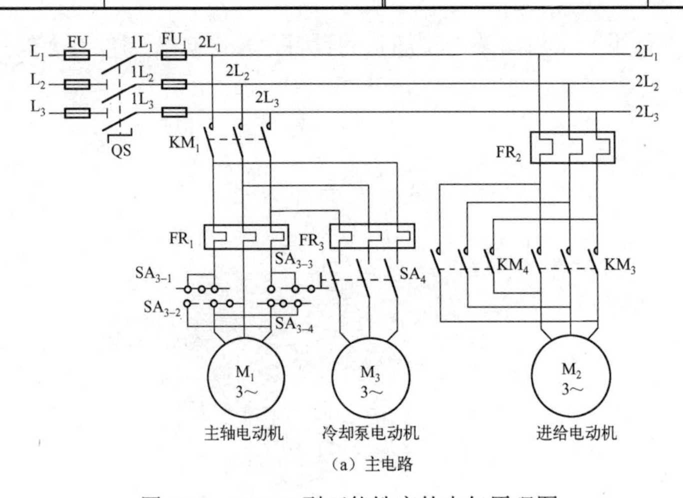

（a）主电路

图 10-7 X62W 型万能铣床的电气原理图

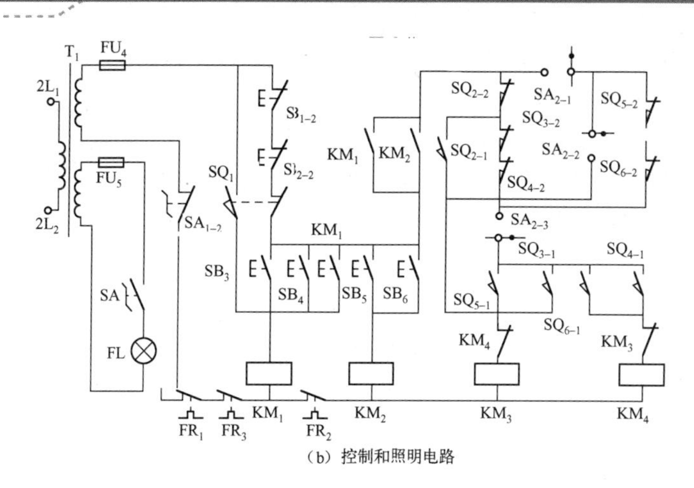

（b）控制和照明电路

图 10-7　X62W 型万能铣床的电气原理图（续）

1．主电路

M_1 为主轴电动机，带动铣刀进行铣削加工。由于主轴电动机要频繁地正反转，所以用组合开关 SA_3 控制倒相。热继电器 FR_1 为主轴电动机进行过载保护，其常闭触点串联在控制电路中。

M_2 为进给电动机，拖动工作台在前后左右及上下移动。热继电器 FR_2 为进给电动机进行过载保护，其常闭触点串联在控制电路中。

M_3 为冷却泵电动机。热继电器为冷却泵电动机进行过载保护，其常闭触点串联在控制电路中。3 台电动机共用一组熔断器进行短路保护。

2．控制电路

控制电路分别为主轴电动机的控制、进给电动机的控制和冷却泵电动机的控制。

（1）主轴电动机的控制。主轴电动机 M_1 有 2 组控制按钮，分别装在工作台和机床身上。启动按钮 SB_3 和 SB_4 并联，停止按钮 SB_1 和 SB_2 串联。接触器 KM_1 控制 M_1，YC_1 是主轴制动用的电磁离合器，SQ_1 是行程开关，用作主轴变换。

按下 SB_3 或 SB_4 时，KM_1 线圈得电，常开触点闭合自锁，主触点闭合，主轴电动机 M_1 启动。按下 SB_1 或 SB_2 时，KM_1 线圈失电，主触点断电，主轴电动机断电，同时停止按钮的常开触点 $SB_{1\text{-}2}$ 或 $SB_{2\text{-}2}$ 接通电磁离合器 YC_1，对主轴电动机实行制动。在更换铣刀时，应先把转换开关 SA_1 拨向“换刀”位置，待 $SA_{1\text{-}1}$ 常开触点接通电磁离合器并且将主轴电动机制动后再进行更换。

（2）进给电动机的控制。机床的进给控制是顺序控制，只有在主轴电动机启动后，KM_1 的常开触点闭合，接通进给电动机控制电路，进给电动机 M_2 才可以启动。

要使工作台向右移动，将左右操作手柄扳向右边，行程开关 SQ_5 动作，常开触点 $SQ_{5\text{-}1}$ 闭合，常闭触点 $SQ_{5\text{-}2}$ 断开，接触器 KM_3 线圈得电，主触点闭合，电动机 M_2 正转启动，工作台向右移动，铣刀对工件进行加工。当加工到预定位置时，手柄与工作台上的调节位置的挡块（又称“限位挡块”）相碰，手柄复位到中间位置，工作台停止移动，SQ_5 复位，电动机 M_2 停止转动。工作台向左移动时的控制过程与右移动相似，只需将左右操作手柄扳向左边，这时行程开关 SQ_6 动作，$SQ_{6\text{-}1}$ 闭合，$SQ_{6\text{-}2}$ 断开，接触器 KM_4 线圈得电，主触点闭合，电动机 M_2 反转启动，工作台向左移动。

为了确保工作台左右移动的安全，常在电路中装设连锁保护。如果机床向左或向右进给时发生误操作，可使 SQ_{3-2} 或 SQ_{4-2} 断开，使 KM_3 或 KM_4 线圈得电，电动机 M_2 即停转。

要使工作台向下移动，先将左右操作手柄放到中间位置，再把垂直横向操作手柄扳向下边，行程开关 SQ_3 动作，SQ_{3-1} 闭合，电动机 M_2 正转启动，工作向下移动。当工作台降到预定位置，与挡块相碰，手柄复位回到中间，SQ_3 也复位，电动机 M_2 停转，工作台停止下来。工作台向上移动时的控制与下降相似，需将垂直横向操作手柄扳向上边，行程开关 SQ_4 动作，SQ_{4-1} 闭合，电动机反转启动，升降台向上移动。上限也有一个可以调节位置的挡块，当手柄与“挡块”相碰时，工作台停止上升。

要使工作台向后移动，只需将垂直横向操作手柄扳向后边，其控制过程与工作台向上移动一样，行程开关 SQ_4 动作，电动机 M_2 反转，工作台向后移动。工作台向前移动的控制过程与向后移动一样，将垂直横向操作手柄扳向前边，行程开关 SQ_3 动作，电动机 M_2 正转，工作台向前移动。

工作台的升降及前后移动控制与工作台左右移动控制之间有连锁保护。将左右操作手柄扳向任一边，行程开关 SQ_{5-2} 或 SQ_{6-2} 动作，接触器 KM_3 或 KM_4 线圈得电，电动机 M_2 即停转。

要使工作台快速移动，先把进给手柄扳向“快进”，按下按钮 SB_5 或 SB_6，接触器 KM_2 线圈得电，常开触点闭合，接通控制电路，使 KM_3 或 KM_4 线圈得电，同时另一个常开触点闭合，接通电磁离合器 YC_3，挂上快进齿轮，使工作台快速移动。当移动到预定位置时，松开按钮 SB_5 或 SB_6，接触器 KM_2 线圈失电，常开触点断开，进给电动机 M_2 停转。同时，YC_2 吸合，YC_3 断开，恢复到原来状态。

（3）冷却泵电动机的控制。冷却泵电动机 M_3 只有在主轴电动机启动后才能启动，它由组合开关 SA_4 控制。

3. 照明电路

照明电路的安全电压为 24V，由降压变压器 T_1 的二次侧输出。EL 为机床的低压照明灯，由开关 SA 控制。FU_5 为熔断器，进行照明电路的短路保护。

10.3.3 铣床电路常见故障的排除

铣床电路的常见故障有：主轴电动机不能启动；主轴不能制动；工作台不进给；进给不能变速冲动；工作台向左、向右、向前和向下移动都正常，但不能向上和向后移动；工作台不能快速移动等。

1. 主轴电动机不能启动

（1）控制电路熔断器 FU_4 熔体熔断，更换熔体。
（2）转换开关 SA_1 在制动位置，重新调准位置。
（3）组合开关 SA_3 在停止位置，调节位置。
（4）按钮 SB_1、SB_2、SB_5 或 SB_6 触点接触不良，修复或更换。
（5）行程开关 SQ_1 常闭触点不通，检查修复。
（6）热继电器 FR_1 或 FR3 动作，检查排除。

2. 主轴不能制动

（1）熔断器 FU_2 或 FU_3 熔体熔断，更换熔体。
（2）电磁离合器 YC_1 线圈断路，修复或更换。

3．工作台不进给

（1）熔断器 FU_4 熔体熔断，更换熔体。

（2）接触器 KM_3、KM_4 线圈断开或主触点接触不良，修复或更换。

（3）$SQ_{2\text{-}3}$ 触点接触不良、接线松动或脱落。调节触点，使触点间接触良好，拧（压）紧松脱线头。

（4）热继电器 FR_2 常闭触点断开，修复或更换。

（5）操作手柄不在零位，重新调准位置。

4．工作台向左、向右、向前和向下移动都正常，但不能向上和向后移动

故障原因通常是行程开关 SQ_4 常开触点断开，应检查行程开关 SQ_4，并修复断开故障。

5．工作台不能快速移动

（1）快速移动按钮 SB_5 或 SB_6 常开触点接触不良或接线松动、脱落，修复使触点间接触良好，并拧（压）紧松脱线头。

（2）接触器 KM_2 线圈断路，修复或更换。

（3）电磁离合器 YC_3 断路，修复或更换。

10.4 镗床控制线路常见故障的分析与排除

10.4.1 镗床主要结构

镗床是对工件圆孔进行加工的设备，T68 型卧式镗床的外形结构，如图 10-8 所示。

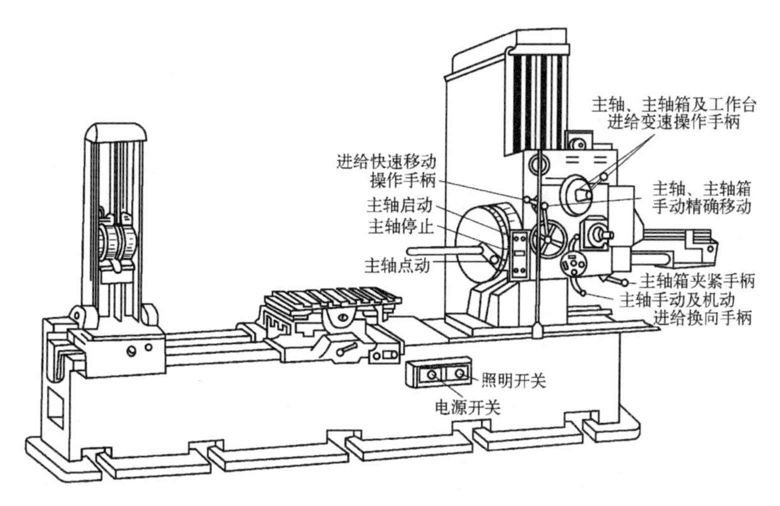

图 10-8　T68 型卧式镗床的外形结构

10.4.2 镗床电气控制线路分析

T68 型卧式镗床的电气控制电路分主电路、控制电路和照明电路，如图 10-9 所示。

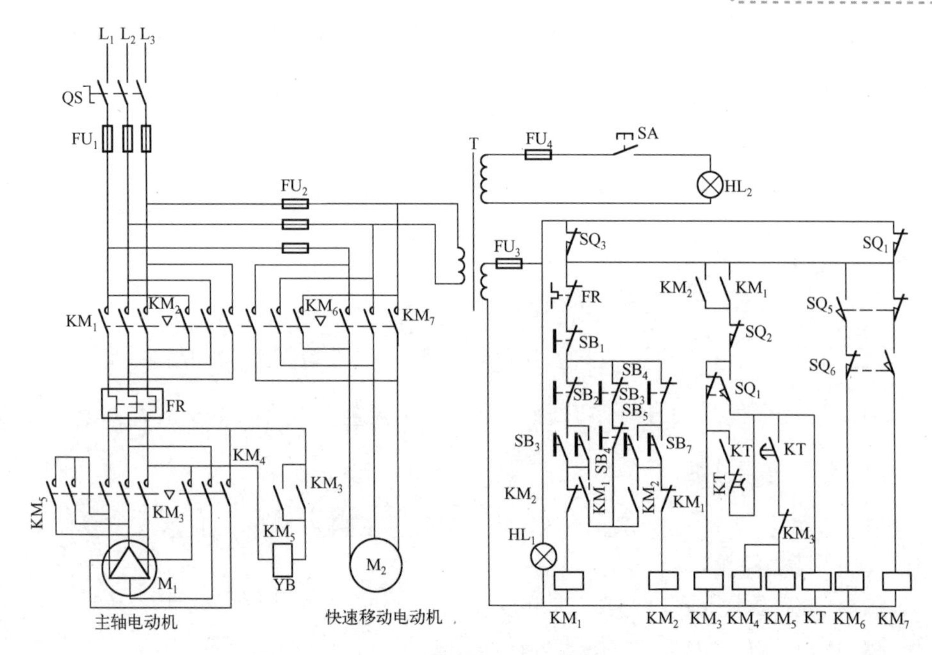

图 10-9　T68 型卧式镗床的电气原理图

T68 型卧式镗床的主要电气设备，见表 10-4 所列。

表 10-4　T68 型卧式镗床的主要电气设备

名　称	符　号	名　称	符　号
主轴电动机	M_1	行程开关	SQ_1
快速移动电动机	M_2	行程开关	SQ_2
接触器	KM_1	行程开关	SQ_3
接触器	KM_2	行程开关	SQ_4
接触器	KM_3	行程开关	SQ_5
接触器	KM_4	行程开关	SQ_6
接触器	KM_5	降压变压器	T
接触器	KM_6	热继电器	FR
接触器	KM_7	熔断器	FU_1
时间继电器	KT	熔断器	FU_2
制动电磁铁	YB	熔断器	FU_3
停止按钮	SB_1	熔断器	FU_4
反转启动按钮	SB_2	电源指示灯	HL_1
正转启动按钮	SB_3	照明灯	HL_2
按钮	SB_4	电源开关	QS_1
按钮	SB_5	照明灯开关	SA

1. 主电路

M_1 为主轴电动机，通过不同的传动链带动镗轴和平旋盘转动，并带动平旋盘、镗轴、工作台作进给运动。三相交流电源通过电源开关 QS 引入，主轴电动机 M_1 的正反转由接触器 KM_1 和 KM_2 控制，FR 作 M_1 的过载保护。主轴电动机是双速电动机，接触器 KM_3、KM_4 和

KM_5 作△－Y/Y 变速切换。当 KM_3 主触点闭合时，定子绕组为角状接法，M_1 低速运转；当 KM_4、KM_5 主触点闭合时，定子绕组为双星状接法，M_1 高速运转。YB 为主轴制动电磁铁。快速移动电动机 M_2 的正反转由接触器 KM_6 和 KM_7 控制。由于 M_2 为短时工作，故不设过载保护。FU_1 和 FU_2 为熔断器，FU_1 作主电路的短路保护，FU_2 作快速移动电动机 M_2 和控制电路的短路保护。

2. 控制电路

（1）主轴电动机的正反转及点动控制。按下正转启动按钮 SB_3，其常开触点闭合，常闭触点断开，接触器 KM_1 线圈得电，常开触点闭合自锁，主触点闭合，M_1 启动正转。按下反转启动按钮 SB_2，其常闭触点断开，常开触点闭合，KM_1 线圈失电，接触器 KM_2 线圈得电，常开触点闭合自锁，主触点闭合，M_1 启动反转。

主轴电动机的点动控制由按钮 SB_4 或 SB_5 控制。当按下 SB_4 或 SB_5 时，其常开触点闭合，线圈得电，同时常闭触点断开，切断的自锁回路，正转或反转。放开按钮后，线圈失电，即停转。

（2）主轴电动机的低速和高速控制。将主轴变速操作手柄扳向低速挡，按下正转启动按钮 SB_3，KM_1 线圈得电，其常开触点闭合自锁，主触点闭合，M_1 为启动做好准备。同时，KM_1 常开触点闭合，KM_3 线圈得电，KM_3 常开触点闭合，使 YB 线圈得电，松开制动轮，KM_3 主触点闭合，将绕组接成角状，电动机低速运转。此时，KM_3 的常闭触点断开，闭锁 KM_4 和 KM_5。

把主轴变速操作手柄扳向高速挡，将行程开关 SQ_1 压合，其常闭触点断开，常开触点闭合。按下正转按钮 SB_3，KM_1 线圈得电，常开触点闭合自锁，主触点闭合，为 M_1 启动做好准备。同时，KM_1 常开触点闭合，时间继电器 KT 线圈得电，其常开触点闭合，KM_3 线圈得电，M_1 绕组接成角状，电动机低速启动。经过一段时间，KT 的常闭触点延时断开，KM_3 线圈得电，主触点断开。此时，KM_3 常闭触点闭合，KT 的常开触点延时闭合，KM_4、KM_5 线圈得电，YB 线圈得电，松开制动轮。同时，KM_4、KM_5 主触点闭合，M_1 绕组接成星状，电动机高速运转。

主轴电动机反转时的低速和高速控制：将主轴变速操作手柄扳向低速挡，按下反转启动按钮 SB_2，其控制过程与正转相同。

（3）主轴电动机的停止和制动控制。按下停止按钮 SB_1，KM_1 或 KM_2 线圈失电，主触点断开，电动机断电。与此同时，制动电磁铁 YB 线圈也失电，在弹簧的作用下对电动机进行制动，使主轴很快停转。

（4）主轴电动机的变速冲动控制。变速冲动是指在主轴电动机变速时，不用停止按钮 SB_1 就可以直接进行变速控制。主轴变速时，将主轴变速操作手柄拉出（与变速操作手柄有机械联系的行程开关 SQ_2 压合，常闭触点断开），或线圈失电，使主轴电动机断电。这时转动变速操作盘，选好速度，再将主轴变速操作手柄推回，SQ_2 复位，电动机重新启动工作。进给变速的操作控制与主轴变速相同，不再赘述。

（5）快速移动电动机的控制。镗床各部件的快速移动由快速移动操作手柄控制。扳动快速移动操作手柄（此时行程开关 SQ_5 或 SQ_6 压合），使接触器 KM_6 或 KM_7 线圈得电，快速移动电动机 M_2 正转或反转，带动各部件快速移动。

（6）安全保护连锁。电路中有两个行程开关 SQ_3 和 SQ_4。其中，SQ_3 与主轴及平旋盘进给操作手柄相连，当操作手柄扳到“进给”位置时，SQ_3的常闭触点断开；SQ_4与工作台和主轴箱进给操作手柄相连，当操作手柄扳到“进给”位置时，SQ_4的常闭触点断开。因此，如果任一手柄处于“进给”位置，M_1和M_2都可以启动，当工作台或主轴箱在进给时，再把主轴及平旋盘扳到“进给”位置，主轴电动机M_1将自动停止，快速移动电动机M_2也无法启动，从而达到连锁保护。

3. 照明电路

照明电路由降压变压器 T 供给 36V 安全电压。HL_1为电源指示灯，HL_2为照明灯，由开关 SA 控制。

10.4.3 镗床电路常见故障的排除

镗床电路的常见故障有主轴电动机不能低速启动或仅能单方向低速运转；主轴能低速启动但不能高速运转；进给部件不能快速移动等。

1. 主轴电动机不能低速启动或仅能单方向低速运转

熔断器FU_1、FU_2或FU_3熔体熔断，热继电器 FR 动作后未复位，停止按钮触点接触不良等原因，均能造成主轴电动机不能启动。变速操作盘未置于低速位置，使SQ_1常闭触点未闭合，主轴变速操作手柄拉出不能推回，使SQ_2常闭触点断开，主轴及平旋盘进给操作手柄误置于“进给”位置，使SQ_3常闭触点断开，或者各手柄位置正确。但压合的SQ_1、SQ_2、SQ_3中有个别触点接触不良，以及KM_1、KM_2常开触点闭合时接触不良等，都能使KM_3线圈不能得电，造成主轴电动机M_1不能低速启动。另外，主电路中有一相熔断，KM_3主触点接通不良，制动电磁铁故障而不能松开等，也会造成主轴电动机M_1不能低速启动。

主轴电动机仅能向一个方向低速运转，通常是由于正反转的SB_2或SB_3及KM_1或KM_2的主触点接触不良，或线圈断开、连接导线松脱等原因造成的。

上述故障，只要分别采用更换、调整即可修复。

2. 主轴能低速启动但不能高速运转

主要原因是时间继电器 KT 和行程开关SQ_1的故障，造成主轴电动机M_1不能切换到高速运转。时间继电器线圈开路，推动装置偏移、推杆被卡阻或松裂损坏而不能推动开关，致使常闭触点不能延时断开，常开触点不能延时闭合，变速操作盘置于“高速”位置但SQ_1触点接触不良等，都会造成KM_4、KM_5接触器线圈不能得电，使主轴电动机不能从低速挡自动转换到高速挡运动。

对上述故障的排除方法是：修复故障的时间继电器 KT 或行程开关SQ_1，更换损坏的部件且调整推动装置的位置。

3. 进给部件不能快速移动

快速移动是由快速移动电动机M_2、接触器KM_6、KM_7和行程开关SQ_5、SQ_6实现的。当进给部件不能快速移动时，应检查行程开关的触点接触是否良好，KM_6、KM_7的主触点接触是否良好，另外还要检查机械机构是否正常。

如果行程开关SQ_5、SQ_6或KM_6、KM_7的主触点接触不良，则应加以修复触点或更换新件；如果是机械机构的问题，则应进行机械调整给予解决。

10.5　钻床控制线路常见故障的分析与排除

10.5.1　钻床主要结构

钻床是对工件进行钻孔加工的设备，Z35 型摇臂钻床的外形结构，如图 10-10 所示。

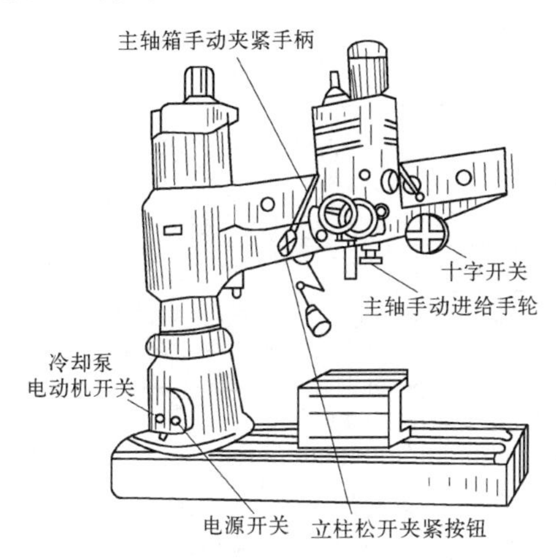

图 10-10　Z35 型摇臂钻床的外形结构

10.5.2　钻床电气控制线路分析

Z35 型摇臂钻床的电气控制电路分主电路、控制电路和照明电路，如图 10-11 所示。

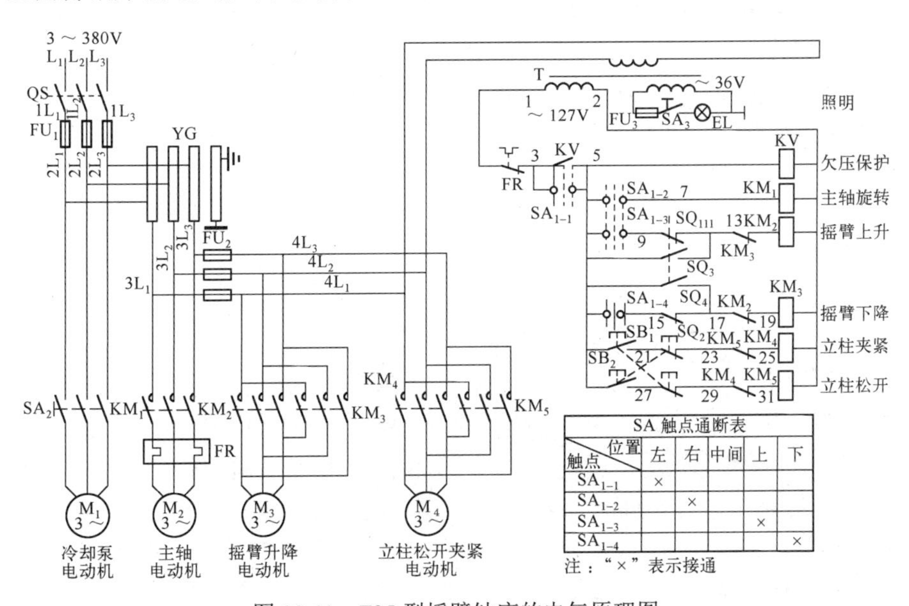

触点＼位置	左	右	中间	上	下
SA_{1-1}	×				
SA_{1-2}		×			
SA_{1-3}				×	
SA_{1-4}					×

图 10-11　Z35 型摇臂钻床的电气原理图

Z35 型摇臂钻床的主要电气设备，见表 10-5 所列。

表 10-5 Z35 型摇臂钻床的主要电气设备

名　称	符　号	名　称	符　号
冷却泵电动机	M_1	行程开关	SQ_1
主轴电动机	M_2	行程开关	SQ_2
摇臂升降电动机	M_3	行程开关	SQ_3
立柱松开夹紧电动机	M_4	行程开关	SQ_4
接触器	KM_1	欠电压继电器	KV
接触器	KM_2	热继电器	FR
接触器	KM_3	熔断器	FU_1
接触器	KM_4	熔断器	FU_2
接触器	KM_5	熔断器	FU_3
按钮	SB_1	控制变压器	T
按钮	SB_2	照明灯	EL
十字开关	SA_1	电源开关	QS_1
冷却泵电动机开关	SA_2	汇流环	YG
照明灯开关	SA_3		

1. 主电路

M_1 为冷却泵电动机，M_2 为主轴电动机，M_3 为摇臂升降电动机，M_4 为立柱松开夹紧电动机。M_1 装在机床底座上，M_2、M_3、M_4 装在回转部分，并通过汇流环 YG 接入电源。QS_1 是电源开关，SA_2 为冷却泵电动机开关。

2. 控制电路

控制电路的电源由 $4L_1$、$4L_2$ 两点引出，由控制变压器 T 把 380V 电压分别降至 127V 和 36V。127V 为控制电路电源，36V 为照明电源。控制电路用十字开关 SA_1 进行控制。

（1）欠压保护回路（1—3—5—2）。按下 QS_1，将 SA_1 置“左”位，SA_1（3—5）接通，欠电压继电器 KV 线圈得电，常开触点闭合自锁，控制电路通电。如果电源断电，KV 常开触点断开，控制电路断电，从而起到欠压保护的作用。

（2）主轴旋转控制回路（1—3—5—7—2）。将 SA_1 置“右”位，$SA_{1\text{-}2}$（5—7）接通，KM1 线圈得电，主触点闭合，M_2 启动运转；将 SA_1 置“中”位，$SA_{1\text{-}2}$ 断开，KM_1 线圈失电，主触点断开，M_2 停转。

（3）换臂升降控制回路（上升控制回路为 1—3—5—9—11—13—2，下降控制回路为 1—3—5—15—17—19—2）。将 SA_1 置“上”位，$SA_{1\text{-}3}$ 接通，KM_2 线圈得电，主触点闭合，M_3 正向启动，通过传动机构把摇臂夹紧装置放松，然后带动摇臂上升。同时，机械装置使行程开关 SQ_4 常开触点闭合，为摇臂夹紧做好准备。当摇臂上升到所需高度时，把 SA_1 置“中”位，$SA_{1\text{-}3}$ 断开，KM_2 线圈失电，常闭触点闭合，主触点断开，M_3 停转。此时，由于 SQ_4 已闭合，于是 KM_3 线圈得电，主触点闭合，M_3 反向启动，带动摇臂夹紧装置把摇臂夹紧。摇臂夹紧后，SQ_4 断开，KM_3 线圈失电，主触点断开，M_3 停转。若要使摇臂下降，可把 SA_1 置“下”位，其动作情况与上升时类似。控制电路中，SQ_1、SQ_2 作摇臂升降终点保护，以防止升降超过极限位置。

（4）立柱夹紧与松开控制回路（夹紧控制回路为 1—3—5—9—11—13—2，松开控制回路为 1—3—5—27—29—31—2）。立柱的夹紧与松开是靠它们的正反转实现的。按下 SB_2，KM_5 线圈得电，主触点闭合，M_4 反向启动，通过液压机构把立柱松开；松开 SB_2，KM_5 线圈失电，主触点断开，M_4 停转。调整到所需位置后，按下 SB_1，KM_4 线圈通得电，主触点闭合，M_4 正向启动，通过液压机构把立柱夹紧；松开 SB_1，KM_4 线圈失电，主触点断开，M_4 停转。

3．照明电路

SA_3 为照明灯开关，控制照明灯 EL 的亮或灭。

10.5.3 钻床电路常见故障的排除

钻床电路的常见故障有：主轴电动机不能启动；摇臂升降以后不能完全夹紧；摇臂升降电动机正反向交替运转不停；立柱松开夹紧电动机不能启动；立柱松开夹紧电动机不能停止等。

1．主轴电动机不能启动

（1）熔断器 FU_1 熔体熔断，更换熔体。

（2）十字开关 SA_1 损坏或接触不良，修复或更换开关。

（3）欠电压继电器 KV 常开触点接触不良或接线松脱，应修复或更换继电器。

（4）接触器 KM_1 的主触点接触不良或接线松脱，应修复更换接触器。

2．摇臂升降以后不能完全夹紧

行程开关动触点的位置偏移，致使摇臂升降完毕尚未完全夹紧时，SQ_3 或 SQ_4 过早断开。将行程开关 SQ_3 或 SQ_4 调到适当位置，即可排除。

3．摇臂升降，电动机正反向交替运转不停

当上升（或下降）到所需位置时，将十字开关扳到“中”位，接触器 KM_2（或下降的接触器为 KM_3）线圈失电，而 SQ_4（下降为 SQ_3）已闭合，所以 KM_3（下降为 KM_2）线圈得电，M_3 反转（下降为正转）将摇臂夹紧，夹紧完毕 SQ_4（下降为 SQ_3）断开，KM_3（下降为 KM_2）线圈失电，M_3 停转。但如果行程开关 SQ_3 和 SQ_4 位置相距太近，由于转动惯性，电动机及传动部分还要运动一段距离，使 SQ_3（下降为 SQ_4）又被接通，接触器 KM_2（下降为 KM_3）线圈得电，M_3 又正转（下降为反转）。如此循环起来，使夹紧与放松重复不停，适当调整行程开关的距离，便可排除故障。

4．立柱松开夹紧，电动机不能启动

（1）熔断器 FU_2 熔体熔断，更换熔体。

（2）SB_1 或 SB_2 触点接触不良，修复或更换按钮。

（3）接触器 KM_4 或 KM_5 触点接触不良，修复或更换接触器。

5．立柱松开夹紧，电动机不能停止

故障原因一般是接触器 KM_4 或 KM_5 的主触点熔焊，出现这类情况应立即断开电源，修复或更换接触器。

践行与阅读

——电气元件的质量鉴定、控制线路故障检查和判断方法、维修电工（初级、中级、高级工）的技能要求

◎ 资料一：电气元件的质量鉴定

电气装置（产品）在出厂前都要进行严格的质量检验。为了保证实训器件的可靠性还应如下鉴定：

（1）外观整洁，无破损和碳化现象。

（2）所有触点均应完整、光洁，接触良好。

（3）压力弹簧和反作用力弹簧应具有足够的弹力。

（4）操纵、复位机构都必须灵活可靠。

（5）各种衔铁运动灵活，无卡阻现象。

（6）整定数值大小应符合电路使用要求。

（7）灭弧罩完整、清洁，安装牢固。

（8）指示装置能正常发出信号。

◎ 资料二：控制线路故障检查和判断方法

动力设备的控制线路常用的检查和判断方法有电阻测量法、交流电压检测法和逐步短接法等几种。

1．电阻测量法

现以 C620 型车床“按下启动按钮 SB_1 接触器 KM 不能吸合”为例，来说明故障检查和判断方法。

（1）用万用表电阻挡逐一测量“1”、“2”、“3”三个点的电阻，如图 10-12 所示，若阻值为零，表示线路正常，若阻值很大，表示对应点间的连线与元器件可能接触不良或元器件本身接触不良。

（2）按下启动按钮 SB_1，测量“4”的电阻。若万用表的指针指示在零位置上，说明线路正常；若阻值很大，表示连线与元器件接触不良或线路开路。

（3）按下启动按钮 SB_1，测量“5”的电阻，若阻值超过线圈的直流电阻很多，表示连线与 SB_1 接触不良。

温馨提示

用电阻测量法检查和判断故障时，应注意以下事项：

①检测前要切断电源，不能带电操作，否则会损坏万用表。②测量电路不能与其他电路或负载并联，否则测量结果不准确。③测量时，要正确选择万用表的挡位。

2. 交流电压测量法

交流电压测量法又有分阶测量法和分段测量法两种，它们既有联系又有区别。仍以“按下启动按钮 SB_1 接触器 KM 不能吸合”为例，来说明故障检查和判断方法：

（1）分阶测量法。分阶测量法是用万用表交流“500V 挡”像上台阶一样逐阶对电路进行检查，测量故障范围或故障点。如图 10-12 所示，检测时，先按下启动按钮 SB_1 不放，分别检测Ⅰ—Ⅱ、Ⅰ—Ⅲ、Ⅰ—Ⅳ、Ⅰ—Ⅴ或Ⅵ—Ⅶ、Ⅶ—Ⅷ间的电压。若万用表指示为 380V，表示该线路正常；若万用表指示为零，则表示线路有故障。此时，再用万用表电压挡测量Ⅰ—Ⅱ间的电压，若万用表无指示，说明Ⅱ以上线路断路。依此类推至Ⅷ点，直至找出故障线路。又如，按下启动按钮 SB_1，接触器 KM 线圈通电，而松开 SB_1 后接触器线圈又断电，表示接触器自锁回路有故障。这时可按下 SB_1，用万用表电压挡分别测量Ⅰ—Ⅲ和Ⅰ—Ⅳ间的电压，若有电压，表示自锁回路正常，否则表示自锁回路断路。同理，测量Ⅰ—Ⅱ间的电压，若万用表无指示，表示常开触点开路。

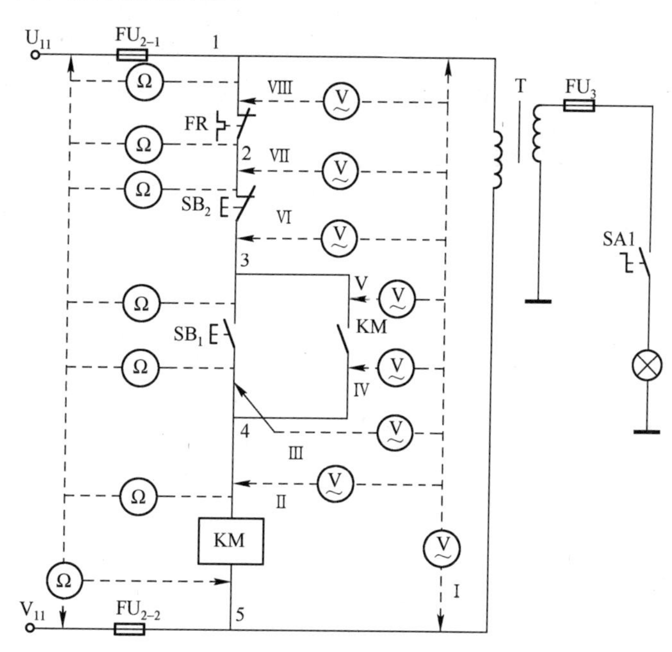

图 10-12 电阻测量法和交流电压测量法测试点

（2）分段测量法。分段测量法是用万用表交流 500V 挡分段测量线路相应点间的电压。如图 10-12 所示，检测Ⅱ—Ⅲ、Ⅲ—Ⅴ、Ⅴ—Ⅵ、Ⅵ—Ⅶ、Ⅶ—Ⅷ间的电压，若有电压，则表示两测量点间的连线或触点接触不良或断路。

3. 逐步短接法

逐步短接法又分局部短接法和长短线短接法两种。还以“按下启动按钮 SB_1 接触器 KM 不能吸合”为例，来说明故障检查和判断方法：

（1）局部短接法。在控制电源（U_{11}、V_{11}）正常情况下，用一根绝缘良好的导线分别短接如图 10-13 所示的标号相同的两点（1-1，2-2，3-3，4-4，5-5）和标号相邻的两点（1-2，2-3，3-4，4-5），如果按下启动按钮 SB_1，接触器 KM 通电吸合，表示导线短接的两点之间断路。

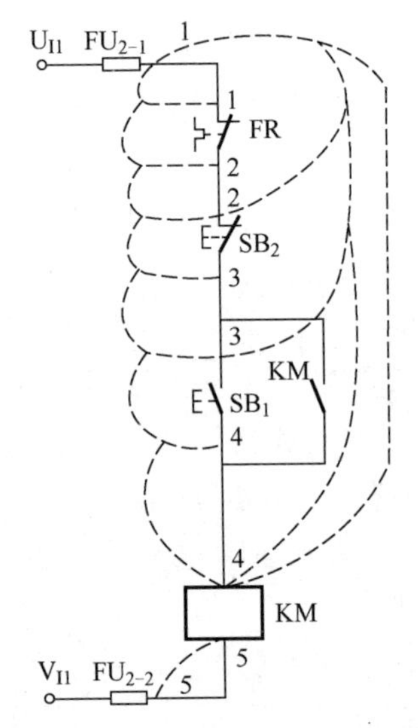

图 10-13　逐步短接法连接点

如果线路中同时有两个或两个以上故障点，用局部短接法难以检查，可采用长短线短接法检查。

（2）长短线短接法。长短线短接法也是在控制电源正常情况下，用一根绝缘良好的导线分别短接如图 10-13 所示的测试（连接）点。

先短接 $FU_{2\text{-}1}$ 的“1”与 KM 的“4”，若 KM 通电吸合则表示“1”与“4”间线路断路。再缩小范围，短接 $FU_{2\text{-}1}$ 的“1”与 SB_1 的“3”，并按下 SB_1，若 KM 通电吸合则表示故障在“1”与“3”之间。如果 KM 仍不能通电吸合，就表示故障在 SB_1 的“3”与 KM 的“4”之间。大致判断出故障范围后，可采用局部短接法进一步缩小故障范围。先分别短接“1”至“4”各点，如果仍不能使 KM 通电吸合，再短接 $FU_{2\text{-}2}$ 的“5”与 KM 的“5”，若按下 SB_1 时能通电吸合，则表示故障在这段线路中，否则便是 KM 线圈断路或触点接触不良。

温馨提示

采用逐步短接法检查和判断故障时，应注意安全，避免触电。此外，逐步短接法只能用于检查导线与元器件接触不良的故障，对于负载本身断路或接触不良等不适用。

◎ 资料三：维修电工（初级、中级、高级工）的技能要求

本标准对初级维修电工、中级维修电工、高级维修电工的技能要求依次递进，高级别包括初、中级别的要求。初级、中级、高级维修电工的技能要求，以及理论知识、技能操作比重，分别见表 10-6、表 10-7、表 10-8、表 10-9、表 10-10 所列。

表 10-6 初级维修电工技能要求

职业功能	工作内容	技能要求	相关知识
工作前准备	（1）劳动保护与安全文明生产	① 能够正确准备个人劳动保护用品 ② 能够正确采用安全措施保护自己，保证工作安全	
	（2）工具、量具及仪器、仪表	能够根据工作内容合理选用工具、量具	常用工具、量具的用途和使用、维护方法
	（3）材料选用	能够根据工作内容正确选用材料	电工常用材料的种类、性能及用途
	（4）读图与分析	能够读懂 CA6140 车床、Z35 钻床、5t 以下起重机等一般复杂程度机械设备的电气控制原理图及接线图	一般复杂程度机械设备的电气控制原理图、接线图的读图知识
装调与维修	（1）电气故障检修	① 能够检查、排除动力和照明线路及接地系统的电气故障 ② 能够检查、排除 CA6140 车床、Z35 钻床等一般复杂程度机械设备的电气故障 ③ 能够拆卸、检查、修复、装配、测试 30kW 以下三相异步电动机和小型变压器 ④ 能够检查、修复、测试常用低压电器	① 动力、照明线路及接地系统的知识 ② 常见机械设备电气故障的检查、排除方法及维修工艺 ③ 三相异步电动机和小型变压器的拆装方法及应用知识 ④ 常用低压电器的检修及调试方法
	（2）配线与安装	① 能够进行 19/0.82（19 线段，直径 0.82mm）以下多股铜导线的连接并恢复其绝缘 ② 能够进行直径 19mm 以下的电线铁管揻弯、穿线等明、暗线的安装 ③ 能够根据用电设备的性质和容量，选择常用电气元件及导线规格 ④ 能够按图样要求进行一般复杂程度机械设备的主、控线路配电板的配线及整机的电气安装工作 ⑤ 能够检验、调整速度继电器、温度继电器、压力继电器、热继电器等专用继电器 ⑥ 能够焊接、安装、测试单相整流稳压电路和简单的放大电路	① 电工操作技术与工艺知识 ② 机床配线、安装工艺知识 ③ 电子电路基本原理及应用知识 ④ 电子电路焊接、安装、测试工艺方法
	（3）调试		① 电气系统的一般调试方法和步骤 ②试验记录的基本知识

表 10-7　中级维修电工技能要求

职业功能	工作内容	技能要求	相关知识
工作前准备	（1）工具、量具及仪器、仪表	能够根据工作内容正确选用仪器、仪表	常用电工仪器、仪表的种类、特点及适用范围
	（2）读图与分析	能够读懂 X62W 铣床、MGB1420 磨床等较复杂机械设备的电气控制原理图	① 常用较复杂机械设备的电气控制线路图 ② 较复杂电气图的读图方法
装调与维修	（1）电气故障检修	① 能够正确使用示波器、电桥、晶体管图示仪 ② 能够正确分析、检修、排除 55kW 以下的交流异步电动机、60kW 以下的直流电动机及各种特种电动机的故障 ③ 能够正确分析、检修、排除 X62 铣床、MGB1420 磨床等较复杂机械设备控制系统的电路及电气故障	① 示波器、电桥、晶体管图示仪的使用方法及注意事项 ② 直流电动机及各种特种电动机的结构、工作原理、使用与拆装方法 ③ 单相晶闸管的交流技术
	（2）配线与安装	① 能够按图样要求进行较复杂机械设备的主、控线路配电板的配线及整台设备的电气安装工作 ② 能够按图样要求焊接晶闸管调速器，并能用仪器仪表进行测试	明确电线及电气元件的选用知识
	（3）测绘	能够测绘一般复杂机械设备的电气部分	电气测绘基本方法
	（4）调试	能够独立进行 X62W 铣床、MGB1420 磨床等较复杂机械设备的通电工作，并能正确处理调试中出现的问题，经过测试、调整，最后达到控制要求	较复杂机械设备电气控制调试方法

表10-8 高级维修电工技能要求

职业功能	工作内容	技能要求	相关知识
工作前准备	读图与分析	能够读懂经济型数控系统、中高频电源、三相晶闸管控制系统等复杂机械设备控制系统和装置的电气控制原理图	① 数控系统基本原理 ② 中高频电源电路基本原理
装调与维修	（1）电气故障检修	能够根据设备资料，排除B2010龙门刨床、经济型数控、中高频电源、三相晶闸管、可编程序控制器等机械设备控制系统及装置的电气故障	① 电力拖动及自动控制原理基本知识及应用知识 ② 经济型数控机床的构成、特点及应用知识 ③ 中高频电炉或淬火设备的工作特点及注意事项 ④ 三相晶闸管变流技术基础
	（2）配线与安装	能够按图样要求安装带有80点以下开关量输入输出的可编程序控制器的设备	可编程序控制器的控制原理、特点、注意事项及编程器的使用方法
	（3）测绘	① 能够测绘X62W铣床等较复杂机械设备的电气原理图、接线圈及电气元件明细表 ② 能够测绘晶闸管触发电路等电子线路并绘出其原理图 ③ 能够测绘固定板、支架、轴、套、联轴器等机电装置的零件图及简单装配图	① 常用电子元器件的参数标识及常用单元电路 ② 机械制图及公差配合知识 ③ 材料知识
	（4）调试	能够调试经济型数控系统等复杂机械设备及装置的电气控制系统，并达到说明书的电气技术要求	有关机械设备电气控制系统的说明书及相关技术资料
	（5）新技术应用	能够结合生产应用可编程序控制技术改造继电器控制系统，编制逻辑运算程序，绘出相应的电路图，并用于生产	① 逻辑代数、编码器、寄存器、触发器等数字电路的基本知识 ② 计算机基本知识
	（6）工艺编制	能够编制一般机械设备的电气修理工艺	电气设备修理工艺知识及其编制方法
培训指导	指导操作	能够指导本职业初、中级工进行实际操作	指导操作的基本方法

表 10-9　理论知识权重表

模　　块			初级（%）	中级（%）	高级（%）
基本要求	职业道德		5	5	5
	基础知识		22	17	14
相关知识	工作前准备	劳动保护与安全文明生产	8	5	5
		工具、量具及仪器、仪表	4	5	4
		材料选用	5	3	3
	装调与维修	读图与分析	9	10	10
		电气故障检修	15	17	18
		配线与安装	20	22	18
		调试	12	13	13
		测绘	—	3	4
		新技术应用	—	—	2
		工艺编制	—	—	2
		设计	—	—	—
	培训指导	指导操作	—	—	2
		理论培训	—	—	—
合　　计			100	100	100

表 10-10　技能操作权重表

模　　块			初级（%）	中级（%）	高级（%）
技术要求	工作前准备	劳动保护与安全文明生产	10	5	5
		工具、量具及仪器、仪表	5	10	8
		材料选用	10	5	2
	装调与维修	读图与分析	10	10	10
		电气故障检修	25	26	25
		配线与安装	25	24	15
		调试	15	18	19
		测绘	—	2	7
		新技术应用	—	—	3
		工艺编制	—	—	4
		设计	—	—	—
	培训指导	指导操作	—	—	2
		理论培训	—	—	—
合　　计			100	100	100

温馨提示

① 中级以上“劳动保护与安全文明生产”与“材料选用”模块内容按初级标准考核；高级“工具、量具及仪器、仪表”模块内容按中级标准考核。

② 电工职业技能岗位鉴定习题，见附录 A。

——机床电气故障分析与排除

结合工厂或学校实训室的动力装置，对人为设置的电气故障点进行分析与排除，从而提高学生实际技能和解决问题的能力。

考评前，由教师给出考核项目（包括：检修工具、仪表及相应的机床或模拟设备电气图纸，以及考核评定表），抽签选定。表10-11是机床电气故障分析与排除考核评定表（供参考）。

表10-11　________机床电气故障分析与排除考核评定表

<table>
<tr><th>项目内容</th><th>配分</th><th colspan="5">评分标准</th><th>扣分</th></tr>
<tr><td>故障分析</td><td>45</td><td colspan="5">① 故障分析思路不清晰　每个扣5分
② 故障范围有误、过大、不准确　每个扣3～5分
③ 故障点判断错误　每个扣10分</td><td></td></tr>
<tr><td>工具仪表器材选择与使用</td><td>10</td><td colspan="5">① 工具、仪表、器材选择不当　每件扣2分
② 工具、仪表、器材使用不规范　每件扣2分
③ 损坏工具、仪表、器材　每件扣5分</td><td></td></tr>
<tr><td>排除故障</td><td>45</td><td colspan="5">① 未“验电”　扣5分
② 排故操作不正确　每个扣5分
③ 不能排除故障　每个扣10分
④ 通电试车不成功　每次扣20分
⑤ 扩大故障范围或产生新故障，又不能自行修复　每处扣35分</td><td></td></tr>
<tr><td colspan="2">安全文明操作</td><td colspan="5">① 材料无浪费，现场干净，废料清理分类符合规定；遵守安全操作规程，不发生任何安全事故。否则酌情扣5～40分
② 违反安全文明操作情况严重者，也可判本次考核为0分；经教育后确有悔改者，则可考虑下一轮的补考</td><td></td></tr>
<tr><td colspan="8">考核时间与成绩</td></tr>
<tr><td>开始时间</td><td></td><td>结束时间</td><td></td><td>实际时间</td><td></td><td>成　绩</td><td></td></tr>
</table>

注：①电气故障点（2～3个）的设置应分布在主电路与控制电路上。对于暂无机床设备的学校，可在模拟机床装置或控制板上进行。

②在故障检修中，每超1min扣5分。除超时扣分外，各项内容的最高扣分不超过配分数。

③该践行学分为25分，记入本课程总学分（150分）中，若结算分为总学分的95%以上者，则评定为考核“合格”。

练习与交流

完成下列填空题、判断题和问答题，并与同学进行交流。

1．填空题

（1）动力设备的控制线路常用的检查和判断方法有______、______和______等。

（2）交流电压测量法分为______和______两种。

（3）逐步短接法又分______和______两种。

（4）用电阻测量法检查和判断故障时，检测前必须______，不能______操作，否则会损坏万用表。

（5）采用逐步短接法检查和判断故障时，应______，避免______。

2．判断题（对打"√"，错打"×"）

（1）用电阻测量法检查和判断故障时，可以带电测量。（　　）

（2）用电阻测量法检查和判断故障时，测量电路不能与其他电路或负载并联，否则测量结果不准确。（　　）

（3）交流电压测量法可以带电测量。（　　）

（4）逐步短接法只能用于检查导线与元器件接触不良的故障，对于负载本身断路或接触不良等不适用。（　　）

（5）如果线路中同时有2个或2个以上的故障点，可以用局部短接法检查。（　　）

3．简答题

（1）造成C620型车床按下停止按钮主轴电动机不能停止有哪些原因？

（2）造成M7120型平面磨床按下启动按钮，砂轮电动机不能启动工作有哪些原因？

（3）试分析X62W型铣床主轴不能旋转的原因。

附 录

附录 A 电工职业技能岗位鉴定习题

1．判断题（对打“√”，错打“×”）

（1）导体的电阻只与导体的材料有关。（ ）

（2）40W 的灯泡，每天用电 5h，5 月份共用电 6kWh。（ ）

（3）在用兆欧表测试前，必须使设备带电，这样，测试结果才准确。（ ）

（4）单相电能表的额定电压一般为 220V、380V、660V。（ ）

（5）试电笔能分辨出交流电和直流电。（ ）

（6）橡胶、棉纱、纸、麻、蚕丝、石油等都属于有机绝缘材料。（ ）

（7）导线接头接触不良往往是电气事故的来源。（ ）

（8）为了用电安全，一定要牢记“相线（俗称‘火线’）进开关，零线（俗称‘地线’）进灯头”的法则。（ ）

（9）电气故障寻迹前，一定要做到“先切断电源、后操作”。（ ）

（10）电能表（电度表）是一种测量电功率的仪表。（ ）

（11）黑胶布可用于 500V 以下的电线绝缘恢复。（ ）

（12）熔断器是电气设备中作短路保护的装置。（ ）

（13）为了用电安全，应在三相四线制电路的中性线上安装熔断器。（ ）

（14）熔断器安装时，应做到下一级熔体比上一级熔体小。（ ）

（15）导线羊眼圈的绕制方向是逆时针的。（ ）

（16）良好的导线连接，其接头机械拉力不得小于原导线机械拉力的 80%。（ ）

（17）安装的扳把开关规定：扳把向下为电路接通；扳把向上为电路断开。（ ）

（18）为了不使接头处承受灯具的重力，吊灯电源线在进入挂线盒后，在离接线端头 50mm 处一定要打个保险结（即电工结）。（ ）

（19）采用螺口灯座时，应将相（火）线接顶芯极，零线接螺纹极，否则容易发生触电事故。（ ）

（20）线路敷设时的预留线端长度一般为 200～300mm。（ ）

（21）使用万用表测量电阻，每换一次欧姆挡都要把指针调零一次。（ ）

（22）电烙铁的保护接线端可以接线，也可不接线。（ ）

（23）装接地线时，应先装三相线路端，然后装接地端；拆时相反，先拆接地端，后拆三相线路端。（ ）

（24）经常反转及频繁通断工作的电动机，宜用热继电器来保护。（ ）

（25）检查低压电动机定子、转子绕组各相之间和绕组对地的绝缘电阻，用 500V 绝缘电阻测量时，其数值不应低于 0.5MΩ，否则应进行干燥处理。（ ）

2．填空题

（1）我国住宅的电源电压一般为_____V，频率为_____Hz。

（2）万用表的是一种用来测量_____、_____、_____和_____的测仪表。

（3）判断电气设备（如电动机）绝缘性能的仪表叫_____。在使用时，应用单股导线将仪表的_____端与设备外壳相连接，仪表的_____端与设备的待测部位相连接。

（4）电力部门规定：设备对地电压为_____V 及_____V 以下者，为安全电压。

（5）电气设备发生故障，一般应先_____，用_____验电，确认无电后才能进行检查工作。

（6）凡单相三芯插座，其插座的上孔接_____，插座下面的 2 个孔分别接_____和_____（即左孔接_____，右孔接_____），不能接错。

（7）配电箱的安装，有_____和_____等方式。

（8）采用挂式安装配电箱时，箱底距地间为_____（除特殊要求外），箱（板）垂直安装偏差不大于_____。

（9）导线绝缘层的剥离方法有_____、_____和_____等几种。

（10）所谓导线绝缘层的"恢复"，是指将破坏或连接后的导线连接处，用绝缘材料（如胶布）重新进行恢复绝缘的工艺过程。电工通常采用的方法是：_____。

（11）电气图包括_____、_____、_____、_____。

（12）_____可以将同一电气元件分解为几部分，画在不同的回路中，但以同一文字符号标注。

（13）用符号表示成套装置、设备或装置的内外部各种连接关系的一种简图称为_____。

（14）电工常用的仪表除电流表、电压表外，还有_____、_____、_____、_____。

（15）万用表由_____、_____、_____部分组成。

（16）兆欧表也称_____，是专供测量_____用的仪表。

（17）一般情况下，低压电器的静触头应接_____，动触头接_____。

（18）母线相序的色别规定，L_1 相为_____颜色，L_2 相为_____颜色，L_3 相为_____颜色，其中接地零线为_____颜色。

（19）导线连接有_____、_____、_____三种方法。

3．选择题

（1）一般钳形表实际上是由一个电流互感器和一个交流（ ）的组合体。

A．电压表　　B．电流表　　C．频率表

（2）电动机额定功率的单位是（ ）。

A．kVA　　B．kW　　C．kvar

（3）延边角状连接启动法，将定子绕组的一部分接成星状。另一部分接成角状，采用此法启动的电动机共有（ ）抽头。

A. 3 个　　B. 6 个　　C. 9 个　　D. 12 个

（4）用万用表 $R\times100\Omega$档测量一只晶体管各极间正反向电阻，如果都呈现很小的阻值，则这只晶体管（　　）。

A. 越大越好　　B. 越小越好　　C. 不大则好

（5）用万用表欧姆挡测量二极管的极性和好坏时，应把欧姆挡拨到（　　）。

A. $R\times100\Omega$或 $R\times1\ \text{k}\Omega$挡　　B. $R\times1\Omega$挡　　C. $R\times10\ \text{k}\Omega$挡

（6）二极管桥式整流电路，需要（　　）二极管。

A. 2 只　　B. 4 只　　C. 6 只　　D. 1/3 只

（7）隔离开关的主要作用是（　　）。

A. 断开负荷电路　　B. 断开无负荷电路　　C. 断开短路电流

（8）室内吊灯高度一般不低于（　　）m，户外照明灯具不应低于（　　）m。

A. 2　　B. 2.2　　C. 2.5　　D. 3

E. 3.5

（9）绑扎用的线应选用与导线相同金属的单股线，其直径不应小于（　　）。

A. 1.5 mm　　B. 2 mm　　C. 2.5mm

（10）直埋电缆与热力管道交叉时，应大于或等于最小允许距离，否则在接近或交叉点前1m范围内，要采用隔热层处理，使周围土壤的温升在（　　）以下。

A. 5℃　　B. 10℃　　C. 15℃

（11）在正常情况下，绝缘材料也会逐渐因（　）而降低绝缘性能。

A. 摩擦　　B. 老化　　C. 腐蚀

（12）电气设备未经验电，一律视为（　　）。

A. 有电，不准用手触及　　B. 无电，可以用手触及

C. 无危险电压

（13）旋转电动机着火时，应使用（　　）、（　　）、（　　）和（　　）等灭火。

A. 喷雾水枪　　B. 二氧化碳灭火机

C. 泡沫灭火机　　D. 黄沙　　E. 干粉灭火机

F. 四氯化碳灭火机　　G. 二氟–氯–溴甲烷

（14）如果触电者心跳停止而呼吸尚存，应立即对其施行（　　）急救。

A. 仰卧压胸法　　B. 仰卧压背法

C. 胸外心脏按压法　　D. 口对口呼吸法

（15）电工操作前，必须检查工具、测量仪器、绝缘用具是否灵敏可靠，应（　　）失灵的测量仪表和绝缘不良的工具。

A. 禁止使用　　B. 谨慎使用　　C. 视工作急需，暂时使用

（16）如果线路上有人工作，停电作业时应在线路开关和刀闸操作手柄上悬挂（　　）的标志牌。

A. 止步，高压危险　　B. 禁止合闸，线路有人工作

C. 在此工作

（17）三相异步电动机空载运行时，其转差率为（　　）。

A. S=0　　B. S=0. 004～0. 007

C．S=0.01～0.07　　D．S=1

（18）三相异步电动机的额定功率是指（　　）。

A．输入的视在功率　　B．输入的有功功率

C．产生的电磁功率　　D．输出的机械功率

（19）三相异步电动机机械负载加重时，其定子电流将（　　）。

A．增大　　B．减小

C．不变　　D．不一定

（20）三相异步电动机启动转矩不大的主要原因是（　　）。

A．启动时电压低　　B．启动时电流不大

C．启动时磁通少　　D．启动时功率因数低

4．名称解释

（1）三相交流电

（2）相序

（3）跨步电压

（4）接地线

（5）遮拦、标示牌

5．问答题

（1）对室内布线有哪些要求？

（2）对导线的连接有哪些基本要求？

（3）对接地装置的一般要求有哪些？

（4）如何查找电动机过载的主要原因？

（5）Y-△启动的工作原理是什么？它选用什么样的电动机？

（6）什么叫欠压保护？什么叫失压保护？什么叫制动？

（7）采取哪些措施可以防止触电事故的发生？

（8）如何进行触电现场急救？

（9）发生电气火灾时如何扑救？

6．作图与操作题

（1）某生产机械要求既能点动又能连续运行，并有过载保护，画出电动机控制电路图，并在实训板上进行电气元件安装和线路连接。

（2）画出三相异步电动机双重连锁正反转控制电路图，要求有过载保护，并在实训板上进行电气元件安装和线路连接。

（3）画出利用行程开关控制的三相异步电动机正反转控制电路图，并在实训板上进行电气元件安装和线路连接。

（4）画出三相异步电动机单向启动、反接制动的控制电路图，并在实训板上进行电气元件安装和线路连接。

（5）有两台电动机 M_1 和 M_2，要求：

① M_1 先启动，经过一定延时后，M_2 才能启动。

② M_2 启动后，M_1 立即停转。

画出其电气控制电路图，并在实训板上进行电气元件安装和线路连接。

附录B　电工常用图形符号

附录C　电工图常用基本文字符号

附录D　常用建筑图例符号

附录E　关于特种作业人员安全技术培训考核工作的意见

如需阅读附录B、C、D、E详细内容请扫描以下二维码。

反侵权盗版声明